CorelDRAW X4

平 面 设 计

宝典

陈鑫　王健　刘娟娟

张恒国 ● 主编

● 副主编

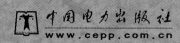

中国电力出版社

www.cepp.com.cn

内 容 提 要

本书通过详尽的图示讲解和步骤说明，介绍了CorelDRAW X4的基本操作以及CorelDRAW X4在字体设计、标志设计、平面设计、产品造型设计、动漫设计和VI设计领域中的应用。在讲解中，主要以实例讲解为主，在实例中应用相关知识，以培养读者对软件操作技能的掌握和实际应用能力，真正做到理论与实践相结合，达到学以致用的目的。

本书内容翔实、讲解细致，非常适合平面设计初学者学习，也可作为高等院校和培训班相关专业的教材。

图书在版编目（CIP）数据

CorelDRAW X4平面设计宝典／张恒国主编.—北京：中国电力出版社，2009

ISBN 978-7-5083-9311-7

Ⅰ．C⋯　Ⅱ．张⋯　Ⅲ．图形软件，CorelDRAW X4　Ⅳ．TP391.41

中国版本图书馆CIP数据核字（2009）第142669号

中国电力出版社出版、发行

（北京三里河路6号　100044　http://www.cepp.com.cn）

航远印刷有限公司印刷

各地新华书店经售

*

2010年1月第一版　2010年1月北京第一次印刷

787毫米×1092毫米　16开本　22.5印张　607千字　12彩页

印数0001—3000册　定价36.00元（含1CD）

前 言

Preface

　　如今，计算机正在以前所未有的力量影响着人们的工作、学习和生活，计算机技术已经广泛地运用于社会的各个领域。对于接触计算机不多的人来说，让他们一下子去读厚厚的手册或教材，就像进入一个全然陌生的世界，会感到困难重重，抽象的概念、复杂的操作步骤、全新的用户界面、日益庞大的功能……会让初学者不知所措，望而生畏，故此，我们推出了"宝典系列"图书，旨在以读者需求为主线，以软件功能为依托，以实例制作为手段，全书语言生动简洁，图文并茂地对各个流行软件的使用与应用技巧进行介绍。

　　CorelDRAW X4 是由加拿大 Corel 公司基于 Windows 系统开发的矢量作图软件，Corel 公司推出了屡获殊荣的 CorelDRAW X4 的最新版本，CorelDRAW 是目前使用最普遍的矢量图形绘制及图像处理软件之一，该软件集图形绘制、平面设计、网页制作、图像处理功能于一体，深受平面设计人员和教学图像爱好者的青睐。

　　CorelDRAW X4 即是一个大型的矢量图形制作工具软件，也是一个大型的工具软件包，集成环境为平面设计提供了先进的手段和最方便的工具，CorelDRAW X4 还包含其他应用程序和服务，来满足设计要求，此套件真正实现了超强设计能力、效率、易用性的完美结合。CorelDRAW X4 并可以生成小容量的图形文件，作为二维矢量图处理软件，它还可以带给用户强烈的视觉和艺术表现力，其独特的交互工具使其出类拔萃，可以节省时间并使设计过程变得更容易。

　　书中运用实例解析的方法，详细阐述了 CorelDRAW X4 基本功能和使用方法，全书共分 16 章，内容丰富、结构安排合理，从实际应用的角度出发，通过大量典型实例，全面介绍了使用 CorelDRAW X4 的软件绘制各种图形的方法。本书案例精彩、丰富，集行业的宽度与专业的深度于一体，可谓"商业全接触，行业集大成"。通过综合实例的演练，更能帮助读者快速提升制作水平，为读者提供了轻松愉悦的学习氛围。书中包含的综合实例，结合作者多年的实践经验，介绍了专业人员需要掌握的技巧，帮助读者循序渐进地学会如何将 CorelDRAW X4 应用于实际工作中。力求使不同层次、不同行业的读者都能够从中学到更前沿、更先进的设计理念和实战技法，并且即学即用，学以致用，将所学知识马上应用于求职或实际工作当中。

　　本书内容丰富、针对性较强，非常适合平面设计初学者学习，也可作为大中专院校和培训学校平面设计、广告设计、包装设计、CI 设计以及产品造型等专业的教材。

　　由于时间紧张，加上编者水平有限，难免有不足和疏漏之处，敬请广大读者或专家同仁予以指正。

作 者
2009 年 6 月

▲纯怡标志（见第3章）

金穗食品有限公司

▲食品标志（见第3章）

赛奇股份有限公司

▲赛奇标志（见第3章）

▲蓝焰燃气（见第3章）

▲大迪照明（见第3章）

▲沙漠绿洲（见第3章）

▲英文字体（见第4章）　▲时尚生活（见第4章）　▲闯名堂（见第4章）

▲现场直播（见第4章）

▲铁艺（见第4章）　▲中秋月饼（见第4章）

▲忠义堂（见第4章）　▲伊藤园（见第4章）

▲信封（见第5章）

彩页1

▲兵乓球 (见第5章)

▲化妆品效果 (见第5章)

▲QQ表情 (见第5章)

▲小雪人 (见第5章)

▲名片 (见第6章)

▲恋人部落名片 (见第6章)

▲酒标设计 (见第6章)

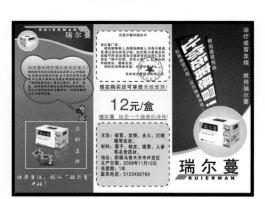

▲折页设计 (见第6章)

▲宣传单 (见第6章)

▲版面设计1（见第6章）

▲版面设计2（见第6章）

▲版面设计3（见第6章）

▲版面设计4（见第6章）

▲版面设计5（见第6章）

▲显示器（见第7章）

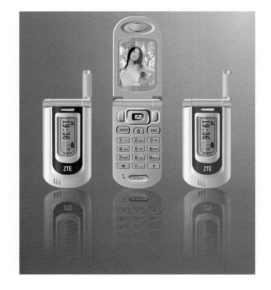

▲手机（见第7章）

▲音箱（见第7章）

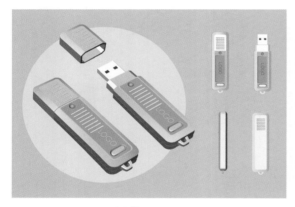

▲U盘（见第7章）

▲家庭影院（见第7章）

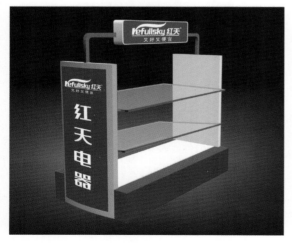

▲展柜设计（见第8章）

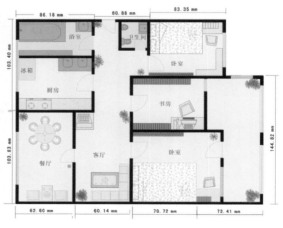

▲室内平面图（见第8章）

▲室内效果图（见第8章）

▲棒棒糖（见第9章）

▲易拉罐（见第9章）

▲花生牛轧糖（见第9章）

▲啤酒（见第9章）

▲药品包装（见第10章）

▲牙膏包装1（见第10章）

▲牙膏包装2（见第10章）

▲牙膏包装盒（见第10章）

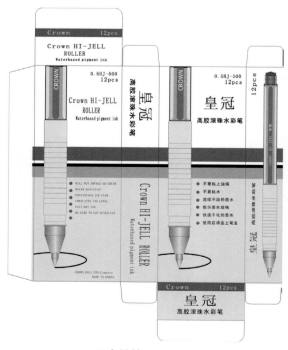

▲水性笔（见第10章）

▲小儿专用画笔（见第10章）

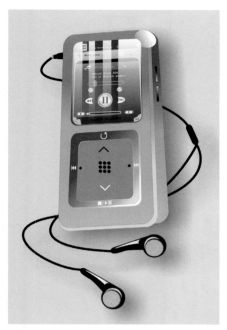

▲MP3效果（见第11章）

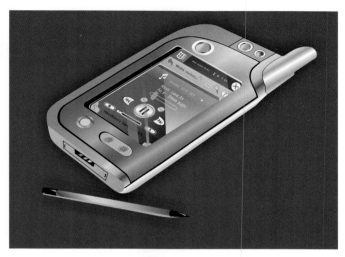

▲MP5（见第11章）

▲照相机（见第11章）

▲新型手电筒（见第11章）

▲手机（见第11章）

▲T恤设计（见第12章）

▲大衣（见第12章）

▲三女孩（见第12章）

▲时装效果图（见第12章）

▲小熊（见第13章）

▲小猴子（见第13章）

▲小蜜蜂（见第13章）

▲小浣熊（见第13章）

▲小狗狗（见第13章）

▲小老虎（见第13章）

▲小女孩（见第13章）

▲男孩和女孩（见第14章）

▲天上飞（见第14章）

▲长发女孩（见第14章）

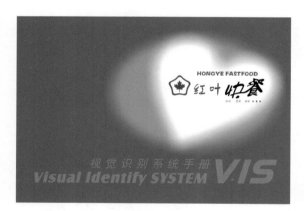

▲VI封面（见第15章）

▲VI设计1（见第15章）

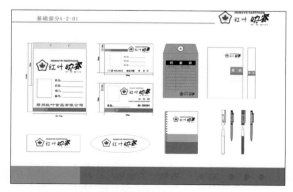

▲VI设计2（见第15章）

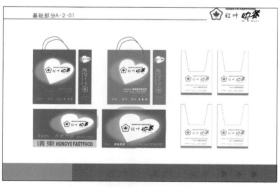

▲VI设计3（见第15章）

郑州红叶快餐餐厅—视觉识别系统（VI）企业树

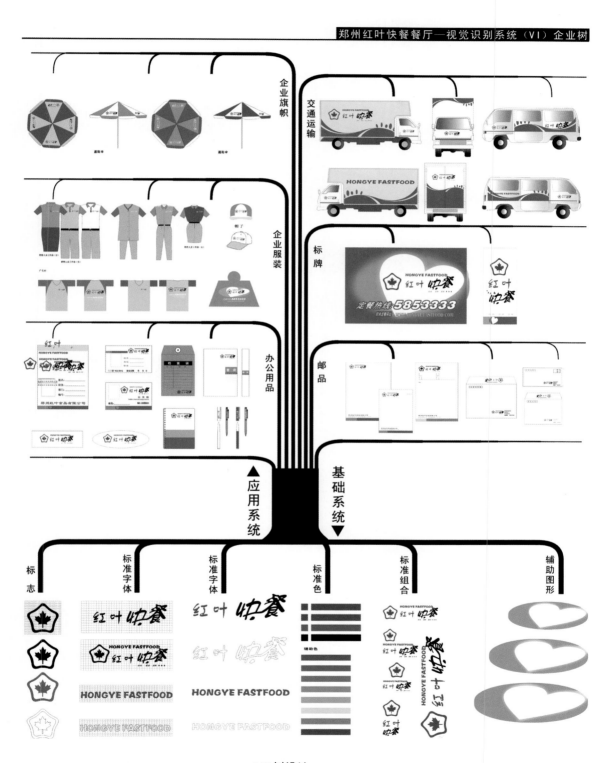

企业旗帜

交通运输

企业服装

标牌

办公用品

邮品

▲应用系统

基础系统▼

标志

标准字体

标准字体

标准色

标准组合

辅助图形

HONGYE FASTFOOD

HONGYE FASTFOOD

▲VI树设计（见第15章）

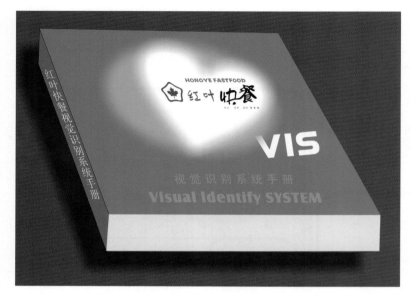

◀VI手册（见第15章）

▲福娃（见第16章）

▲手枪（见第16章）

▲窗外（见第16章）

▲水墨画（见第16章）

目 录

Contents

CorelDRAW X4 概述

本章主要介绍了 CorelDRAW X4 的相关基础知识和基本概念，包括工作界面、工具栏和基本工具的使用方法。学习和理解基本工具的使用方法是十分必要的，作为应用软件，只有理解和掌握了基本工具的使用方法，才能够提高工作效率，才能够在工作中如鱼得水，CorelDRAW软件的基本工具入门较简单，但要做到综合应用还是有一定难度的，因此要认真学习基本工具的使用方法。

首先要熟悉和了解 CorelDRAW X4 工作界面，了解工具箱中绘图类工具、填充类工具以及交互式工具的使用方法、工具的特点。在学习工具时，一定要用心体会，并能将相关联的工具联系起来。熟练掌握基本工具的使用方法，是绘制的基础，也是学习软件的第一步。

1.1 CorelDRAW X4 概述

CorelDRAW X4 是一款由世界顶尖软件公司之一的 Corel 公司开发的平面设计软件。CorelDRAW X4 非凡的设计能力广泛地应用于商标设计、模型绘制、插图描画、排版及分色输出等诸多领域。

CorelDRAW 界面设计友好，空间广阔，操作精微细致，它提供了一整套绘图工具。为便于设计需要，CorelDRAW 还提供了一整套的图形精确定位和变形控制方案。这给设计标志等需要准确尺寸的设计带来极大的方便。

CorelDRAW 的实色填充提供了各种模式的调色方案以及专色的应用、渐变、图纹、材质、网格的填充，颜色变化与操作方式更是别的软件都不能及的。而 CorelDRAW 的颜色匹管理方案让显示、打印和印刷达到颜色的一致。

CorelDRAW 的文字处理与图像的输出输入构成了排版功能。文字处理方面是迄今为止所有软件中最为优秀的软件之一。它支持绝大部分图像格式的输入与输出，几乎可与其他软件畅行无阻地交换共享文件，所以大部分用 PC 机制作的文件，都可以直接在 CorelDRAW 中排版，然后分色输出。

CorelDRAW 主要应用在如下领域。

（1）营销文宣。无论是对于初级或专业级设计师，CorelDRAW 都是理想的工具，从标志、产品与企业品牌的识别图样，乃至于宣传手册、平面广告与电子报等特定项目，CorelDRAW 都能自行建立宣传文宣大小，设计宣传活动数据，这样既能节省时间、成本，更能展现高度创意。

（2）招牌制作。CorelDRAW 具有建立各式各样招牌所需的功能，是招牌制作人员首选的图形软件包之一。

（3）服饰。CorelDRAW 是服饰业的理想解决方案之一，具有多种强大的工具和功能，能够协助建立服饰设计，深受设计师与打版师的信赖。目前愈来愈多的服装设计公司采用 CorelDRAW 作为打样和设计的首选软件。

（4）雕刻与计算机割字。CorelDRAW 是雕刻、奖杯、奖牌制作与计算机割字等业界首选的绘图解决方案。CorelDRAW 易用性、兼容性与价值性一直是业界专业人员的最爱，CorelDRAW Graphics Suite 的支持应用程序除了获奖的 CorelDRAW、Corel PHOTO-PAINT 两个主程序之外，CorelDRAW Graphics Suite 还包含其他极具价值的应用程序和整合式服务，具体包括如下方面：

1）Corel PowerTRACE：最强大的位图转向量图程序。

2）Corel CAPTURE：单键操作的抓取工具程序，抓取高质量的专业计算机画面影像和其他内容。

3）Bitstream Font Navigator：这项获奖的字型管理员适用于 Windows 操作系统，可以管理、寻找、安装和预览字型。

4）条形码精灵：产生符合各项业界标准格式的条形码。输出中心描述文件制作程序，描述文件制作程序可协助专业打印。双面打印精灵，这个精灵有助将打印双面文件的作业最佳化。

1.2　CorelDRAW X4 的安装

（1）首先，要双击 CorelDRAW X4 安装程序下的"Autorun"，如图 1-1 所示。

图 1-1

（2）这样会弹出 CorelDRAW X4 的安装界面，选择"安装 CorelDRAW Graphics Suite X4"，开始安装 CorelDRAW X4 软件，如图 1-2 所示。

（3）首先弹出初始化安装向导，并显示初始化的进度，如图 1-3 所示。

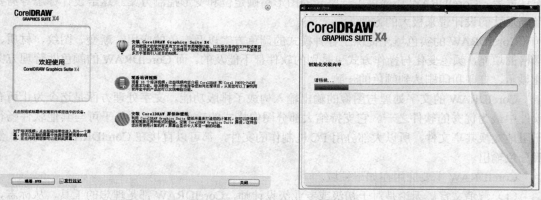

图 1-2　　　　　　　　　　　　　　　　　　图 1-3

（4）接着显示安装许可协议，选择"我接受该许可协议中的条款"，然后单击"下一步"按钮，如图 1-4 所示。

（5）接着在弹出的"输入您的信息"面板中输入"用户姓名"和"序列号"，然后单击"下一步"按钮，如图 1-5 所示。

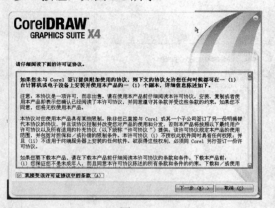 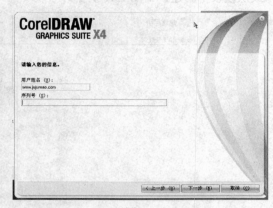

图 1-4　　　　　　　　　　　　　　　　　　图 1-5

（6）然后选择"安装目录"，默认路径为 c:\program Files\Corel \ CorelDRAW Graphics Suite X4，如果要改变路径，单击"更改"按钮，选择完成后单击"现在开始安装"按钮，如图 1-6 所示。

（7）接下来系统会复制文件，并显示文件复制进度，如图 1-7 所示。

 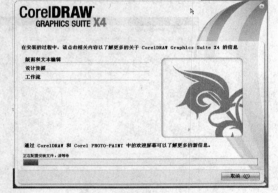

图 1-6　　　　　　　　　　　　　　　　　　图 1-7

（8）安装完成后，单击"完成"按钮，CorelDRAW X4 就安装完成了，如图 1-8 所示。

（9）在桌面上会自动添加 CorelDRAW X4 快捷图标，双击图标，会显示 CorelDRAW X4 的运行界面，如图 1-9 所示。

图 1-8　　　　　　　　　　　　　　　　　　图 1-9

（10）在第一次运行 CorelDRAW X4 时，会开启欢迎界面窗口，在右边可以选择新建空白文件或从模板中新建，如图 1-10 所示。

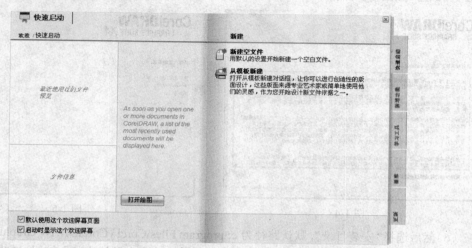

图 1-10

（11）在右侧单击新建空白文件，可以打开 CorelDRAW X4 工作界面，如图 1-11 所示。

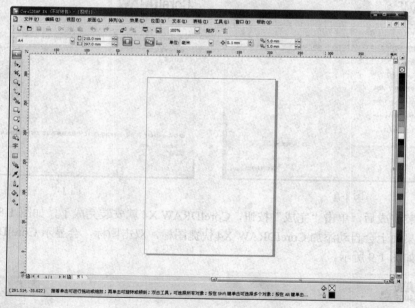

图 1-11

1.3　CorelDRAW X4 的界面

CorelDRAW X4 工作界面十分整齐，如图 1-12 所示。

（1）菜单栏。CorelDRAW X4 的主要功能都可以通过执行菜单栏中的命令选项来完成，执行菜单命令是最基本的操作方式；CorelDRAW X4 的菜单栏中包括文件、编辑、查看、版面、排列、效果、位图、文本、工具、窗口和帮助这 11 个功能各异的菜单，如图 1-13 所示。

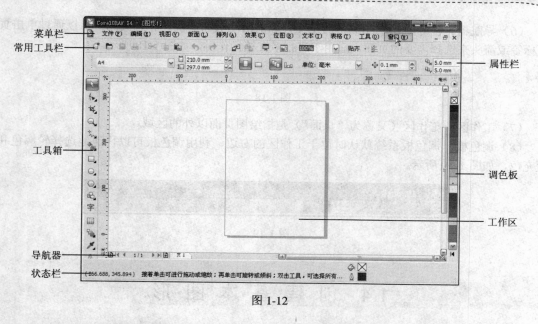

图 1-12

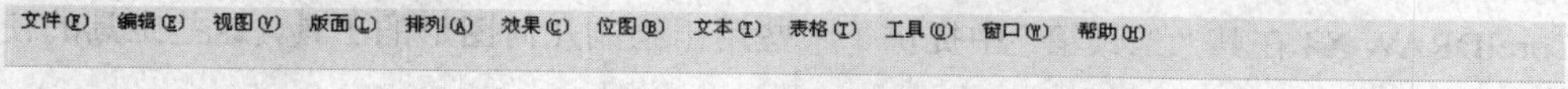

图 1-13

（2）常用工具栏。在常用工具栏上放置了最常用的一些功能选项并通过命令按钮的形式体现出来，如图 1-14 所示。

图 1-14

（3）属性栏。属性栏能提供在操作中选择对象和使用工具时的相关属性；通过对属性栏中的相关属性的设置，可以控制对象产生相应的变化。当没有选中任何对象时，系统默认的属性栏中则提供文档的一些版面布局信息，如图 1-15 所示。

图 1-15

（4）工具箱。系统默认时位于工作区的左边。在工具箱中放置了经常使用的编辑工具，并将功能相似的工具以展开的方式归类组合在一起，从而使操作更加灵活便捷，如图 1-16 所示。

图 1-16

（5）状态栏。在状态栏中将显示当前工作状态的相关信息，如被选中对象的简要属性、工具使用状态提示及鼠标坐标位置等信息，如图 1-17 所示。

图 1-17

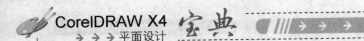

（6）导航器。在导航器中间显示的是文件当前活动页面的页码和总页码，可以通过单击页面标签或箭头来选择需要的页面，适用于进行多文档操作时，如图1-18所示。

图 1-18

（7）工作区。工作区（又称为"桌面"）是指绘图页面以外的区域。

（8）调色板。调色板系统默认时位于工作区的右边，利用调色板可以快速地选择轮廓色和填充色，如图1-19所示。

图 1-19

1.4　创 建 基 本 图 形

CorelDRAW X4在其"工具箱"中提供了一些用于绘制几何图形的工具，这些工具的使用十分简单。

1.4.1　矩形工具

1．绘制矩形

矩形工具包括矩形工具与三点矩形工具，使用"矩形工具"可以绘制出矩形、正方形和圆角矩形。

（1）双击矩形工具可以绘制出与绘图页面大小一样的矩形。

（2）按下 Shift 键拖动鼠标，即可绘制出以鼠标单击点为中心的图形；按住 Ctrl 键拖动鼠标绘制正方形。

（3）按下 Ctrl+Shift 键后拖动鼠标，则可绘制出以鼠标单击点为中心的正方形，如图 1-20 所示。

图 1-20

2．绘制圆角矩形

（1）绘制出矩形后，在工具箱中选中"形状工具" ，选择矩形边角上的一个节点并按住左键拖动，矩形将变成有弧度的圆角矩形，如图1-21所示。

（2）在属性工具栏的边角平滑度 框中设置对矩形四角圆滑的数值，当全部平滑按钮 被按下时，则全部角被圆滑，反之，则只圆滑设置数值的角，如图1-22所示。

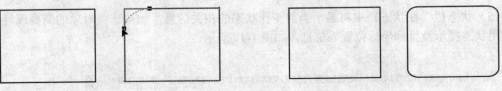

图 1-21 图 1-22

3．绘制 3 点矩形

选择三点矩形工具，在工作区中按住鼠标左键并拖动，此时两线间会出现一条直线，释放鼠标后移动光标的位置，然后在第三点上单击鼠标可以绘制 3 点矩形。

1.4.2　椭圆工具

使用"椭圆工具"可以绘制出椭圆、圆、饼形和圆弧（椭圆与正圆的绘制方法同矩形一样，在此不赘述）。

1．绘制椭圆

选中椭圆，在属性栏中有三个选项：椭圆、饼形或圆弧选项，选择不同的按钮，可以绘制出椭圆形、圆形、饼形或圆弧，如图 1-23 所示。

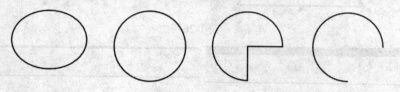

图 1-23

在属性工具栏中起始和结束角度设置饼形或圆弧的起止角度，可以得到不同的饼形或圆弧。也可以根据需要进行调整，在工具箱中选中变形工具，再拖动圆形的控制点至想要的位置，如图 1-24 所示。

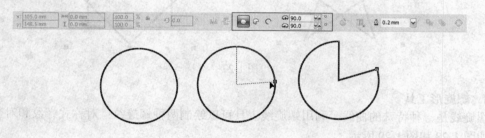

图 1-24

2．绘制 3 点椭圆

选择三点椭圆形工具，在工作区中按住鼠标左键并拖动，此时两线间会出现一条直线，释放鼠标后移动光标的位置，然后在第三点上单击鼠标绘制完成 3 点椭圆。

1.4.3　图纸工具、多边形工具、螺旋形工具

1．图纸工具

该工具主要用于绘制网格，在底纹绘制、VI 设计时特别有用。只要在工具箱中选中"图纸工具"，然后在"属性栏"中设置网格的行数与列数，并绘制出网格即可，如图 1-25 所示。

2．多边形工具

使用"多边形工具"可以绘制出多边形、星形和多边星形。选中"多边形工具"后，

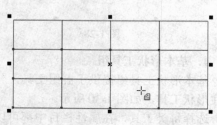

图 1-25

在属性栏中进行设置后即可开始绘制多边形或星形，如图 1-26 和图 1-27 所示。

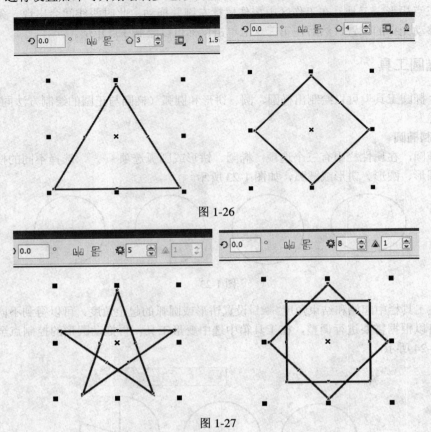

图 1-26

图 1-27

3．螺旋形工具

螺旋线是一种特殊的曲线。利用螺旋线工具可以绘制两种螺旋纹：对称式螺纹和对数式螺纹，如图 1-28 和图 1-29 所示。

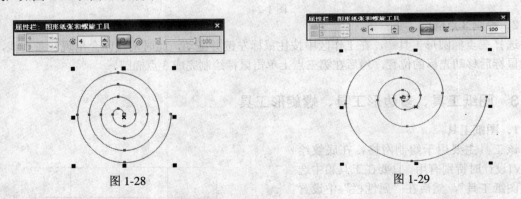

图 1-28　　　　　　　　　　　　　　　　图 1-29

4．基本形状工具组

基本形状工具组提供了五组工具，分别为基本形状、箭头形状、流程图形状、标题形状和标注形状工具，如图 1-30 所示。

选择每类工具，在属性栏目中都可以打开相应的面板，面板中的图形，可以直接绘制，如图 1-31 所示。

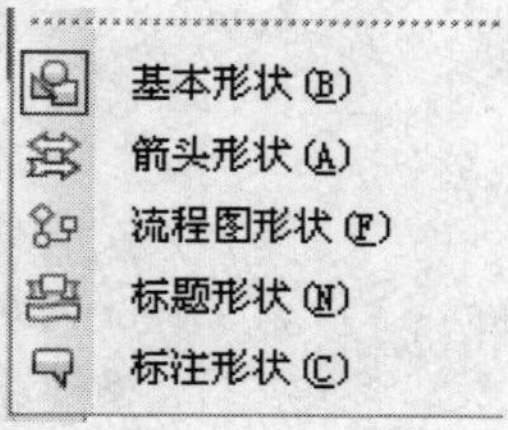

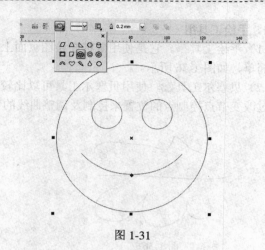

图 1-30   图 1-31

5．文本工具

（1）基本文本。只要选中"文本工具"，在工作区中单击鼠标，当出现闪烁光标后，即可输入文字。按快捷键 F8，如图 1-32 所示。

:CorelDRW X4:

图 1-32

（2）段落文本。段落文本适用于较大篇幅文本的编辑，选中"文本工具"后，像拖矩形一样拖一个文本框，然后就可以输入文本了，文本则会在这个文本框内排列，如图 1-33 所示。

（3）路径文本。首先绘制一个路径，然后选中"文本工具"，将鼠标移到路径起始点，当光标变为"I"形时按下，即可沿着这条路径创建文字，如图 1-34 所示。

图 1-33   图 1-34

1.4.4 绘图工具组

CorelDRAW X4 在其工具箱中也提供了一些用于绘制线段及曲线的工具，其中包括：

1．智能绘图工具

这是 CorelDRAW 的一个新功能，可以使绘画变得傻瓜起来。这个聪明的绘画工具能最大化地认知和平滑绘制的形状，如图 1-35 所示。

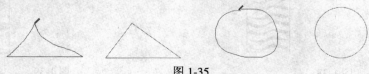

图 1-35

2．手绘工具组

（1）手绘工具 ▨。它是使用鼠标在绘图页面上直接绘制直线或曲线的一种工具，使用方法非常简单，如图 1-36 所示。

（2）贝塞尔工具 ▨。使用贝塞尔工具可以比较精确地绘制直线和圆滑的曲线。贝塞尔工具是通过改变节点控制点的位置来控制及调整曲线的弯曲程度的，如图 1-37 所示。

图 1-36

图 1-37

1.5 笔 刷 工 具

艺术笔工具是 CorelDRAW X4 提供的一种具有固定或可变宽度及形状特殊的画笔工具，利用它可以创建具有特殊艺术效果的线段或图案。

在"艺术笔工具"的属性栏中，提供了 5 个功能各异的笔形按钮及其功能选项设置。选择了笔形并设置好宽度等选项后，在绘图页面中单击并拖动鼠标，即可绘制出丰富的图案效果。

1.5.1 预设按钮

预设按钮工具 ▨ 用于预置艺术媒体笔的形状。在滑块栏 ⬚ 中设置画笔笔触的平滑程度；在选项栏 ⬚ 中设置画笔笔触的宽度；在下拉列表栏 〜 中选择 CorelDRAW X4 提供的几十种画笔的形状，如图 1-38 所示。

1.5.2 画笔艺术工具

选择画笔艺术工具，在右边的列表中选择画笔类型，就可以绘制出图案，如图 1-39 所示。

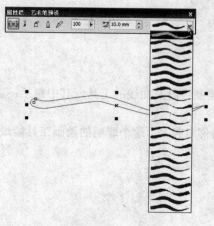

图 1-38

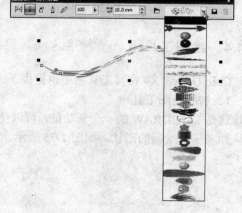

图 1-39

1.5.3 喷罐按钮

选择喷罐按钮 🖾 后，可以在喷笔绘制过的地方喷上所选择的图案。在下拉列表栏 🖾🖾🖾🖾 中选择需要的喷笔图案；在对象大小栏 🖾🖾🖾 中设置喷笔图案的尺寸大小；在 🖾随机🖾 列选栏中选择喷绘方式为"随机"、"顺序"或"按方向"；按 🖾 按钮可将已选定满意的图案添加到喷笔图案列表中，并可以按 🖾 按钮，在弹出的对话框中编辑喷笔图案列表；在 🖾🖾 栏中可以调整被喷绘对象的涂抹数量和间距；按 🖾 按钮，可以在弹出的对话框中设置喷绘对象的旋转角度；🖾 按钮可以在其对话框中设置被喷绘对象的偏移量及偏移方向；按 🖾 按钮可以重新设置数值，如图1-40 所示。

1.5.4 书法艺术笔和压力艺术笔

书法艺术笔和压力艺术笔比较相似，都是沿着鼠标轨迹生成笔迹，模拟书法效果。书法艺术笔为方头笔触，压力艺术笔为圆头笔触，如图 1-41 所示。

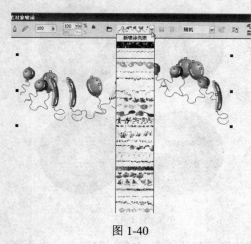

图 1-40

图 1-41

1.6 色彩填充 🖾🖾🖾🖾🖾🖾✕🖾

色彩填充对于作品的表现是非常重要的，在 CorelDRAW X4 中，有实色填充、渐变色填充、图案填充、纹理填充和 PostScript 填充。

1.6.1 均匀填充

均匀填充是最普通的一种填充方式。在 CorelDRAW X4 中有预制的调色板，可以通过"窗口"下"调色板"进行填色，操作方法如下：

（1）选中对象，在调色板中选定的颜色上按左键。

（2）将选定的颜色拖至对象上，当光标变为 ⏳🖾 时松开。

1.6.2 自定义标准填充

虽然 CorelDRAW X4 中有许多的默认调色板，但是相对于数量上百万的常用颜色来说，在很多情况下要对标准填充颜色进行自定义，以确保颜色的准确性，操作方法如下：

选中要填充的对象，在工具箱中选择"填充工具" 中的"填充颜色对话框"（Shift+F11），在打开的"标准填充对话框"中选择颜色的模式及颜色。

1.6.3　渐变填充

CorelDRAW X4 中"渐变填充"包括线性、射线、圆锥和方角，可以灵活运用各个选项得到色彩缤纷的渐变填充效果，操作方法如下：

选中要填充的对象，在工具栏的"色彩填充"工具里选择"渐变填充"（快捷键 F11），这时会弹出"渐变填充方式"对话框，如图 1-42 所示。

1．双色渐变

看双色渐变中的四种渐变填充选项：线型填充、射线填充、圆锥填充、方角填充，如图 1-43所示。

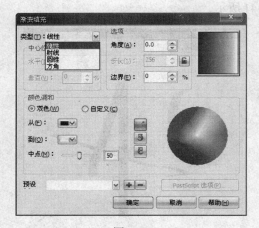

图 1-42

图 1-43

在"选项"栏中，"角度"用于设置渐变填充的角度，其范围在–360°～360°之间，角度为90°时的填充效果，如图 1-44 所示。

"步长"值用于设置渐变的阶层数，默认设置为 256，数值越大，渐变层次就越多，对渐变色的表现就越细腻，步长为 256 的填充效果如图 1-45 所示。

图 1-44

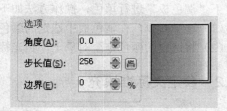

图 1-45

"边界"用于设置边缘的宽度。

2．自定义填充

选择好"自定义填充"选项后，用户可以在渐变轴上双击左键增加颜色控制点，然后在右边的调色板中设置颜色。在三角形上双击鼠标左键，可以删除颜色点，如图 1-46 所示。也可以通过渐变填充对话框下方的"预设"下拉列表，在 CorelDRAW X4 预先设计好的渐变色彩填充样式里进行选择，或是添加和删除渐变色，如图 1-47 所示。

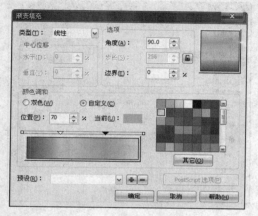

图 1-46　　　　　　　　　　　　　　　　图 1-47

1.6.4　图案填充

选中要填充的对象，在工具箱的填充工具中选择"图案填充" ![按钮]按钮，CorelDRAW X4 在这里为用户提供了三种图案填充模式：双色、全色和位图模式，有各种不同的花纹和样式供用户选择，如图 1-48 所示。

在图案填充面板中选择图案对图形填充，如图 1-49 所示。

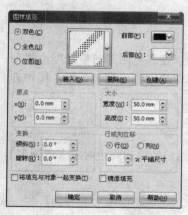
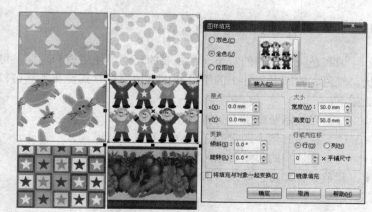

图 1-48　　　　　　　　　　　　　　　　图 1-49

1.6.5　纹理填充

选中要填充的对象，在工具箱的填充工具中选择"纹理填充" ![按钮]按钮，会打开"纹理填充"对话框，在这里 CorelDRAW X4 为用户提供了 300 多种纹理样式及材质，有泡沫、斑点、水彩

等，用户在选择各种纹理后，还可以在"纹理填充"对话框中进行详细设置，如图1-50所示。

1.6.6 PostScript 填充

PostScript 填充是由 PostScript 语言编写出来的一种底纹，单击工具箱中填充工具里的 PostScript 填充 按钮，在打开的对话框中进行 PostScript 样式选择及设置，如图1-51 所示。

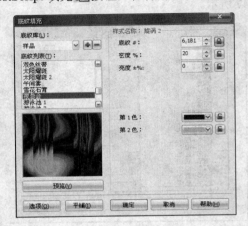

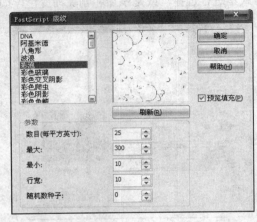

图 1-50   图 1-51

1.7 交互式工具组

为了最大限度地满足用户的创作需求，CorelDRAW X4 提供了许多用于为对象添加特殊效果的交互式工具，并将它们归纳在一个工具组中。灵活地运用调和、轮廓、封套、变形、立体化、阴影、透明等交互式特效工具，可以使自己创作的图形对象异彩纷呈、魅力无穷。

1.7.1 交互式调和工具

调和是矢量图中的一个非常重要的功能，使用调和功能，可以在矢量图形对象之间产生形状、颜色、轮廓及尺寸上的平滑变化，使用交互式调和工具可以快捷地创建调和效果，操作方法如下：

（1）先绘制两个用于制作调和效果的对象。

（2）在工具箱中选定 工具（交互式调和工具）。

（3）在调和的起始对象（如五角星）上按住鼠标左键不放，然后拖动到终止对象（如圆形）上，释放鼠标即可，如图1-52 所示。

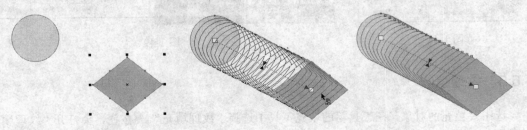

图 1-52

1.7.2 交互式轮廓图工具

轮廓图效果是指由一系列对称的同心轮廓线圈组合在一起，所形成的具有深度感的效果。由于轮廓效果有些类似于地理地图中的地势等高线，故有时又称之为"等高线效果"。

轮廓效果与调和效果相似，也是通过过渡对象来创建轮廓渐变的效果，但轮廓效果只能作用于单个的对象，而不能应用于两个或多个对象，操作方法如下：

（1）选中欲添加效果的对象。

（2）在工具箱中选择 （交互式轮廓工具）。

（3）用鼠标向内（或向外）拖动对象的轮廓线，在拖动的过程中可以看到提示的虚线框。

（4）当虚线框达到满意的大小时，释放鼠标即可完成轮廓效果的制作，如图 1-53 所示。

图 1-53

1.7.3 交互式封套工具

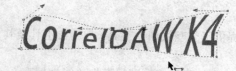

图 1-54

封套是通过操纵边界框，来改变对象的形状，其效果有点类似于印在橡皮上的图案，扯动橡皮则图案会随之变形。使用工具箱中的交互式封套工具可以方便快捷地创建对象的封套效果，操作方法如下：

（1）选中工具箱中的交互式封套工具 按钮。

（2）单击需要制作封套效果的对象，此时对象四周出现一个矩形封套虚线控制框，拖动封套控制框上的节点，即可控制对象的外观，如图 1-54 所示。

1.7.4 交互式立体化工具

立体化效果是利用三维空间的立体旋转和光源照射的功能，为对象添加上产生明暗变化的阴影，从而制作出逼真的三维立体效果。使用工具箱中的交互式立体化工具，可以轻松地为对象添加上具有专业水准的矢量图立体化效果或位图立体化效果。

（1）在工具箱中选中交互式立体化工具 按钮。

（2）选定需要添加立体化效果的对象。

（3）在对象中心按住鼠标左键向添加立体化效果的方向拖动，此时对象上会出现立体化效果的控制虚线。

（4）拖动到适当位置后释放鼠标，即可完成立体化效果的添加，如图 1-55 所示。

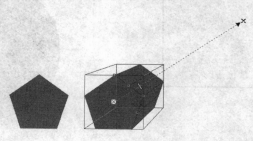

图 1-55

1.7.5 交互式透明工具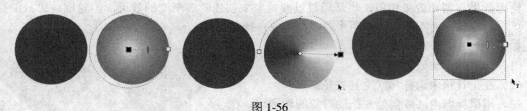

透明效果是通过改变对象填充颜色的透明程度来创建独特的视觉效果。使用交互式透明工具可以方便地为对象添加"标准"、"渐变"、"图案"及"材质"等透明效果，如图1-56所示。

图 1-56

1.8 交互式填充工具

交互式填充工具为了更加灵活方便地进行填充，CorelDRAW X4还提供了交互式填充工具。使用该工具及其属性栏，可以完成在对象中添加各种类型的填充。在工具箱中单击"交互式填充工具"按钮，即可在绘图页面的上方看到其属性栏。

1.8.1 交互式填充工具

为了更加灵活方便地进行填充，CorelDRAW X4还提供了交互式填充工具。使用该工具及其属性栏，可以完成在对象中添加各种类型的填充。

在属性栏左边的"填充类型"列选框中，可以选择"无填充"、"标准填充"、"线性填充"、"射线填充"、"圆锥变填充"、"方角渐变填充"、"双色图样填充"、"全色图样填充"、"位图图样填充"、"底纹填充"或"半色调挂网填充"。虽然每一个填充类型都对应着自己的属性栏选项，但其操作步骤和设置方法基本相同，操作步骤如下：

（1）选择"标准填充"时的属性栏。选择标准填充，可填充均匀填色，如图1-57所示。

（2）选择"线性填充"的属性栏，在线上双击可增加填色点，编辑渐变，如图1-58所示。

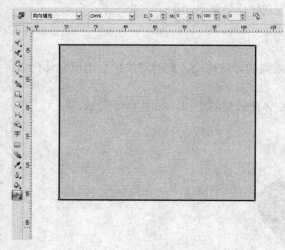

图 1-57

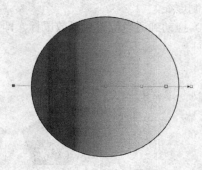

图 1-58

（3）选择"双色图样填充"的属性栏，选择双色图样类型，然后选择颜色，并调整大小，如图 1-59 所示。

（4）选择"底纹填充"时的属性栏，先选择底纹，然后调节底纹大小和方向，如图 1-60 所示。

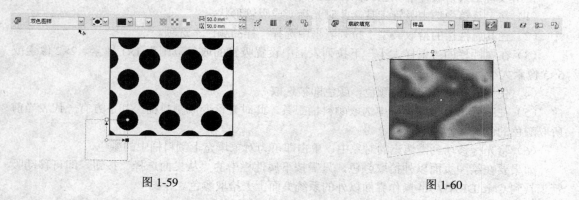

图 1-59　　　　　　　　　　　　　　　　　　　　图 1-60

1.8.2　交互式网状填充工具

在交互式填充工具组中，还有一个工具——交互式网状填充工具。使用这一工具可以轻松地创建复杂多变的网状填充效果，同时还可以将每一个网点填充上不同的颜色并定义颜色的扭曲方向。

交互式网状填充工具的使用方法如下：

（1）选定需要网状填充的对象。

（2）单击在交互式填充工具的级联菜单中选择交互式网状填充工具。

（3）在交互式网状填充工具属性栏中设置网格数目。

（4）单击需要填充的节点，然后在调色板中选定需要填充的颜色，即可为该节点填充颜色。

（5）拖动选中的节点，即可扭曲颜色的填充方向，如图 1-61 所示。

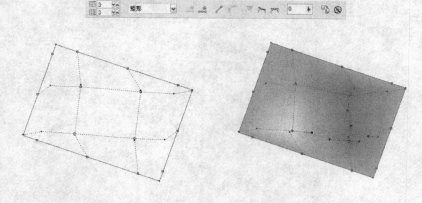

图 1-61

1.9　吸管和颜料桶工具

在 CorelDRAW X4 中，大大地增强了吸管工具和颜料桶工具的功能。使用"吸管"不但可以在绘图页面的任意图形对象上面取得所需的颜色及属性，甚至可以从程序之外乃至桌面任意位置拾取颜色（获取的颜色是某一点的基本色，而不是渐变色）。使用"颜料桶"工具则可以将取得的颜色（或属性）任意次的填充给其他的图形对象。

使用吸管工具拾取样本颜色的操作比较简单，具体方法如下：

（1）在工具箱中选中吸管工具，此时光标变成吸管形状。

（2）在其属性栏的拾取类型下拉列表框中选择"样品颜色"选项。

（3）在属性栏的"采样大小"下拉列表框中设置吸管的取色范围为 1×1 像素、2×2 像素或 5×5 像素大小。

（4）使用鼠标单击所需的颜色，颜色即被选取。

（5）在吸管工具级联菜单中选取颜料桶工具，此时光标变成颜料桶，其下方有一代表当前所取颜色的色块。

（6）将光标移动到需填充的对象中，单击即可为对象填充上颜料桶中的颜色。

如果要在绘图页面以外拾取颜色，只需按下属性栏中的"从桌面选择"按钮，即可移动吸管工具到 CorelDRAW X4 操作界面以外的系统桌面上去拾取颜色。

第2章

CorelDRAW X4 基础操作

本章导读

本章延续了上一章的内容，主要介绍 CorelDRAW X4 基本的操作，包括对象的选择、对象的编辑、对象的变换、页面设置等基础知识。CorelDRAW 基础操作技巧较多，在使用时要注意体会。通过基本操作技巧的学习，读者能够了解 CorelDRAW X4 的基础操作，并为后面章节的学习打下基础。

知识要点

熟练掌握基本操作是十分必要的，如本章介绍的选取工具的方法、编辑对象的方法、对象的变换以及文件的导入导出这些基本操作，这些是十分常用的基本操作，理解并熟练掌握这些基本工具的使用方法，对后面章节的学习是非常有帮助的。

2.1 选取对象

用 CorelDRAW X4 编辑图形，首先要选取对象，当我们用 CorelDRAW X4 绘制一个图像后，此对象即处于被选中状态，在此对象中心会有一个 "×" 形标记，在四周有 8 个控制点。

2.1.1 选取单个对象

在工具栏中选中 "挑选工具" ，用鼠标单击要选取的对象，则此对象被选取。

"空格键" 是 "挑选工具" 的快捷键，利用空格键可以快速切换到 "挑选" 工具 ，再按一下空格键，则切换回原来的工具，如图 2-1 所示。

2.1.2 加选/减选对象

（1）加选：首先选中第一个对象，然后按下 Shift 键不放，再单击要加选的其他对象，即可选取多个图形对象。

（2）减选：按下 Shift 键单击已被选取的图形对象，则这个被单击的对象会从已选取的范围中去掉，如图 2-2 所示。

图 2-1

图 2-2

2.1.3 框选对象

在工具箱中选中"挑选工具"后，按下鼠标左键在页面中拖动，将所有的对象框在蓝色虚线框内，则虚线框中的对象被选中，如图 2-3 所示。

在工具箱中选中"挑选工具"，按下 Tab 键，就会选中在 CorelDRAW 中最后绘制的图形，如不停地按 Tab 键，则 CorelDRAW 会按用户绘制顺序从最后开始选取对象。

图 2-3

2.1.4 接触式选取对象

在对象过多的情况下，有时我们不能完全选中对象，这时我们可以和接触式来进行选择。按下 Alt 键不放，再按下鼠标并拖动，只要蓝色选框接触到的对象，都会被选中，如图 2-4 所示。

2.1.5 选取重叠对象

如果想选择重叠对象后面的图像时，往往不好下手，总会点选到前面一层，其实只要按下 Alt 键在重叠处单击，则可以选择被覆盖的图形，再次单击，则可以选择更多的图形，依次类推，如图 2-5 所示。

图 2-4 图 2-5

2.2 对象的编辑

CorelDRAW X4 提供了一系列的工具用于对象的编辑，利用这些工具或命令，可以灵活地编辑与修改对象，以满足自己的设计需要。

2.2.1 橡皮擦工具

使用橡皮擦工具可以改变、分割选定的对象或路径，而不必使用形状工具。使用该工具在对象上拖动，可以擦出对象内部的一些图形，而且对象中被破坏的路径，会自动封闭路径。处理后的图形对象和处理前具有同样的属性，如图 2-6 所示。

2.2.2 刻刀工具

使用刻刀工具可以将对象分割成多个部分，但是不会使对象的任何一部分消失。按下 Shift 键，可以使用贝塞

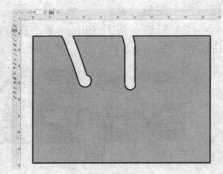

图 2-6

尔方式分割图形，如图 2-7 所示。

2.2.3　涂抹笔刷工具

选择涂抹笔刷，要涂抹选定对象的内部，单击该对象的外部并向内拖动。要涂抹选定对象的外部，单击该对象的内部并向外拖动，如图 2-8 所示。

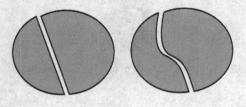

图 2-7

图 2-8

2.2.4　粗糙笔刷工具

粗糙笔刷是一种多变的扭曲变形工具，它可以改变矢量图形对象中曲线的平滑度，从而产生粗糙的变形效果，如图 2-9 所示。

2.2.5　删除虚设线工具

"删除虚设线工具"是 CorelDRAW X4 新增加的一个对象形状编辑工具，它可以删除相交对象中两个交叉点之间的线段，从而产生新的图形形状，如图 2-10 所示。

图 2-9

图 2-10

2.3　对象的变换

CorelDRAW X4 对象的变换主要是对对象的位置、方向以及大小等方面进行改变操作，而并不改变对象的基本形状及其特征。

2.3.1　镜像对象

镜像对象就是将对象在水平或垂直方向上进行翻转。在 CorelDRAW X4 中，所有的对象都可以做镜像处理，操作方法如下：

（1）选中对象后，选定圈选框周围的一个控制点向对角方向拖动，直到出现了蓝色的虚线框；释放鼠标，即可得到镜像翻转的图像，如图 2-11 所示。

（2）在使用选取工具选取对象后，还可以通过属性栏中的镜像按钮来完成对象的镜像处理，操作方法很简单，如图 2-12 所示。

图 2-11　　　　　　　　　　　　　　　　　图 2-12

2.3.2　旋转对象

1．鼠标拖动旋转对象

步骤 01 选用选取工具，双击需要倾斜或旋转处理的对象，进入旋转/倾斜编辑模式，此时对象周围的控制点变成了 ↔ 旋转控制箭头和 ↗ 倾斜控制箭头，如图 2-13 所示。

　　将鼠标移动到旋转控制箭头上，沿着控制箭头的方向拖动控制点；在拖动的过程中，会有蓝色的轮廓线框跟着旋转，指示旋转的角度，如图 2-14 所示。在旋转处理中，旋转到合适的角度时，释放鼠标即可完成对象的旋转。

图 2-13　　　　　　　　　　　　　　　　　图 2-14

步骤 02 对象的旋转是围绕着旋转轴心来旋转的，旋转轴心不同，旋转的结果也有很大的差别，如图 2-15 所示。

　　在图形上双击，就会出现中心点，而且中心点可以移动，如图 2-16 所示。

图 2-15　　　　　　　　　　　　　　　　　图 2-16

2．输入参数旋转

步骤 01 在对象旋转时，属性栏上的旋转角度文本框中会显示出对象旋转的角度。在此栏中填入旋转角度后，按回车键，也能使选定对象旋转指定的角度，如图 2-17 所示。

步骤 **02** 在属性栏上的缩放尺寸文本框输入横向尺寸值上栏和纵向尺寸值下栏，即可改变对象的横向和纵向尺寸，如图 2-18 所示。

图 2-17　　　　　　　　　　　　　　　　　　图 2-18

2.3.3　使用"变换"面板精确控制对象

单击排列菜单下变换中的"位置"命令，或按快捷键 Alt + F7，会弹出"变换"面板，如图 2-19 所示。

1．复制对象

在"位置"面板下的两个增量框中填入新位置的坐标值。接着在"相对位置"选择对象的中心点，单击"应用到再制"按钮，即可产生一个该对象的副本并将其移动到设定的新位置，如图 2-20 所示。

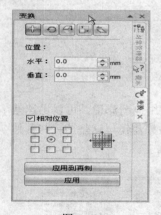

图 2-19　　　　　　　　　　　　　　　　　图 2-20

2．旋转对象

在"旋转"面板中，可以通过设置选定对象的旋转角度、相对旋转中心等选项，对对象进行旋转操作，如图 2-21 所示。

3．比例与镜像

在"缩放与镜像"面板中，可以对对象在水平方向和垂直方向进行缩放，方法和镜像操作相同，如图 2-22 所示。

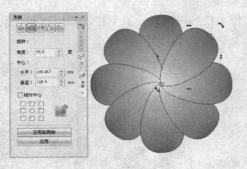

图 2-21

图 2-22

4．大小

尺寸变换即对对象在水平方向或垂直方向的尺寸大小进行比例或非比例的缩放操作。使用大小可以精确地完成这一操作，如图 2-23 所示。

5．倾斜

使用倾斜变换能生成倾斜透视效果，如图 2-24 所示。

图 2-23

图 2-24

2.4　滤　镜　应　用

位图滤镜的使用可能是位图处理过程中最具魅力的操作。因为使用位图滤镜，可以迅速地改变位图对象的外观效果。CorelDRAW X4 带有 80 多种不同特性的效果滤镜，这些滤镜与其他专业位图处理软件相比毫不逊色，而且系统还支持第三方提供的滤镜。

2.4.1　CorelDRAW X4 中的滤镜

在位图菜单中，有 10 类位图处理滤镜，而且每一类的级联菜单中都包含了多个滤镜效果命令。在这些效果滤镜中，一部分可以用来校正图像，对图像进行修复；另一部分滤镜则可以用来破坏图像原有画面正常的位置或颜色，从而模仿自然界的各种状况或产生一种抽象的色彩效果。每种滤镜都有各自的特性，灵活运用则可产生丰富多彩的图像效果，在位图菜单下，打开滤镜子菜单，如图 2-25 所示。

图 2-25

2.4.2 添加滤镜效果

虽然滤镜的种类繁多，但添加滤镜效果的操作却非常简单，大都可以按照下面的步骤来进行：

步骤① 选定需要添加滤镜效果的位图图像。

步骤② 单击"位图"菜单，从相应滤镜组的子菜单中选定滤镜命令，即可打开相应的滤镜对选项设置对话框。

步骤③ 在滤镜对选项设置对话框中设置相关的参数选项后，单击"确定"按钮，即可将选定的滤镜效果应用到位图图像中。

步骤④ 在每一个滤镜对话框的底部，都有一个"预览"按钮。单击该按钮，即可在预览窗口中预览到添加滤镜后的效果。在双预览窗口中，还可以比较图像的原始效果和添加滤镜效果之间的变化，如图 2-26 所示。

图 2-26

2.5　CorelDRAW X4 基础操作

在设计制作平面广告或是商业作品时，都要先进行一些基础的操作或是设置，而这些都是初学者需要了解的。

2.5.1 文件的导入与导出

由于 CorelDRAW X4 是矢量图形绘制软件，使用的是 CDR 格式的文件，所以要进行制作或编辑时使用其他素材就要通过导入来完成，而使用导出使其完成后的图形文件适用于其他软件。

1. 图形的导入

单击菜单中"文件"中的"导入"（Ctrl+I）命令或单击导入图标。

步骤① 导入"裁剪"位图：在绘制图形的过程中，可以将导入的位图裁切，单击"导入"按钮，在导入面板中选择裁剪，会弹出"裁剪图像"对话框，如图 2-27 所示。

步骤② 导入"重新取样"位图：可以更改对象的尺寸大小、解析度以及消除缩放对象后产生的锯齿现象等，从而达到控制对象文件大小和显示质量，如图 2-28 所示。

图 2-27

图 2-28

2．图形的导出

操作步骤如下：

步骤01 单击菜单中"文件"中的"导出"（Ctrl+E），或单击导出图标，可倒出文件，如图 2-29 所示。

步骤02 导出时选择"文件类型"（如 BMP 文件类型），单击"导出"按钮，在"转换为位图"对话框中进行设置，设置完成后，单击"确定"按钮，即可在指定的文件夹内生成导出文件，如图 2-30 所示。

图 2-29

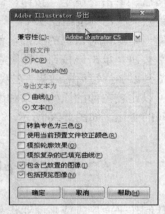

图 2-30

3．显示模式

在图形绘制过程中，为了快速浏览或是工作，需要在编辑过程中选择适当的方式查看效果。CorelDRAW X4 充分满足了用户的要求，提供了多种图像显示方式。

在"查看"菜单中可以选择显示模式为"简单线框模式"、"线框模式"、"草稿模式"、"正常模式"和"增强模式"。

2.5.2 版面设置

1．页面类型

一般"新建"文件后，页面大小默认为 A4，但是在实际应用中，我们要按照印刷的具体情况来设计页面大小及方向。这些都在"属性栏"中进行设置，如图 2-31 所示。

图 2-31

2．插入和删除页面

操作步骤如下：

步骤01 执行"版面"下的"插入页"命令，在"插入"后面输入数值或利用上下按钮进行数值输入，如图 2-32 所示。

步骤02 在导航器上利用两个"+"号进行插页，如图 2-33 所示。

步骤03 单击◀按钮可以切换到第 1 页，单击▶按钮可以切换到最后一页。

步骤04 删除页面可以使用菜单里"版面"中的"删除页面"选项，在弹出的"删除页面"对话框中输入要删除的页号序号，也可以直接在页面标签上单击右键选择"删除页面"。

图 2-32

图 2-33

3．辅助设置

辅助设置可以让用户更顺手、更方便快速地创作自己的作品，如"标尺"、"辅助线"、"网格"等工具。

在"查看"菜单里可以显示 / 隐藏"标尺"、"网格"、"辅助线"等辅助选项，如图 2-34 所示。

图 2-34

第**3**章

标 志 设 计

本章导读

标志设计在平面设计中是十分常见的，不同的公司都有自己的标志。一个优秀的标志能够产生不可估量的品牌价值，标志设计是通过具体的图形化的语言来反映一个公司或企业的、核心的价值与理念，优秀的标志具有十分有潜力的市场价值和不可替代的独特功能。标志必须特征鲜明，令人一眼即可识别，并过目不忘。专业的标志设计几乎都是用 CorelDRAW 软件完成的，学习使用 CorelDRAW 绘制标志是十分重要的，也是学习平面设计的第一节课。

知识要点

标志设计是通过简明、扼要的图形化的语言来反映主题，标志的造型相对简单，一般是图形和文字组合在一起，具有自己独特的个性，在学习使用 CorelDRAW 绘制标志过程中，注意绘制标识的方法和步骤，注意造型的严谨和准确以及图形形象的完整性。

3.1 纯 净 水 标 志

最终效果图如下：

步骤 01 在工具栏中选择"贝塞尔曲线"工具，用折线绘制出水滴图形，然后在工具栏中选择"形状"工具，对水滴形状进行调节，使其更圆滑，如图 3-1 所示。

步骤 02 选中绘制出的水滴图形，然后选择"轮廓"工具，设置轮廓的宽度为 3mm，然后在"调色盘"中单击左键，选择淡蓝色添加到水滴内部，单击鼠标右键选择湖蓝色添加到轮廓，如图 3-2 所示。

步骤 03 在工具栏中选择"贝塞尔曲线"工具，在水滴上绘制波浪曲线图形，在"调色板"中设颜色为白色，然后选中图形依次向下复制两个，并排列均匀，如图 3-3 所示。

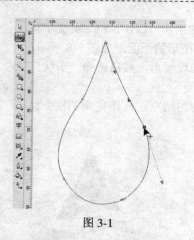

图 3-1

图 3-2

图 3-3

步骤 04 在工具栏中选择"贝塞尔曲线"工具 ，在水滴右下方绘制半圆图形，在"调色板"中任意添加一种颜色，如图 3-4 所示。

步骤 05 选中绘制好的半圆图形，然后在工具栏中选择"交互式阴影"工具 ，在属性栏中设预设列表为"中等辉光"，阴影颜色为"白色"，如图 3-5 所示。

图 3-4

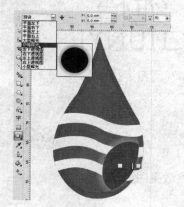

图 3-5

步骤 06 选中半圆图形，然后选择"排列"菜单栏的"打散阴影群组"命令，将图形和阴影分离，如图 3-6 所示。

步骤 07 选中半圆图形，按下 Delete 键，删除半圆图形，然后将阴影向下移动，如图 3-7 所示。

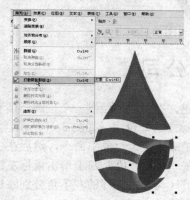

图 3-6

图 3-7

步骤 **08** 在工具栏中选择"文本"工具 字 ，分别键入"纯怡"中文字和"CHUNYI"英文字体，并分别在属性栏中调节字体和大小，并将文字放置在水滴图形的下面，如图 3-8 所示。

步骤 **09** 在工具栏中选择"贝塞尔曲线"工具 ，在文字下绘制曲线图形，然后选择"形状"工具 ，对水滴形状进行调节，如图 3-9 所示。

步骤 **10** 选中绘制出的曲线，并在"调色盘"中选择淡蓝色进行均匀填充，这样完成了整个标志的制作，如图 3-10 所示。

图 3-8

图 3-9

图 3-10

3.2 食品标志

最终效果图如下：

步骤 **01** 在工具栏中选择"椭圆形"工具 ，并按下 Ctrl 键，在页面内绘制一个正圆，接着选择"轮廓"工具 ，将圆形轮廓设置为 18mm，作为标志的外轮廓，如图 3-11 所示。

步骤 **02** 选中绘制出的圆形，选择"排列"菜单栏的"将轮廓转换为对象"命令，然后在"调色盘"中单击鼠标右键，为图形添加黑色外轮廓，在"取消添色"⊠ 上单击鼠标左键，取消图形内部颜色。然后选择工具栏中的"形状"工具 ，在圆环的左下角分别添加点，并从添加的点处断开，然后再将两边的点闭合，如图 3-12 所示。

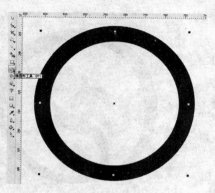

图 3-11

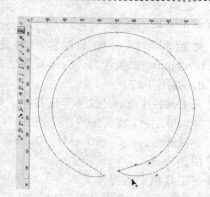

图 3-12

步骤 03 选择工具栏中的"形状"工具 ，在右侧的开口处添加点，并移动点的位置，对左边的开口处的点，也进行编辑，使其平滑，如图 3-13 所示。

步骤 04 选择工具栏中的"形状"工具 ，分别对中间图形的节点进行调节，使编辑的图形平滑，然后在工具栏中选择"填充"工具 ，进行均匀填充，色值为：C：80、M：10、Y：95、K：0，如图 3-14 所示。

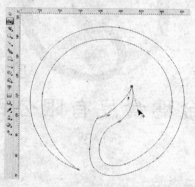

图 3-13

图 3-14

步骤 05 在工具栏中选择"贝塞尔曲线"工具 ，在圆形的内部绘制叶子的形状，并用"形状"工具 ，调节外形，然后填充色值为：C：0、M：20、Y：100、K：0 的黄色，并将图形向上复制，如图 3-15 所示。

步骤 06 在工具栏中选择"椭圆"工具 ，在圆环图形的底部绘制小圆，然后填充色值为：C：1、M：65、Y：95、K：0 的红色，如图 3-16 所示。

图 3-15

图 3-16

步骤 07 在工具栏中选择"椭圆"工具 🔾，在圆环的右下角绘制小圆，在属性栏中将轮廓色加粗到0.706mm，设颜色为：C：80、M：10、Y：95、K：0，如图 3-17 所示。

步骤 08 在工具栏中选择"文本"工具 字，键入字母"R"，并调节字体，将文字放在小圆中间，并在"调色板"中设颜色为：C：80、M：10、Y：95、K：0，如图 3-18 所示。

步骤 09 在工具栏中选择"文本"工具 字，在图形下方键入"金穗食品有限公司"字样，并调节字体为黑体，在调色板中设颜色为黑色，这样完成本例的制作，如图 3-19 所示。

图 3-17

图 3-18

金穗食品有限公司

图 3-19

3.3 赛 奇 标 志

最终效果图如下：

Sai-qi

赛奇股份有限公司

步骤 01 在工具栏中选择"椭圆"工具 🔾，按下 Ctrl 键，在视图区绘制圆形，并在属性栏中将轮廓加粗到 2.0mm，如图 3-20 所示。

步骤 02 选择绘制出的圆形，在工具栏中选择"填充"工具 ◇，对圆形内部进行渐变填充，圆形轮廓设为深绿色，如图 3-21 所示。

步骤 03 在工具栏中选择"文本"工具 字，在圆形中键入"S"字样，并调节字体大小，如图 3-22 所示。

步骤 04 选中输入的文字，先将文字放大，然后单击鼠标右键，在弹出的快捷菜单中选择"转换为曲线",将文字转曲,然后选择工具栏中的"形状"工具，分别将两端节点进行调节,和圆形相交,并在"调色板"中设颜色为深绿色,如图 3-23 所示。

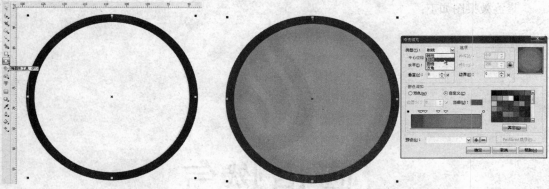

图 3-20   图 3-21

图 3-22   图 3-23

步骤 05 在工具栏中选择"贝塞尔曲线"工具，绘制一个小雨滴的图形,并用"形状"工具调节外形,然后在"调色板"中设颜色为白色,如图 3-24 所示。

步骤 06 在工具栏中选择"文本"工具，在圆形标志的下面分别键入"Sai-qi"英文字和"赛奇股份有限公司"字样,并在"调色板"中分别设置颜色为深绿色和黑色,这样本例的制作完成了,如图 3-25 所示。

图 3-24   图 3-25

3.4 燃 气 标 志

最终效果图如下：

蓝焰燃气

步骤 01 在工具栏中选择"贝塞尔曲线"工具，用折线绘制出标志的外轮廓图形，如图 3-26 所示。

步骤 02 选择工具栏中的"形状"工具，分别对节点进行调节，使图形平滑，然后在工具栏中选择"填充"工具，对图形进行均匀填充，色值为：C: 98、M: 94、Y: 33、K: 6，如图 3-27 所示。

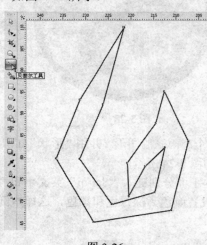

图 3-26 图 3-27

步骤 03 在工具栏中选择"贝塞尔曲线"工具，在图形的内部绘制叶子的形状，并用"形状"工具，分别对节点进行调节，使图形平滑，然后在工具栏中选择"填充"工具，进行均匀填充，色值为：C: 91、M: 39、Y: 3、K: 0，如图 3-28 所示。

步骤 04 选中绘制好的叶子的形状，按下数字键盘中的"+"好，复制一个，然后按下 Ctrl 键，将图形缩小，然后填充进行均匀填充，色值为：C: 66、M: 5、Y: 7、K: 0，如图 3-29 所示。

步骤 05 在工具栏中选择"交互式透明"工具，在属性工具栏中设透明度类型为"线性"，对复制出的图形做透明处理，并调节透明点的位置，如图 3-30 所示。

步骤 06 在工具栏中选择"文本"工具，键入"蓝焰燃气"文字，并设置字体为黑体，调节字体的大小，这样就完成了本例的制作，如图 3-31 所示。

图 3-28

图 3-29

图 3-30

图 3-31

蓝焰燃气

3.5　大迪照明标志

最终效果图如下：

步骤 01　在工具栏中选择"文本"工具 字，打开大写键，键入"D"字，然后调节字体和字体大小，如图 3-32 所示。

步骤 **02** 选中输入的文字，然后单击鼠标右键，在弹出的快捷菜单中选择"转换为曲线"，将文字转曲，然后在调色盘中选中黑色并单击鼠标右键，为图形添加黑色外轮廓，在"取消添色"⊠上单击鼠标左键，取消图形内部颜色，然后选择工具栏中的"形状"工具，在文字的上方添加点，将文字断开，如图 3-33 所示。

步骤 **03** 选择工具栏中的"形状"工具，对文字的外形进一步调整，然后在工具栏中选择"填充"工具，在弹出的渐变面板中，设置类型为"射线"，颜色调和为"自定义"，编辑黄色到橘红色渐变，填充到图形，如图 3-34 所示。

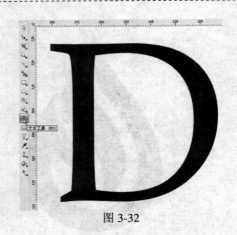

图 3-32

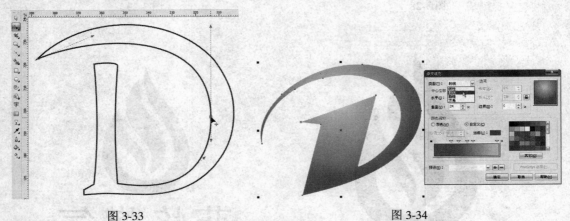

图 3-33　　　　　　　　　　　图 3-34

步骤 **04** 在工具栏中选择"贝塞尔曲线"工具，在图形的下方绘制柳叶图形，并用"形状"工具，对图形的节点进行调整，然后填充色值为：C：92、M：32、Y：1、K：0 的蓝色，将填充好的图形向下复制，并缩小，如图 3-35 所示。

步骤 **05** 在工具栏中选择"文本"工具，在图形的下面分别输入"大地照明"和"DADIZHAOMING"文字，并调节字体为黑体，调节字体的大小和间距，绘制出完整标识，如图 3-36 所示。

图 3-35　　　　　　　　　　　图 3-36

3.6 沙 漠 绿 洲

最终效果图如下：

步骤 01 在工具栏中选择"贝塞尔曲线"工具 ，绘制出椰子树的形状，然后在工具栏中选择"形状"工具 ，调节树叶的造型，并在调色盘中选择深绿色添加到树叶，如图 3-37 所示。

步骤 02 在工具栏中选择"贝塞尔曲线"工具 ，绘制出树干的形状，然后在工具栏中选择"形状"工具 ，调节树干的造型，并在调色盘中选择深绿色添加到树干，如图 3-38 所示。

图 3-37

图 3-38

步骤 03 在工具栏中选择"矩形"工具 ，在树干的底部绘制矩形，并在调色盘中选择蓝色添加到矩形，如图 3-39 所示。

步骤 04 选中绘制出的矩形，在属性工具栏中选择"转换曲线"命令 ，将绘制出的矩形转换成曲线，然后在工具栏中选择"形状"工具 ，在矩形的上边添加点，并调节点的位置。做成折线波浪效果，如图 3-40 所示。

步骤 05 在工具栏中选择"矩形"工具 ，在蓝色海面的底部绘制矩形，并在"调色盘"中选择绿色添加到矩形，如图 3-41所示。

图 3-39

图 3-40   图 3-41

步骤 06 在工具栏中选择"文本"工具 字，键入"沙漠绿洲"文字，并调节字体和大小，如图 3-42 所示。

图 3-42

步骤 07 选中文字，在属性工具栏中选择"转换曲线"命令 ，将文字转换成曲线，然后在工具栏中选择"形状"工具 ，对文字进行调节，作出艺术字效果，如图 3-43 所示。

图 3-43

步骤08 在工具栏中选择"文本"工具 字，分别键入"OASSSPA"英文字和"沙漠绿洲水疗养护中心"文字，并分别移动文字到树干的底部，如图 3-44 所示。

图 3-44

步骤09 在工具栏中选择"矩形"工具 □，绘制一个大矩形，然后在"调色板"中设颜色为淡黄色，并放置在最底层作为背景，绘制出完整的标志，如图 3-45 所示。

图 3-45

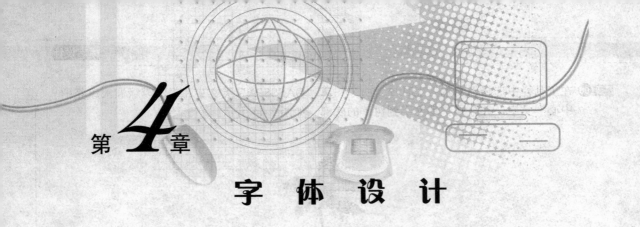

第4章 字 体 设 计

📖 **本章导读**

不同性格、不同造型、姿态各异的各种专用字在各种视觉广告中是十分常见的，普通的字体通过字体设计会使人耳目一新，给人留下深刻的印象，优秀的字体设计在设计中也起着画龙点睛的作用，优秀的字体设计是一个企业形象、品牌的重要组成部分，因此学习平面设计时，学习字体设计也是必要和必须的。字体设计也是平面设计的一个基本功，也是学习设计的基础课程，本章主要通过不同的案例学习使用 CorelDRAW X4 设计专用字的方法。

✏️ **知识要点**

在学习使用 CorelDRAW 设计字体时，先学习英文字体的设计，然后再学习中文字体的设计。字体设计的思路一般是先输入文字，然后将文字转曲后，再根据字体设计的需要变形。在进行文字设计时，注意理解和体会字体形状上的变化，注意将不同字体设计出不同的个性和特点，并尝试自己设计专用字。

4.1 英 文 字 体 设 计

最终效果图如下：

Jean's

步骤 **01** 新建一个文档，在工具栏中选择"文本"工具字，在绘图区输入"jean's"英文字，如图 4-1 所示。

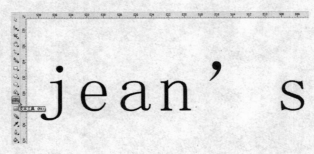

图 4-1

步骤 **02** 在属性栏中将字体调节字体为"Futura Md BT"，文字大小为"24pt"，如图 4-2 所示。

步骤 03 选中文字并单击鼠标右键，在快捷菜单中将文字转换为曲线，然后在工具栏中选择"形状"工具 ，选中全部字母，单击属性栏中"转换曲线为直线"工具 ，将曲线转换为直线，如图 4-3 所示。

图 4-2　　　　　　　　　　　　　　　　　　　　　　图 4-3

步骤 04 从标尺拉出辅助线，然后在用"形状"工具 ，单击所要调节的字母一步一步地调节，将两点之间多余的点删除，调节出方正的字体效果，如图 4-4 所示。

步骤 05 选中调节好的字母，然后再"调色板"中填充红色，绘制出最终效果，如图 4-5 所示。

图 4-4　　　　　　　　　　　　　　　　　　　　　图 4-5

4.2　时　尚　生　活

最终效果图如下：

步骤 01 在工具栏中选择"文本"工具 ，在绘图区输入"时尚生活"四个文字，如图 4-6 所示。

步骤 02 选中字体，在属性栏中调节字体的样式为黑体，字体大小为 24pt，然后单击鼠标右键将文字转换对象为曲线，如图 4-7 所示。

图 4-6　　　　　　　　　　　　　　　　　　　　　图 4-7

步骤 **03** 在工具栏中选择"形状"工具，对文字造型进行调节，选中多余的节点删除，调节造型时可以结合属性栏中的编辑曲线栏调节文字，如图 4-8 所示。

图 4-8

步骤 **04** 从标尺栏拉出水平辅助线，在工具栏中选择"形状"工具，对文字进行调节，使相应的节点对齐辅助线，如图 4-9 所示。

步骤 **05** 从标尺栏拉出垂直辅助线，用"形状"工具，将文字进一步做精确的调节，调节出文字效果，如图 4-10 所示。

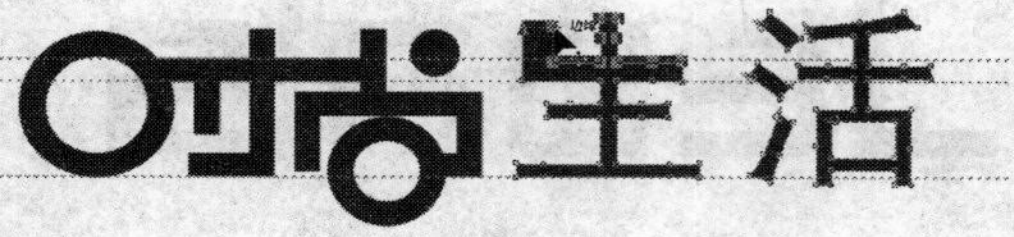

图 4-9    图 4-10

步骤 **06** 在工具栏中选择"矩形"工具，绘制出一个矩形轮廓，然后在属性栏中调节矩形的圆角角度为 60，如图 4-11 所示。

步骤 **07** 将绘制出的圆角矩形复制一个，然后再按住 Shift 键，将复制的圆角矩形向内等比例缩小，如图 4-12 所示。

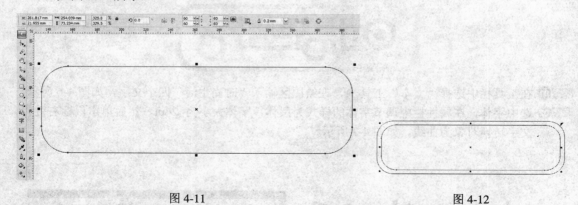

图 4-11   图 4-12

步骤 **08** 在工具栏中选择"填充"中的"渐变填充"工具，将大的圆角矩形中填充黄色到黑色的线性渐变，并且取消轮廓，如图 4-13 所示。

步骤 **09** 在"调色板"中将小圆角矩形填充白色并且取消轮廓，文字填充橘黄色，将其中几个圆点填充蓝紫色，然后再将文字移动到圆角矩形中，绘制出最终效果字，如图 4-14 所示。

图 4-13　　　　　　　　　　　　　图 4-14

4.3　铁　艺　字

最终效果图如下：

步骤 01 在工具栏中选择"文本"工具 字，在绘图区输入"铁艺"两个字，如图 4-15 所示。

步骤 02 选中文字，在文本属性栏中选择字体为"方正黑体简体"、文字大小为 24pt，然后再单击鼠标右键，在快捷菜单中将文字转换为曲线，如图 4-16 所示。

图 4-15　　　　　　　　　　　　　图 4-16

步骤 03 在工具栏中选择"形状"工具，结合属性栏中的调节工具，对文字节点进行调节，如图 4-17 所示。

步骤 04 从标尺栏目中拉出辅助线，继续使用"形状"工具，对文字节点做进一步调节，删掉多余的节点，并将"艺"字顶部和底部变形，如图 4-18 所示。

图 4-17　　　　　　　　　　　　　图 4-18

步骤 05 在工具栏中选择"文本"工具 字 ，在调节好的文字下面书写出"Tieyi"拼音，在属性栏中调节文字的字体和文字的大小，绘制出完整效果字，如图 4-19 所示。

图 4-19

4.4 现 场 直 播

最终效果图如下：

步骤 01 在工具栏中选择"文本"工具 字 ，在绘图区输入"现场直播"几个文字，并将文字纵排，如图 4-20 所示。

步骤 02 在属性栏中调节文字的字体为"方正大黑简体"，文字大小为 24pt，然后再单击鼠标右键将文字转换为曲线，如图 4-21 所示。

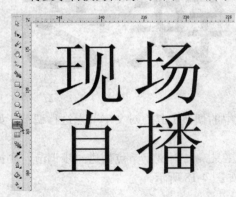

图 4-20

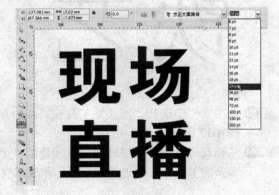

图 4-21

步骤 03 在工具栏中选择"形状"工具 ，删掉文字上多余的节点，保留转折处的关键节点，并对文字进行进一步调节，如图 4-22 所示。

步骤 04 在标尺栏中拉出水平辅助线，用"形状"工具 ，调节文字的笔划形状，并增加节点，将文字局部断开，将"现"字和"场"字的倾斜的笔划做平行，将"直"字延长到"播"字，如图 4-23 所示。

步骤 05 在工具栏中选择"形状"工具 ，对"播"字进一步编辑，并对整个文字效果调整，绘制出最终效果字，如图 4-24 所示。

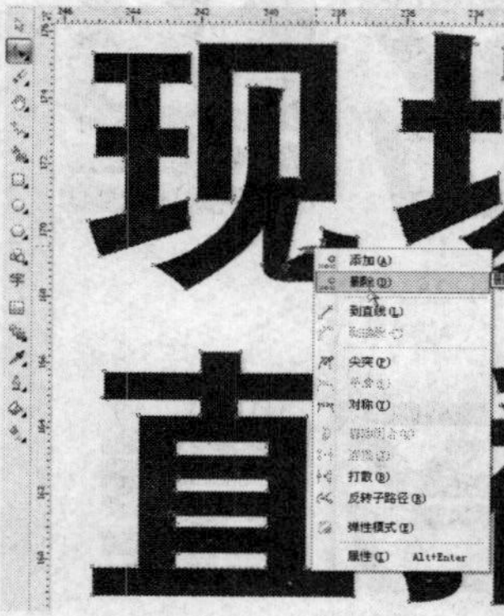

图 4-22 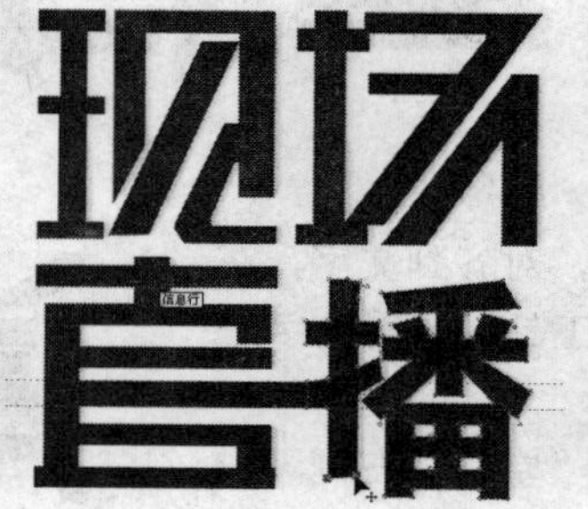　　　　　　　　　　　　　图 4-23 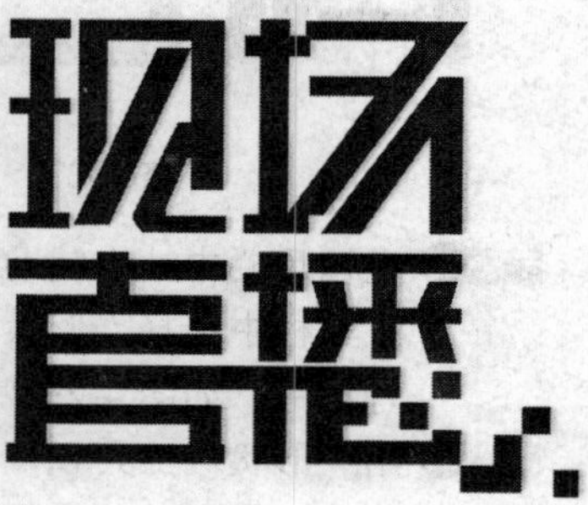　　　　　　　　　　　　　图 4-24

4.5　闯　名　堂

最终效果图如下：

步骤 01 工具栏中选择"文本"工具 ，键入"闯名堂"三个文字，如图 4-25 所示。

步骤 02 在属性栏中调节文字的字体为"方正综艺简体"，文字大小为 24pt，然后单击鼠标右键将文字转换为曲线，如图 4-26 所示。

图 4-25 　　　　　　　　　　　　　　　　　　　图 4-26

步骤 03 文字转换为曲线之后，然后选择"形状"工具 ，把文字全选，并在属性栏中单击"曲线转换为直线"工具 ，将曲线转换为直线，如图 4-27 所示。

步骤 04 接着使用"形状"工具 ，删除多余的节点，保留关键的节点，在需要的地方可以增加节点，如图 4-28 所示。

图 4-27 　　　　　　　　　　　　　　图 4-28

步骤 05　在标尺栏中拉出辅助线，对齐到文字，在工具栏中选择"形状"工具 👆，对文字进行调节，如图 4-29 所示。

步骤 06　用"形状"工具 👆，在"堂"字右侧添加节点，并调节节点位置，然后将三个字的顶部连在一起，如图 4-30 所示。

图 4-29

步骤 07　继续使用"形状"工具 👆，将文字进行精确的调节，并在视图菜单中取消辅助线，绘制出最终效果字，如图 4-31 所示。

图 4-30 　　　　　　　　　　　　　　图 4-31

4.6　中　秋　月　饼

最终效果图如下：

步骤 01　在工具栏中选择"文本"工具 字，书写出"中秋月饼"四个文字，如图 4-32 所示。

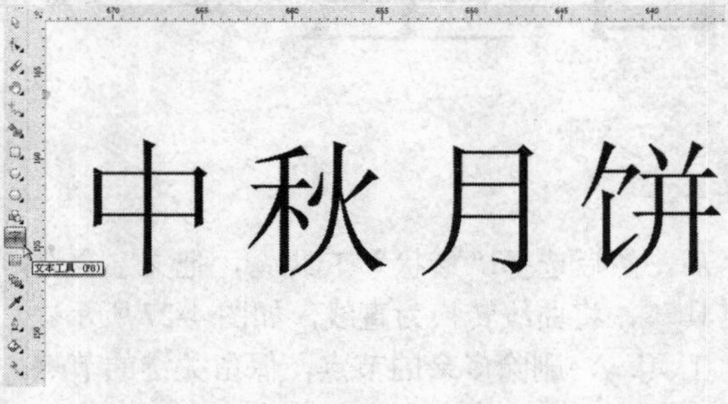

中秋月饼

图 4-32

步骤 02 在属性栏中调节文字字体为"方正综艺简体",字体大小为 24pt,然后再单击鼠标右键将文字转换为曲线,如图 4-33 所示。

图 4-33

步骤 03 从标尺栏分别拉出水平和垂直辅助线,并对齐到文字,在工具栏中选择"形状"工具,删去多余的节点,然后进行调节,如图 4-34 所示。

图 4-34

步骤 04 使用"形状"工具,拆分"中"字节点,对"中"字进行调节,然后连接"中"字中间已经拆分的平行节点,便于下面的变换,如图 4-35 所示。

图 4-35

步骤 05 继续使用"形状"工具,对中字作进一部调整,用同样的方法,也调整其他三个字,调节出变形后的大概轮廓,如图 4-36 所示。

步骤 06 使用"形状"工具,将文字的外形进行精确的调节,使变形的地方更平滑,绘制出字体的效果,如图 4-37 所示。

图 4-36 　　　　　　　　　　　　　　图 4-37

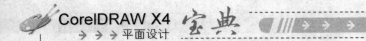
步骤**07** 在工具栏中选择"椭圆"工具◯，然后在属性栏中单击"圆弧"工具◯，将轮廓线粗细调节为 1.8mm，并调节结束角为 300，绘制出一个圆形轮廓，放在文字的左边，作为月亮的图形，绘制出最终效果字，如图 4-38 所示。

图 4-38

4.7 忠 义 堂

最终效果图如下：

步骤**01** 在工具栏中选择"文本"工具字，在属性栏中点"将文本更改为垂直方向"工具▥，书写出"忠義堂"三个文字，如图 4-39 所示。

步骤**02** 我们所做的效果图是方方正正的字体，并不复杂，单击鼠标右键将文字转换曲线，然后再删去多余的节点，用"形状"工具➤，进行调节，如图 4-40 所示。

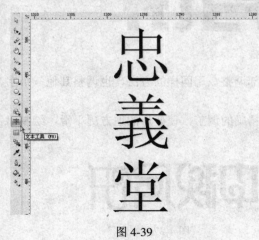

图 4-39

图 4-40

步骤 03 在标尺栏中拉出辅助线，然后再用"形状"工具 ，将字体进行进一步的调节，如图 4-41 所示。

步骤 04 在工具栏中选择"矩形"工具 ，沿着文字绘制矩形边，并在文字下输入英文文字，然后绘制一个大矩形轮廓作为背景，然后在"调色板"中填充黑色，将文字填充白色，将辅助线隐藏，绘制出最终效果字，如图 4-42 所示。

图 4-41　　　　　　　　　　　图 4-42

4.8　伊　藤　园

最终效果图如下：

步骤 01 在工具栏中选择"文本"工具 ，书写出"伊藤園"三个文字，然后在属性栏中调节文字的字体和文字的大小，如图 4-43 所示。

步骤 02 将文字选中，单击鼠标右键将字体转换曲线，然后再用"形状"工具 ，删除多余节点，对文字进行初步调整，如图 4-44 所示。

图 4-43　　　　　　　　　　　　　　　　　图 4-44

步骤03 在标尺栏中拉出辅助线，然后再用"形状"工具，将文字的笔划变形，调节出大概的字体效果，如图4-45所示。

步骤04 在工具栏中选择"形状"工具，将字体的轮廓进行进一步的调节，如图4-46所示。

图4-45　　　　　　　　　　　　　　　　　　图4-46

步骤05 在工具栏中选择"贝塞尔"工具，绘制出叶子的轮廓，并填充黑色，然后选中绘制出的叶子进行复制，并水平反转，放在文字的下面，如图4-47所示。

图4-47

步骤06 在工具栏中选择"文本"工具，书写出"—1899—"几个文字以及符号，如图4-48所示。

步骤07 将绘制好的整个图形选中，在"调色板"中填充蓝紫色，然后再用"矩形"工具，绘制背景轮廓，填充C：8、M：4、Y：4、K：0的灰色并且取消轮廓，绘制出最终效字，如图4-49所示。

图4-48

图4-49

第5章 基础实例

本章导读

本章通过几个精选的案例的绘制过程，来学习和掌握使用CorelDRAW软件绘制基本图形的方法和过程，并通过具体的案例来进一步综合的使用各种基本工具，把基本工具的使用方法融入到具体的案例中，在绘制过程中注意绘制方法和流程，体会CorelDRAW软件绘图的特点，能够正确运用软件的基本工具，绘制出完整图形。

知识要点

在绘制本章实例过程中，注意填充工具的使用，本章案例中，既用到了图案填充，又用到了渐变填充，还有造型工具的使用，这些工具是一个比较重要的造型工具。如乒乓球球拍的绘制，还介绍阴影工具、透明工具、变换工具的应用，这些工具都是比较重要的工具，应该熟练掌握，在绘图过程中还要注意图形的比例以及整体效果的把握。

5.1 信　封

最终效果图如下：

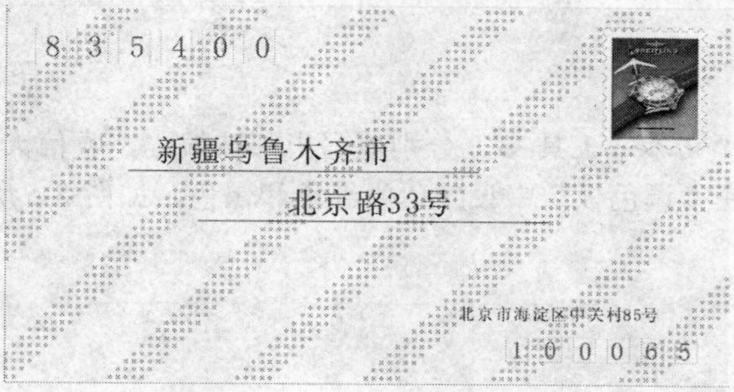

5.1.1 信封的绘制

步骤01 新建文件，在属性栏中设置页面的长为22cm，高为12cm，并将文件切换为横向，然后在工具栏中的“矩形”工具上双击鼠标左键，沿着页面绘制一个矩形，如图5-1所示。

步骤02 选中绘制出的矩形，在工具栏中选择“填充”工具中的“图样填充”工具，在弹出的“图样填充”面板中选择“双色”，在图例中选择斜线图样，然后在右边的颜色中分别选择前部颜色为淡绿色，后部颜色为淡黄色，进行图样填充，如图5-2所示。

图 5-1

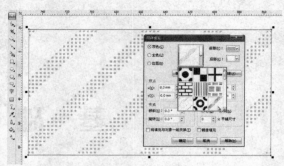

图 5-2

步骤 03 在工具栏中选择"贝塞尔曲线"工具 ，在信封中间绘制出两条直线，作为收信人的地址栏，如图 5-3 所示。

步骤 04 在工具栏中选择"矩形"工具 ，绘制出一个小矩形，设轮廓色为红色，然后选择"排列"菜单中的"变换"下的"位置"，在弹出的"位置"中设置水平距离，并单击"应用到在制"按钮，水平连续复制六个，作为填写邮政编码的方框。窗选复制出的矩形，将其群组之后，再复制一个并缩小，放置在右下角，这样一个空白的信封就制作好了，如图 5-4 所示。

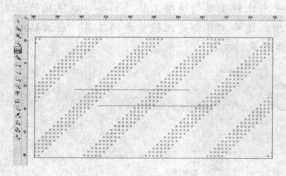

图 5-3

图 5-4

步骤 05 在工具栏中选择"文本"工具 ，分别填写出邮政编码，收信人和发信人的地址，并分别将邮编和文字在"调色板"中设颜色为红色和黑色，如图 5-5 所示。

图 5-5

5.1.2 邮票的绘制

步骤 01 在工具栏中选择"矩形"工具 ，绘制出一个矩形，在"调色板"中设颜色为白色，作为邮票的位置，如图 5-6 所示。

步骤 02 在工具栏中选择"椭圆"工具 ，绘制出一个圆，然后选择"排列"菜单中的"变换"下的"位置"，在弹出的"位置"中分别设置水平和垂直距离，将绘制出的小圆形依次连续复制，如图 5-7 所示。

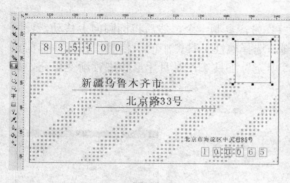

图 5-6   图 5-7

步骤 03 选中复制出的小圆，然后将小圆群组，然后窗选小圆和矩形，在属性栏中单击"修剪"工具 ，将矩形修剪出邮票花边，如图 5-8 所示。

步骤 04 选择"文件"菜单下的导入命令，选择一张位图图片导入到文件，缩小放置在矩形中间，作为邮票，这样就完成了整个信封的制作，如图 5-9 所示。

图 5-8

图 5-9

5.2 乒 乓 球 拍

最终效果图如下：

5.2.1　球拍的绘制

步骤 **01** 在工具栏中选择"椭圆"工具，绘制出一个椭圆，然后在工具栏中选择"填充"工具中的"均匀填充"工具，填充色值为 C：4、M：12、Y：23、K：0 的黄色，如图 5-10 所示。

步骤 **02** 选中绘制出的椭圆，按下数字键盘上的"+"号，复制一个，然后将椭圆向上移动，使两个椭圆之间有些距离，然后窗选两个椭圆，选择属性工具栏中的"修剪"按钮，修剪出下面的弯月牙形，然后在工具栏中选择"填充"工具，对月牙形状进行渐变填充，如图 5-11 所示。

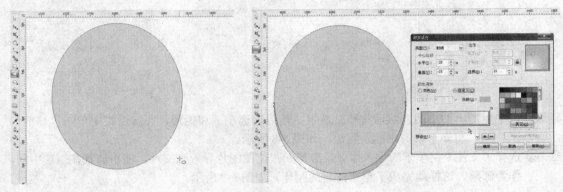

图 5-10　　　　　　　　　　　　　　图 5-11

步骤 **03** 选中椭圆，按下数字键盘上的"+"号，在复制一个，然后在工具栏中选择"矩形"工具，绘制出一个矩形放置在椭圆的下半部分，选中复制好的椭圆和矩形，单击属性栏中的"修剪"，修剪出半圆形，并在调色板中填充红色，作为拍子的正面，如图 5-12 所示。

步骤 **04** 在工具栏中选择"矩形"工具，在下面绘制出一个小矩形，然后在工具栏中选择"填充"工具中的"渐变填充"工具，在弹出的"渐变填充"面板中选择"线性"，在颜色调和栏中选择"自定义"，并编辑黄色渐变，填充到矩形，作为球拍的把子，如图 5-13 所示。

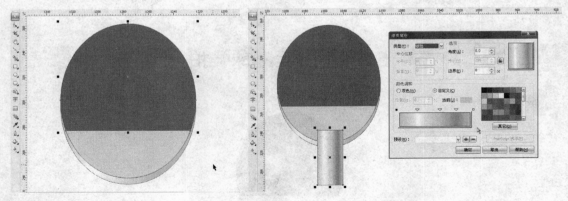

图 5-12　　　　　　　　　　　　　　图 5-13

步骤 **05** 在工具栏中选择"椭圆"工具，在矩形把子下面绘制出一个小椭圆，并调节椭圆的长度大小和矩形相同，然后在工具栏中选择"填充"工具中的"渐变填充"工具，对小圆进行渐变填充，如图 5-14 所示。

步骤 **06** 在工具栏中选择"椭圆"工具 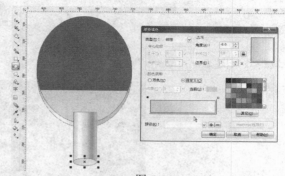，在矩形的上面绘制出一个小椭圆，并调节椭圆的宽度大小和矩形相同，然后选中椭圆和矩形，单击属性栏中的"相交" ，修剪出弧形的剖面，然后在工具栏中选择"填充"工具 中的"渐变填充"工具 ，进行渐变填充，如图 5-15 所示。

图 5-14

步骤 **07** 在工具栏中选择"文本"工具 ，在椭圆下方输入"红双喜"文字。并调整字体大小，设颜色为红色，绘制出完整的球拍，如图 5-16 所示。

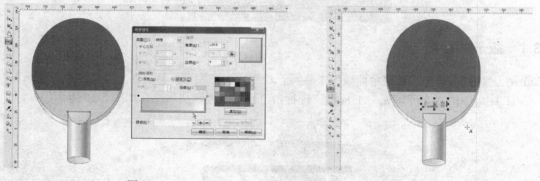

图 5-15　　　　　　　　　　　　　　　　　　　图 5-16

5.2.2　乒乓球的绘制

步骤 **01** 在工具栏中选择"椭圆"工具 ，并按下 Ctrl 键，在球拍上面绘制出一个小圆，然后在工具栏中选择"填充"工具 中的"渐变填充"工具 ，填充白色到灰色的渐变填充，绘制出乒乓球，如图 5-17 所示。

步骤 **02** 选中绘制出乒乓球图形，在工具栏中选择"交互式阴影"工具 ，给乒乓球拉出阴影，如图 5-18 所示。

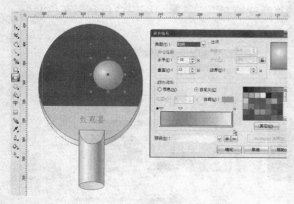

图 5-17

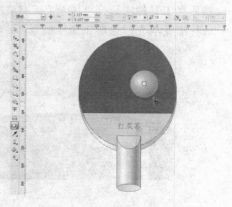

图 5-18

5.3 化 妆 品

最终效果图如下：

5.3.1 瓶子的绘制

步骤 01 在工具栏中选择"贝塞尔曲线"工具 ，绘制出弧形图形，然后在工具栏中选择"填充"工具 中的"渐变填充"工具 ，进行白色到深灰色渐变填充，如图 5-19 所示。

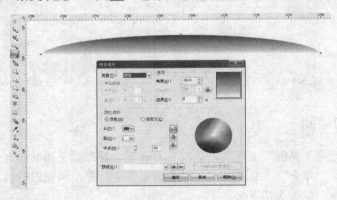

图 5-19

步骤 02 在工具栏中选择"矩形"工具 ，绘制出矩形，然后在属性工具栏中设置边角圆滑度，然后在工具栏中选择"填充"工具 中的"渐变填充"工具 ，编辑白色到深灰色渐变，进行渐变填充，绘制出瓶子的盖子，如图 5-20 所示。

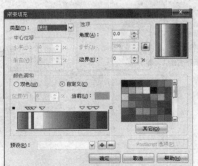

图 5-20

步骤 03 在工具栏中选择"矩形"工具▣，绘制出盖沿图形，然后在工具栏中选择"填充"工具🖌️中的"渐变填充"工具■，进行渐变填充，如图 5-21 所示。

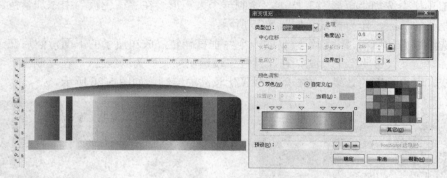

图 5-21

步骤 04 在工具栏中选择"矩形"工具▣，绘制出瓶身矩形，然后在属性工具栏中设置边角圆滑度，作为瓶子的外形，然后在工具栏中选择"填充"工具🖌️中的"渐变填充"工具■，进行渐变填充，如图 5-22 所示。

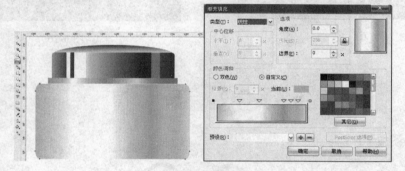

图 5-22

步骤 05 在工具栏中选择"文本"工具字，分别输入瓶子上的名称文字，并分别设置文字大小和颜色，如图 5-23 所示。

步骤 06 在工具栏中选择"贝塞尔曲线"工具✎，在文字下方绘制出一条线，设颜色为橙色，然后在工具栏中选择"文本"工具字，在横线的下方输入英文名称，并分别设置字体和颜色，如图 5-24 所示。

图 5-23

图 5-24

5.3.2　背景的绘制

步骤 01 在工具栏中选择"矩形"工具 ▢，绘制一个大矩形，在"调色板"中添加紫色，并放置到瓶子的后面，作为背景，如图 5-25 所示。

步骤 02 窗选绘制好的瓶子，并群组，复制一个并垂直翻转，放在瓶子的下面，然后在工具栏中选择"交互式透明"工具 ▨，在属性栏中设透明度类型为"线性"，在复制出的对象上拉渐变，做出倒影的效果，这样就完成了化妆品的绘制，如图 5-26 所示。

图 5-25　　　　　　　　　　　　　　　　　图 5-26

5.4　QQ　表　情

最终效果图如下：

5.4.1　脸部的绘制

步骤 01 在工具栏中选择"椭圆"工具 ◯，绘制一个圆形，用"轮廓"工具 ✎，调节轮廓的宽度，然后选择工具栏中"填充"工具 ◇ 中的"渐变填充"工具 ▨，在弹出的"渐变填充"面板中，在"类型"中选择"射线"，并在"颜色调和"中选择"自定义"，设置浅黄到深黄色渐变，填充到圆形，如图 5-27 所示。

步骤 02 在工具栏中选择"椭圆"工具 ◯，绘制两个相交的圆，然后选择"排列"菜单中的"造型"中的"造型"命令，在弹出的"造型"面板中选择"后剪前"，使两个圆形相剪，从而得到月牙形，如图 5-28 所示。

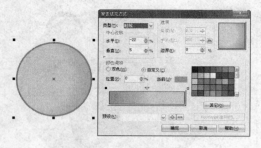

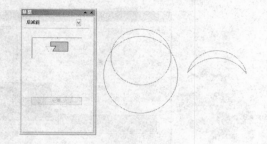

图 5-27   图 5-28

步骤 03 选中编辑好的月牙形，然后在"调色盘"中填充黑颜色，将月牙形复制，分别作为笑脸的眉毛和眼睛，如图 5-29 所示。

步骤 04 在工具栏中选择"贝塞尔"工具，绘制一条曲线，然后用"轮廓"工具，调节曲线的宽度，作为笑脸的嘴巴，如图 5-30 所示。

步骤 05 选择工具栏中用"贝塞尔"工具，绘制出笑脸的舌头，并在"轮廓"工具，调节轮廓的宽度，在"调色盘"中填充红颜色，如图 5-31 所示。

步骤 06 在工具栏中选择"贝塞尔"工具，绘制脸部的高光轮廓，然后在"调色盘"中填充白色，在调色盘中 "取消填色"工具上单击鼠标右键，取消轮廓线，如图 5-32 所示。

图 5-29   图 5-30   图 5-31   图 5-32

5.4.2 手的绘制

步骤 01 选择工具栏中选择"贝塞尔"工具，绘制出手的大概轮廓，并用"形状"工具，调整手的轮廓，如图 5-33 所示。

步骤 02 选中手的图形，然后用"轮廓"工具，调节轮廓宽度，接着在"调色盘"中将手填充成黄颜色，如图 5-34 所示。

步骤 03 选择"排列"菜单栏中的"将轮廓转变为对象"命令，将手的外轮廓转换为曲线，然后用"形状"工具，调节手指外形，如图 5-35 所示。

图 5-33   图 5-34   图 5-35

步骤 04 在工具栏中选择"填充"工具中的"渐变填充"工具，给手填充浅黄色到深黄色渐变色，如图 5-36 所示。

步骤 05 选择工具栏中选择"贝塞尔"工具，绘制出手部的高光。并在"调色盘"中选择取消轮廓填色，然后旋转到合适的角度，这样就完成了笑脸的绘制，如图 5-37 所示。

图 5-36

图 5-37

5.5 小 雪 人

最终效果图如下：

5.5.1 头部的绘制

步骤 01 在工具栏中选择"椭圆"工具 ，绘制出圆形，在属性栏中将轮廓加粗到 2.0mm，然后在工具栏中选择"填充"工具 中的均匀填充，将圆形填充浅灰色，轮廓填充深灰色，如图 5-38 所示。

步骤 02 将椭圆复制并缩小，并取消轮廓，然后填充浅灰色，将复制的椭圆继续复制并缩小，取消轮廓，并填充为白色，如图 5-39 所示。

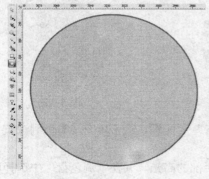

图 5-38

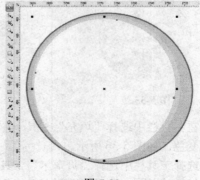

图 5-39

步骤 03 在工具栏中选择"贝塞尔曲线"工具 ，绘制出眼睛的轮廓，在"调色盘"中将外轮廓填充灰色、眼珠填充黑色，如图 5-40 所示。

步骤 04 在工具栏中选择"椭圆"工具 ，绘制出眼球的高光，然后在"调色盘"中填充白色并取消轮廓色，在工具栏中选择"星形"工具 ，在属性栏中将星形的角数改为四角形，然后在眼球上绘制出一个四角形的图形，在"调色板"中填充白色，并取消轮廓，将已做好的眼睛群组，复制一个并放大，放置在右边，如图 5-41 所示。

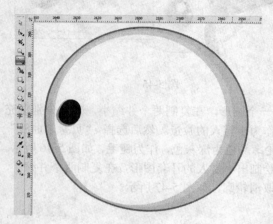

| 图 5-40 | 图 5-41 |

步骤 05 在工具栏中选择"贝塞尔曲线"工具 ，绘制出鼻子的阴影和鼻子的轮廓，然后分别填充灰色和红色，如图 5-42 所示。

步骤 06 在工具栏中选择"贝塞尔曲线"工具 ，绘制出鼻子的亮面和暗面的轮廓，在工具栏中选择"填充"工具 ，分别填充橘黄色和深红色。高光部分在"调色板"中设颜色为白色，取消轮廓，然后在属性栏中调节不透明度，如图 5-43 所示。

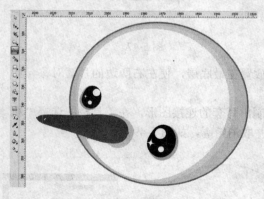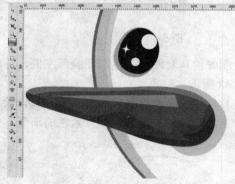

| 图 5-42 | 图 5-43 |

步骤 07 在工具栏中选择"贝塞尔曲线"工具 ，绘制出小雪人嘴巴形状和嘴巴的轮廓，在"调色板"中将嘴巴填充白色，轮廓填充灰色，如图 5-44 所示。

步骤 08 将绘制好的嘴巴图形复制并缩小，并填充颜色为黑色，取消轮廓，在工具栏中选择"贝塞尔曲线"工具 ，绘制出小雪人舌头的轮廓，在工具栏中选择"填充"工具 中的"渐变填充" ，在弹出的"渐变填充"面板中，设置类型为线性，角度为 54°，颜色调和从深红色到浅红色渐变，如图 5-45 所示。

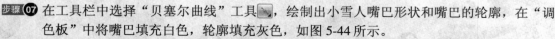

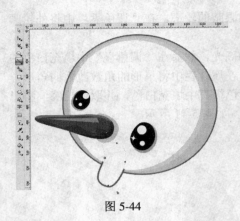 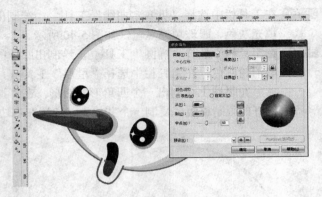

图 5-44 　　　　　　　　　　　图 5-45

步骤 09 在工具栏中选择"椭圆"工具 ，绘制出一个圆形，在复制两个并缩小，然后分别填充浅黄色、橘黄色和橘红色，并取消轮廓，作为小雪人的脸蛋。然后选择"贝塞尔曲线"工具 ，在右侧眼睛处绘制出两条线，设轮廓颜色为深灰色，作为睫毛，如图 5-46 所示。

步骤 10 在工具栏中选择"贝塞尔曲线"工具 ，绘制出小雪人的耳套图形，在复制两个并缩小，然后分别填充深紫色、紫色和浅紫色，并取消轮廓，如图 5-47 所示。

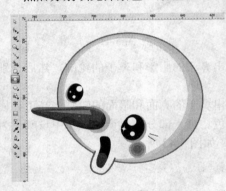 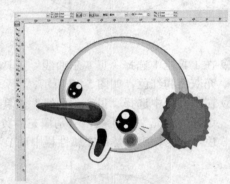

图 5-46 　　　　　　　　　　　图 5-47

步骤 11 将绘制好的耳套图形，复制到脸部左侧，并放置在最底层，使左右两边的耳套对称，如图 5-48 所示。

步骤 12 在工具栏中选择"贝塞尔曲线"工具 ，绘制出耳套的连接图形，在工具栏中选择"填充"工具 ，填充浅紫色到深紫色的渐变，并取消轮廓，如图 5-49 所示。

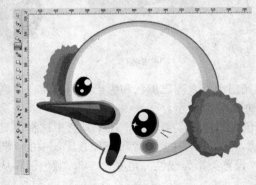 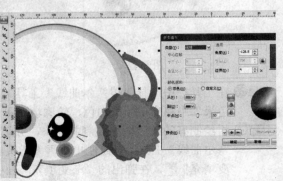

图 5-48 　　　　　　　　　　　图 5-49

步骤⓭ 在工具栏中选择"贝塞尔曲线"工具 ，绘制出耳套的高光图形，在"调色板"中设颜色为浅紫色，并取消轮廓，如图 5-50 所示。

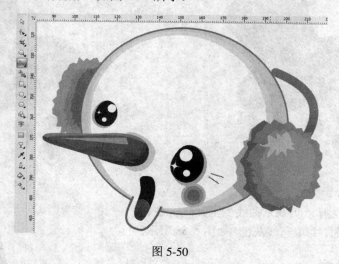

图 5-50

5.5.2 帽子的绘制

步骤① 在工具栏中选择"椭圆"工具 和"贝塞尔曲线"工具 ，将帽子的帽檐阴影复制，然后将帽檐填充黑色，阴影填充深灰色和浅灰色，如图 5-51 所示。

步骤② 在工具栏中选择"贝塞尔曲线"工具 ，绘制出小雪人帽子顶和彩边的轮廓，并填充黑色和红色，如图 5-52 所示。

图 5-51

图 5-52

步骤③ 在工具栏中选择"贝塞尔曲线"工具 ，绘制出帽子上红色图形的高光和暗面，并取消轮廓，选中高光，在"调色板"中填充颜色为浅红色，暗面为深红色，然后使用"椭圆"工具 ，绘制出帽顶，并填充灰色，如图 5-53 所示。

步骤④ 在工具栏中选择"贝塞尔曲线"工具 ，绘制出帽子的高光图形，在"调色板"中设颜色为白色，然后在工具栏中选择"交互式透明"工具 ，在属性栏中选择标准透明，分别调节不透明度，如图 5-54 所示。

图 5-53

图 5-54

步骤 05 在工具栏中选择"贝塞尔曲线"工具 ，在帽顶上绘制亮面，并填充浅灰色，如图 5-55 所示。

5.5.3　身体的绘制

步骤 01 在工具栏中选择"椭圆"工具 ，绘制一个大椭圆，作为小雪人的肚子，在属性栏中将轮廓加粗到 2.0mm，设轮廓色为深灰色，然后将椭圆填充灰色，如图 5-56 所示。

步骤 02 将绘制出的大椭圆复制一个并缩小，并填充浅灰色，然后再复制一个并缩小，填充白色，作为小雪人的肚子，如图 5-57 所示。

图 5-55

图 5-56

图 5-57

步骤 03 在工具栏中选择"贝塞尔曲线"工具 ，绘制出小雪人的围巾，并填充为红色，取消轮廓并放置在头部的后面，将围巾复制一个，并填充为灰色，作为围巾的投影，然后放在红色围巾的下面，如图 5-58 所示。

步骤 04 在工具栏中选择"贝塞尔曲线"工具 ，绘制出围巾上绿色条纹图形，并取消轮廓，如图 5-59 所示。

图 5-58

图 5-59

步骤 05 在工具栏中选择"贝塞尔曲线"工具，绘制出围巾的高光轮廓，然后在"调色板"中填充白色，取消轮廓，然后在工具栏中选择"交互式透明"工具，在属性栏中选择标准透明，调节透明度，如图 5-60 所示。

步骤 06 重复**步骤 03**～**步骤 05**，用同样的方法，绘制出右边下垂部分的围巾，如图 5-61 所示。

步骤 07 在工具栏中选择"椭圆"工具，在雪人的肚子上绘制圆形，然后复制并缩小，将上面的圆形填充为白色，下面的填充灰色，绘制出雪人的纽扣，将两个圆形群组，复制一个缩小一点，放置在下面，如图 5-62 所示。

图 5-60

图 5-61

图 5-62

5.5.4　胳膊的绘制

步骤 01 在工具栏中选择"贝塞尔曲线"工具，绘制出雪人的胳膊轮廓图形和亮面，在"调色盘"中分别选择深咖啡色和浅咖啡色，如图 5-63 所示。

步骤 02 将绘制好的胳膊，复制一个放置身体左边，水平镜像后放置在最后层，如图 5-64 所示。

步骤 03 在工具栏中选择"椭圆"工具，在右手处绘制一个圆形，并填充黑色，然后选择"贝塞尔曲线"工具，在圆形下面绘制出手杖的杆，然后填充灰色渐变，如图 5-65 所示。

步骤 04 将手杖顶部的圆形复制，并缩小，然后填充黑色到灰色渐变，接着在工具栏中选择"文本"工具，输入数字"8"，并且放大，放置圆形的中间，在"调色板"中设颜色为白色，这样就完成了整个小雪人的绘制，如图 5-66 所示。

图 5-63

图 5-64

图 5-65

图 5-66

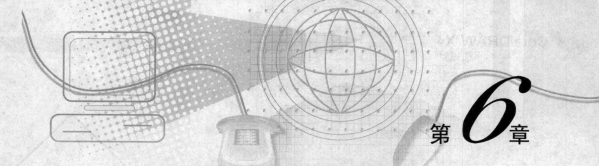

平面广告设计

CorelDRAW 设计软件不但能够绘制图形，而且可以广泛地应用于平面设计和广告设计，各种平面设计基本都可以使用 CorelDRAW 软件设计，从最常见的名片设计、宣传单设计，到综合复杂的报纸、期刊、杂志的排版设计，CorelDRAW 都可以胜任。本章通过几个典型的平面设计，来进一步了解 CorelDRAW X4 软件在平面设计领域中的应用。

知识要点

平面设计是最常见、最实用的设计，在使用 CorelDRAW 设计图形时，要注意设计对象的尺寸的大小，颜色搭配的合理，同时注意设计绘图的步骤和方法。在设计过程中，注意体会名片、折页以及杂志等不同对象的设计方法，同时兼顾排版的美观合理，功能的实用性以及印刷后的效果。

6.1 名片设计 1

最终效果图如下：

6.1.1 标志的绘制

步骤 01 新建一个名片文档，双击工具栏中"矩形"工具 ⬜，沿着页面新建一个宽为 89mm，高为 54mm 的长方形，如图 6-1 所示。

步骤 02 在工具栏中选择"矩形"工具 ⬜，按下 Ctrl 键，画出一个正方形，然后在属性栏中设置"边角圆滑度"为 10mm，"旋转角度"为 45°，如图 6-2 所示。

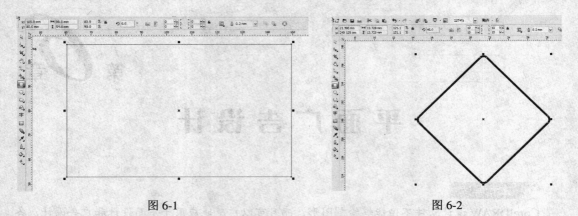

图 6-1   图 6-2

步骤 ⓸3 选择工具栏中的"椭圆形"工具 ，画出一个椭圆，和矩形相交，如图 6-3 所示。

步骤 ⓸4 用"挑选"工具 窗选两个图形，在属性工具栏中先选择"相交"命令 ，修剪出圆形和矩形的相交部分，接着先选择圆形，然后选择矩形，在属性工具栏中选择"移除前面的对象"命令，使图形相减，修剪出图形的上部分，如图 6-4 所示。

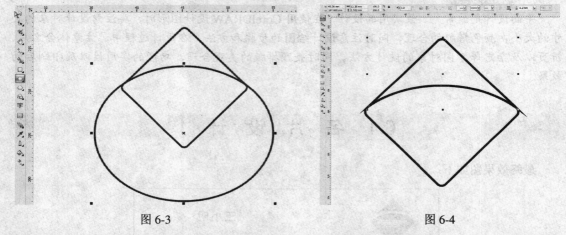

图 6-3   图 6-4

步骤 ⓸5 选中上面的图形，用键盘方向键向上移动，使两个图形间有距离。然后选择下面的图形，选择工具栏的"填充"工具 中的"均匀填充"工具 ，在"渐变填充"面板中设置角度为-90°，从深绿色到浅绿色的渐变，如图 6-5 所示。

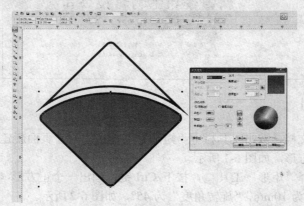

图 6-5

步骤⑥ 选中上面的图形，将其填充为绿色，然后选中整个标志图形，然后选择"调色盘"中的"取消填色"工具⊠，将图形的外轮廓取消填充，绘制出完整的标志造型，如图 6-6 所示。

步骤⑦ 选择工具栏中的"文字"工具字，在绘图区输入中文和英文文字，并调节文字的大小和字体，然后将文字放置在合适位置，如图 6-7 所示。

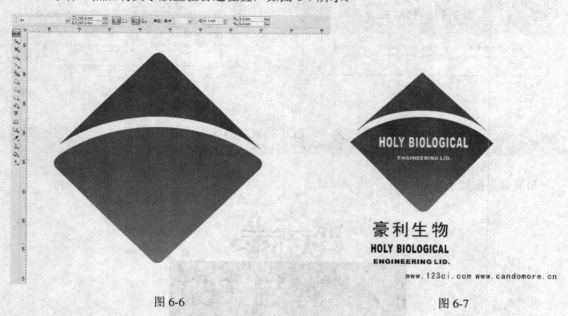

图 6-6　　　　　　　　　　　　　　　　图 6-7

6.1.2　文字的添加

步骤① 选择工具栏中的"矩形"工具▭，在名片的下方绘制矩形，填充颜色为 C：20、M：0、Y：20、K：0 的浅绿色，并取消轮廓，如图 6-8 所示。

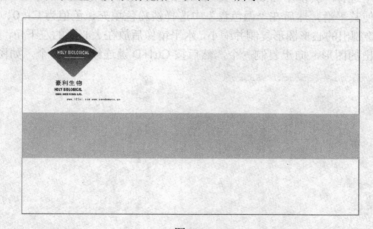

图 6-8

步骤② 选择工具栏中的"文字"工具字，输入公司名称、人的名称、地址和电话相关信息，并依次调节文字的大小和位置，如图 6-9 所示。

步骤③ 选择工具栏中的"度量"工具🗡，分别在水平和垂直方向标注出名片的尺寸，并调节字体的大小，完成名片的绘制，如图 6-10 所示。

图 6-9

图 6-10

6.2 名 片 设 计 2

最终效果图如下：

6.2.1 背景的绘制

步骤01 在工具栏中选择"贝塞尔曲线"工具，在绘图区绘制心形图形，并用"造型"工具调节外形，使其平滑，然后在"调色盘"中选择淡粉色填充，色值为 C：0、M：15、Y：0、K：0，将绘制出的心形图形复制并缩小，水平镜像后放在大心形的左下角，如图 6-11 所示。

步骤02 选中绘制出的图形，向上复制一个，然后按 Ctrl+D 键连续复制多个，如图 6-12 所示。

图 6-11

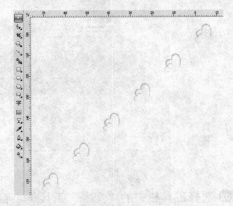

图 6-12

步骤03 窗选复制出的图形，将其群组并向右侧复制，然后按下 Ctrl+D 键连续复制多个，选择所有复制出的图形，将其群组，如图 6-13 所示。

步骤04 在工具栏中选择"矩形"工具□，在复制的图案上绘制出一个矩形，在属性栏中设长91.0mm，宽55.0mm，如图6-14所示。

图 6-13 图 6-14

步骤05 选中心形图案，然后选择"效果"菜单中的"图框精确剪裁"的"放置在容器中"命令，将出现的黑色箭头指向矩形边，如图6-15所示。

步骤06 单击精确裁剪之后，图形被裁切成矩形，如图6-16所示。

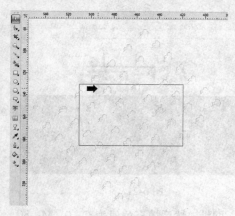

图 6-15 图 6-16

步骤07 在工具栏中选择"矩形"工具□，在大矩形的下面绘制出一个矩形，在"调色板"中设颜色为洋红添加到矩形，如图6-17所示。

6.2.2 文字的添加

步骤01 在工具栏中选择"文本"工具字，在矩形内部输入"恋人部落"文字，并设置文字字体和大小，并设置字体颜

图 6-17

色为洋红，如图 6-18 所示。

步骤 02 选中文字，先将字体转换为曲线，在然后在工具栏中选择"形状"工具，对字体进行调节，设计出比较有特点的文字效果，如图 6-19 所示。

图 6-18

图 6-19

步骤 03 在工具栏中选择"矩形"工具，绘制出一个矩形，在"调色板"中设颜色为黑色，并放置在文字右上方，如图 6-20 所示。

步骤 04 在工具栏中选择"贝塞尔曲线"工具，勾勒出男女的形状，并用"形状"工具调节外形，然后在工具栏中选择"填充"工具，进行均匀填充，色值为 C：0、M：80、Y：0、K：0，如图 6-21 所示。

图 6-20

图 6-21

步骤 05 在工具栏中选择"文本"工具，在矩形的上方键入网址，然后填充色值为 C：0、M：80、Y：0、K：0 的颜色，如图 6-22 所示。

步骤 06 在工具栏中选择"文本"工具，分别输入名片中的人的名称、职位以及地址电话等信息。并在"调色板"中设颜色为黑色和白色，如图 6-23 所示。

图 6-22

图 6-23

步骤 07 在工具栏中选择"贝塞尔曲线"工具，向下绘制出直线，在调色板中设颜色为白色，然后在属性栏中将轮廓加粗到 0.25mm，这样就完成了名片的绘制，如图 6-24 所示。

图 6-24

6.3　酒　标　设　计

最终效果图如下：

6.3.1　背景的绘制

步骤 01 在工具栏中选择"矩形"工具，绘制出一个矩形，在属性栏调节长度为 12cm，高度为 16cm，圆角为 72°，然后在调色盘中填充橘黄色，在工具栏中选择"填充"工具，进行均匀填充，色值为 C：0、M：25、Y：80、K：5，如图 6-25 所示。

步骤 02 选中图形在复制一个并向内缩小，在属性栏中将轮廓加粗到 2.0mm，设轮廓色为白色，然后在工具栏中选择"填充"工具，进行均匀填充，色值为 C：0、M：15、Y：100、K：0，如图 6-26 所示。

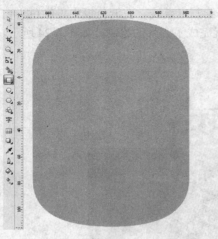

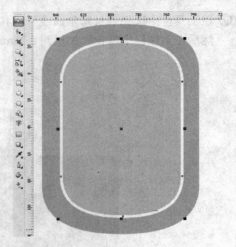

图 6-25   图 6-26

步骤 03 在工具栏中选择"椭圆"工具 ◎，在图形内绘制椭圆，在属性栏中将轮廓加粗到 2.0mm，设轮廓色为白色，然后在工具栏中选择"填充"工具 ◇，进行均匀填充，色值为 C：3、M：13、Y：24、K：0，如图 6-27 所示。

步骤 04 在工具栏中选择"贝塞尔曲线"工具 ✎，绘制出图形，并用"形状"工具 ⬡ 调节外形，然后在工具栏中选择"填充"工具 ◇，编辑黄色到咖啡色渐变，填充到图形，如图 6-28 所示。

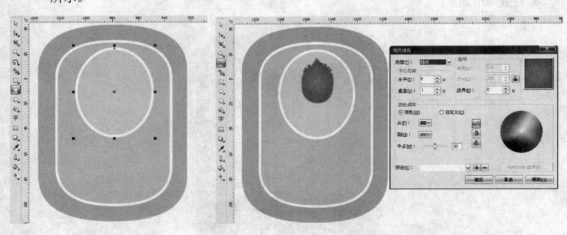

图 6-27   图 6-28

步骤 05 将刚才绘制出的图形复制一个并缩小，在属性栏中将轮廓调节为 0.706mm，设轮廓色为浅褐色，在"调色板"中填充深咖啡色，如图 6-29 所示。

步骤 06 在工具栏中选择"文本"工具 字，在小图形中输入中文"纯粮特酿"中文文字和拼音，然后再输入"SINCE 1980"，并调节文字的大小和字体，在"调色板"中设文字颜色为白色，如图 6-30 所示。

步骤 07 在工具栏中选择"贝塞尔曲线"工具 ✎，绘制出叶子的形状，在"调色板"中设颜色为淡黄，在属性栏中将轮廓加粗到 0.706mm，设轮廓色为砖红，并连续复制，绘制出麦穗的图形，如图 6-31 所示。

步骤 08 将绘制好的麦穗群组，复制到右侧，并做水平翻转，如图 6-32 所示。

图 6-29　　　　　　　　　　　　　　　　　图 6-30

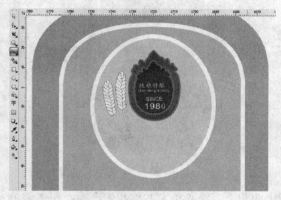

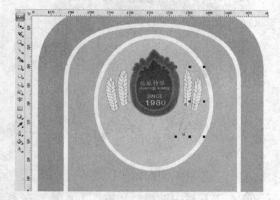

图 6-31　　　　　　　　　　　　　　　　　图 6-32

步骤09 在工具栏中选择"贝塞尔曲线"工具，绘制出麦穗下的图形，并用"形状"工具调节外形，然后在属性栏中将轮廓调节到 0.706mm，设轮廓色为砖红，并在"调色板"中设颜色为淡黄，将绘制好的叶子、麦穗和彩带选中并群组，如图 6-33 所示。

步骤10 在工具栏中选择"贝塞尔曲线"工具，在色带上绘制曲线，然后在工具栏中选择"文本"工具，输入英文名称，然后选中文字，选择"文本"菜单下的"使文本适合路径"命令，将文字制作成弧形效果，并在"调色板"中设置文字颜色为咖啡色，如图 6-34 所示。

图 6-33　　　　　　　　　　　　　　　　　图 6-34

6.3.2　文字的添加

步骤 01　在工具栏中选择"文本"工具 字，在圆形下输入"狮王啤酒"文字，将文字复制一个，放置在后面，在属性栏中将轮廓加粗到 2.0mm，设轮廓色为白色，将前面的字体在"调色板"中设颜色为红色，如图 6-35 所示。

步骤 02　在工具栏中选择"贝塞尔曲线"工具 ，绘制出彩带图形，然后在工具栏中选择"填充"工具 ，填充红色到黄色渐变填充，如图 6-36 所示。

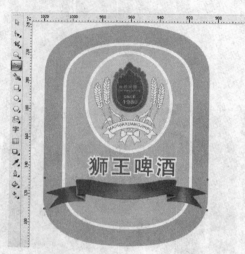

图 6-35　　　　　　　　　　　　　　　　　图 6-36

步骤 03　在工具栏中选择"文本"工具 字，在彩带上面和下方输入英文名称和生产商，在"调色板"中分别将颜色调节为白色和黑色，如图 6-37 所示。

步骤 04　在工具栏中选择"文本"工具 字 和"贝塞尔曲线"工具 ，依次输入两边的文字和上面的文字，在"调色板"中分别设颜色为黑色和红色，如图 6-38 所示。

图 6-37　　　　　　　　　　　　　　　　　图 6-38

步骤 05　重复步骤 04，用同样的方法输入酒标下面的文字，并在"调色板"中设颜色为黑色，这样就完成了酒标的绘制，如图 6-39 所示。

图 6-39

6.4　三　折　页

最终效果图如下：

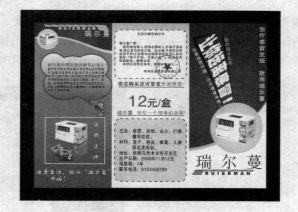

6.4.1　左边页面的绘制

步骤01 在工具栏中选择"矩形"工具🔲，绘制一个长 285mm、宽 210mm 的矩形轮廓，然后在"调色盘"中填充白色，如图 6-40 所示。

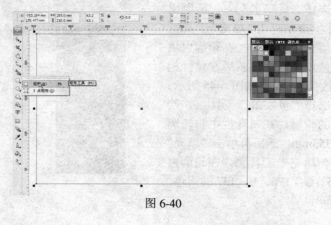

图 6-40

步骤 02 在绘图区旁边标尺栏拉出两条辅助线将绘制好的矩形平均分为三份，然后再用"矩形"工具 ，在左边绘制一个高 210mm、宽 95mm 的矩形，在工具栏中选择"填充"工具 中的"渐变填充"工具 ，将矩形内拉出淡蓝色到蓝色的渐变，如图 6-41 所示。

步骤 03 在工具栏中选择"矩形"工具 ，在中间绘制一个高 210mm、宽 95mm 的矩形，在工具栏中的填充中选择"渐变填充"工具 ，将矩形内拉出灰色到白色的渐变，如图 6-42 所示。

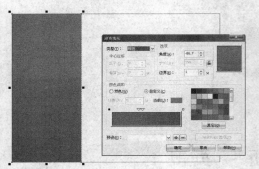

图 6-41

图 6-42

步骤 04 在工具栏中选择"贝塞尔"工具 ，在左边的矩形内绘制一个不规则的轮廓，并用"形状"工具 ，调节轮廓，然后将绘制好的轮廓内填充灰色的渐变，如图 6-43 所示。

步骤 05 选中绘制好的不规则图形单击右键拖动复制一个，然后将复制的图形的高度缩小一点，再用"渐变填充"工具 ，填充为蓝色到深蓝色的射线渐变，如图 6-44 所示。

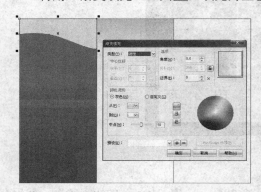

图 6-43

图 6-44

步骤 06 在工具栏中选择"贝塞尔" ，绘制出云形的对话框轮廓，再用"填充"工具 中的"渐变填充"工具 ，在轮廓内填充浅蓝色到蓝色的渐变，然后在属性栏中将轮廓线改为 1.5mm，如图 6-45 所示。

步骤 07 在工具栏中选择"贝塞尔"工具 ，绘制人物头部的轮廓，在属性栏中将轮廓线加粗到 0.353mm，然后再单击"填充" 中的"均匀填充"工具 ，在轮廓内填充 R：245、G：176、B：137 的肉色，如图 6-46 所示。

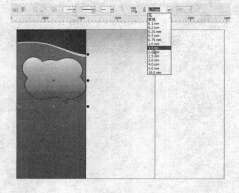

图 6-45

步骤 08 再用"贝塞尔"工具，绘制一根头发的轮廓，并在"调色盘"中填充黑色，然后复制多根头发并做调节。选中一个头发向下复制，双击旋转，作为眉毛，然后将眉毛复制到右侧，并作镜像，如图 6-47 所示。

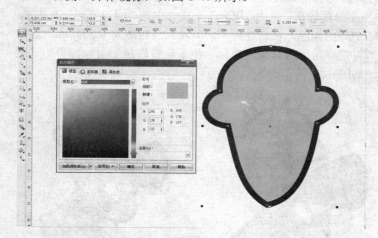

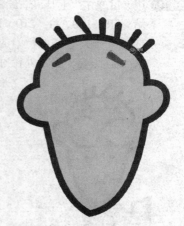

图 6-46   图 6-47

步骤 09 在工具栏中选择"椭圆"工具，绘制 3 个椭圆叠加出眼睛的轮廓，然后在"调色盘"中将眼睛轮廓依次填充褐色、白色和黑色，将眼睛群组，然后复制一个眼睛到右边对称的位置，然后在用属性栏中的"水平镜像"工具，将复制的眼睛水平翻转，如图 6-48 所示。

步骤 10 在工具栏中选择"贝塞尔"工具，绘制鼻子轮廓，然后在属性栏中调节鼻子轮廓的粗细为 0.353mm，接着使用"贝塞尔"工具，绘制嘴巴和舌头的轮廓，然后在"调色盘"中将嘴巴填充为红色、舌头为白色，如图 6-49 所示。

步骤 11 在工具栏中选择"贝塞尔"工具，绘制上半身的轮廓，然后再用"形状"工具，调节轮廓，在属性栏中将轮廓粗细调节为 0.353mm，然后在"调色盘"中将轮廓内填充紫色、轮廓线为深紫色，如图 6-50 所示。

图 6-48   图 6-49   图 6-50

步骤 12 再用"贝塞尔"工具，绘制里面领口轮廓，在"调色盘"中将外面领口的颜色换为红色，轮廓为深红色，然后在属性栏中将轮廓调为 0.353mm。在工具栏中选择"椭圆"工具，绘制两个纽扣的轮廓，然后在"调色盘"中填充白色，再将轮廓的粗细调节为 0.353mm，如图 6-51 所示。

步骤⑬ 在工具栏中选择"贝塞尔"工具，绘制出手的轮廓，然后在"调色盘"中填充肉色，然后将轮廓粗细调节为 0.353mm。再用同样的方法绘制手上的喇叭轮廓，然后在"调色盘"中填充紫色、轮廓线为深紫色，轮廓线调节为 0.353mm，如图 6-52 所示。

步骤⑭ 用"贝塞尔"工具，绘制下半身的轮廓，再用"填充"工具中的"均匀填充"工具，填充 R：150、G：210、B：202 的颜色，在属性栏中调节轮廓线粗细为 0.353mm，然后选择"排列"菜单栏中的"将轮廓转化为对象"命令，使下半身转换为对象，再用"形状"工具，调节外轮廓，如图 6-53 所示。

图 6-51

图 6-52

图 6-53

步骤⑮ 在工具栏中选择"挑选"工具，将绘制的小人群组后移动到对话框的右下角，然后再用"矩形"，绘制一个高 59mm、宽 76mm 的矩形，在"调色盘"中将轮廓线填充为白色，如图 6-54 所示。

步骤⑯ 选择"文件"菜单栏中的"导入"命令，将药盒的素材图片导入到文件，并放置在白色矩形内，将导入的药盒向下复制一份在水平翻转，然后再用工具栏中的"交换式透明"工具，将复制的药盒调节透明，如图 6-55 所示。

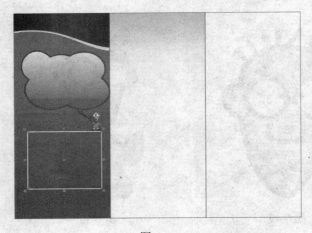

图 6-54

图 6-55

步骤⑰ 在工具栏中选择"椭圆"工具，在左上角绘制一个圆形轮廓，再用"填充"工具中的"渐变填充"工具，填充白色到灰色的射线型渐变，然后在属性栏中调节轮廓线的粗细为 0.353mm，如图 6-56 所示。

步骤⑱ 在工具栏中选择"贝塞尔"工具，绘制一个不规则的四边形，在"调色盘"中填充白色，然后复制多个四边形，然后将复制的最后几个拉大，将这些矩形群组，如图6-57所示。

步骤⑲ 在工具栏中选择"文本"工具，书写出"瑞尔蔓"三个中文字和"RUIERMAN"英文字，然后在属性栏中调节文字的大小和字体样式，在"调色盘"中填充白色，如图6-58所示。

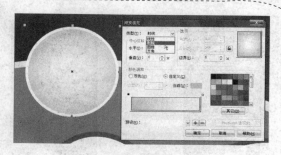

图 6-56

图 6-57

图 6-58

6.4.2　中间页面的绘制

步骤① 在工具栏中选择"矩形"，在中间页面绘制矩形，并选择"轮廓"工具，在弹出的"轮廓"面板中，将矩形的轮廓调节为虚线，然后将矩形向下复制，并调节高一些，在"调色盘"中分别添加白色和灰色，如图6-59所示。

步骤② 在工具栏中选择"椭圆"工具，绘制一个圆形轮廓，然后在"调色盘"中将轮廓线填充为红色，接着使用"文本"工具，以圆形为路径书写生产商的名称，然后在属性栏中将文字垂直镜像，将文字镜像到椭圆内，接下来在工具栏中选择"星形"工具，绘制一个五角星，然后在"调色盘"中填充红色，并将五角星旋转，绘制出红色的图章，并将其群组，如图6-60所示。

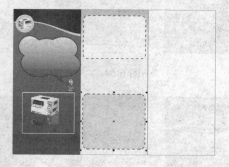

图 6-59

图 6-60

6.4.3　右边页面的绘制

步骤① 在工具栏中选择"贝塞尔"工具，在第三面绘制弧边图形，然后在"调色盘"中填充灰色，将绘制好的图形复制一份，并纵向缩小，再用"填充"工具中的"渐变填充"工具，填充浅蓝色到深蓝色渐变，如图6-61所示。

步骤② 再将第一页左上角上面的圆形图案复制一份到第三页，并放大图形，然后在"调色盘"中将复制的圆形取消轮廓，如图6-62所示。

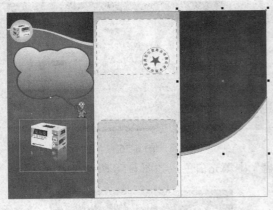

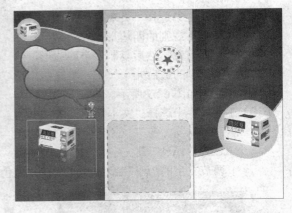

图 6-61　　　　　　　　　　　　　　　图 6-62

步骤 03 在工具栏中选择"贝塞尔"工具　，绘制出一个框架，在"调色盘"中填充深蓝色，然后再用"文本"工具　，在里面书写"让你远离感冒！"文字，在属性栏中调节字体的样式和大小，单击右键将文字转为曲线，再用"交互式套索"工具　，调节文字的效果，在中间页面增加广告文字，如图 6-63 所示。

步骤 04 选中左上角"瑞尔蔓"文字及图形，复制到第三页右下角，然后对文字和图形进行编辑，如图 6-64 所示。

图 6-63

图 6-64

步骤 05 选择工具栏中"文本"工具　，在"让你远离感冒！"旁边竖着书写出辅助文字，然后双击旋转辅助文字和主文字平行，如图 6-65 所示。

6.4.4　文字背景的添加

步骤 01 选择工具栏中"文本"工具　，书写出胶囊的差别内容、倡议书、使用说明书和尾页的标语，书写完成，分别将文字排在页面不同的地方，在选中需要改变颜色的字在调色盘中调节，

图 6-65

绘制出折页的整体效果，如图 6-66 所示。

步骤 **02** 接下来，在"调色盘"中将不需要的轮廓线取消，然后再用"矩形"工具 📮 ，将其填充为黑色，作为折页背景，绘制出最终折页效果图，如图 6-67 所示。

图 6-66

图 6-67

6.5　宣　传　单　设　计

最终效果图如下：

6.5.1　上半页的绘制

步骤 **01** 在工具栏中选择"矩形"工具 📮 ，绘制出一个长 250mm，宽 180mm 的矩形，然后选择工具栏中"贝塞尔曲线"工具 📐 ，在矩形内部绘制图形，并用"造型"工具 📐 调整形状，如图 6-68 所示。

步骤 02 在工具栏中选择"填充"工具 中的"渐变填充"工具 ，在弹出的"渐变填充"面板中设定类型为线性，角度为-90°，颜色调和为自定义，并编辑颜色渐变为蓝色到黄色渐变，填充到图形，如图 6-69 所示。

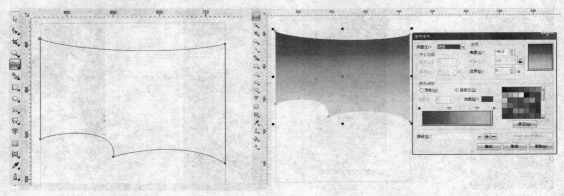

图 6-68   图 6-69

步骤 03 将图形复制一个，放在底层，并在纵方向放大，然后在"调色板"中设颜色为红色，绘制出红色边的效果，如图 6-70 所示。

步骤 04 在工具栏中选择"矩形"工具 ，在图形顶部绘制出一个矩形，在属性栏中设圆角为37°，选择"填充"工具 中的"渐变填充"工具 ，在弹出的"渐变填充"面板中设置红色到灰色渐变，填充到矩形，如图 6-71 所示。

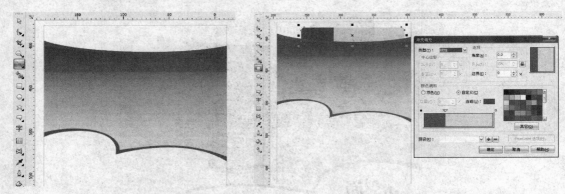

图 6-70   图 6-71

步骤 05 在工具栏中选择"标题形状"工具 ，在属性栏中完美形状中选择第四个图形，然后在矩形内绘制出形状，并在调色板中设颜色为白色，复制并缩小，如图 6-72 所示。

步骤 06 在工具栏中选择"文本"工具 字，输入宣传单上面的文字，分别在调色板中设颜色为白色、红色、黑色，如图 6-73 所示。

步骤 07 在工具栏中选择"贝塞尔曲线"工具 ，绘制出相交的两条线，在属性栏中将轮廓加粗到 1.0mm，设轮廓色为白色，并将垂直虚线设为箭头虚线，如图 6-74 所示。

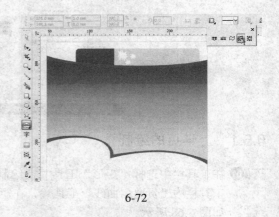

6-72

图 6-73   图 6-74

步骤 08 在工具栏中选择"文本"工具 字，输入标题性文字和副标题，以及活动时间，在"调色板"中设颜色为黄色和红色，主体字用渐变填充，如图 6-75 所示。

步骤 09 选择小灵通图片，导入到文件，并放置图片在右边，如图 6-76 所示。

图 6-75

图 6-76

6.5.2　下半页的绘制

步骤 01 在工具栏中选择"文本"工具 字，输入文字"小灵通"，选中字体单击右键，在弹出的快捷菜单中将字体"转换成曲线"，然后再用"形状"工具 对字体进行调节，完成之后，分别在"调色板"中设颜色为黑色和红色，接着使用"贝塞尔曲线"工具 绘制 L 形图形，在"调色板"中设颜色为红色，将图形复制，放置在文字的对角，如图 6-77 所示。

步骤 02 在工具栏中选择"贝塞尔曲线"工具 ，绘制女孩图形，分别在"调色板"中设颜色为深蓝色和橙色，如图 6-78 所示。

步骤 03 在工具栏中选择"文本"工具 字，输入下面的内容性文字，分别在"调色板"中设颜色为红色和黑色，如图 6-79 所示。

步骤 04 在工具栏中选择"矩形"工具 ，在右下角绘制小矩形，然后用"排列"菜单下"变换"中的"位置"，在弹出的"位置"面板中，将相对位置勾选在右侧，然后单击"应用到再制"按钮，将矩形向右侧复制，然后选中一排表格，再向下复制，然后分别选择矩形，在"调色板"中设颜色为红色和灰色，如图 6-80 所示。

图 6-77

图 6-78

图 6-79

图 6-80

步骤 05 在工具栏中选择"文本"工具 字，在表格内输入文字，分别在"调色板"中设颜色为红色和黑色，如图 6-81 所示。

步骤 06 在工具栏中选择"贝塞尔曲线"工具，绘制出一条线，在属性栏中将轮廓调节为 0.5mm，设轮廓色为红色，设轮廓样式为虚线，放置在表格左边位置。在工具栏中选择"文本"工具 字，输入表格下面的文字，在"调色板"中设颜色为黑色，如图 6-82 所示。

图 6-81

图 6-82

步骤 07　在工具栏中选择"椭圆"工具 和"星形"工具 ，在表格下面绘制出图形并复制，然后分别填充颜色，接着在工具栏中选择"贝塞尔曲线"工具 ，在页面底部绘制底边图形，在"调色板"中设颜色为红色，如图 6-83 所示。

步骤 08　在工具栏中选择"文本"工具 ，在左下角的红色色带上和右下角输入文字，在"调色板"中分别设置颜色为白色和黑色，如图 6-84 所示。

步骤 09　显示整个图形，并做调整，然后导出图形，这样就完成了宣传单页的设计，如图 6-85 所示。

图 6-83

图 6-84

图 6-85

6.6　版　式　设　计

最终效果图如下：

6.6.1 版面 1

步骤 01 新建 16 开文件，留出 3mm 的出血线，然后插入图片素材，摆放在左边，如图 6-86 所示。

步骤 02 在工具栏中选择"矩形"工具□，出现右边小矩形，然后用"排列"菜单下"变换"中的"位置"，在弹出的"位置"面板中，将相对位置勾选在右侧，然后单击"应用到再制"按钮，将矩形向右侧复制，然后选中一排表格，再向下复制，绘制出一个四行三列的表格，选中表格在"调色盘"中选择

图 6-86

10%的灰色，然后在工具栏中选择"轮廓"工具□，将轮廓宽度设置为 8mm，颜色设置为白色，然后将表格取消群组，选择中间和右边的表格分别填充黄色、紫色、绿色和蓝色，如图 6-87 所示。

步骤 03 继续插图片，摆放在右边合适的位置，以做装饰，如图 6-88 所示。

图 6-87

图 6-88

6.6.2 版面 2

最终效果图如下：

步骤 01 在"版面"菜单中选择"插入面"命令，然后导入图片素材，摆放在左边，然后选择"贝塞尔曲线"工具，在图片上绘制不规则图形，然后选中图片，选择"效果"菜单下"图框精确剪裁"中的"放置在容器中"命令，将图片放入绘制的图形，并取消轮廓，如图 6-89 所示。

图 6-89

步骤 02 选择"文本"菜单中的"插入符号字符"命令，在弹出的"插入字符"面板，设字体为"Webdings"，在图案面板中选择花图案，拖曳到页面右侧，然后在"调色板"中填充灰色，如图 6-90 所示。

步骤 03 将花瓣图形复制两个，分别放在左上角和右下角，在"调色板"中分别填充颜色为浅绿色和淡紫色，然后在工具栏中选择"文本"工具，在左上角的花瓣图形中输入所需要的内容，如图 6-91 所示。

步骤 04 继续插入图片素材，摆放在合适的位置，以做装饰，如图 6-92 所示。

步骤 05 在工具栏中选择"文本"工具，在花瓣中间建立一个文本框，输入所需文字内容，如图 6-93 所示。

图 6-90

图 6-91

图 6-92

图 6-93

6.6.3 版面3

最终效果图如下：

步骤 01 新建页面，在工具栏中选择"矩形"工具，绘制出一个矩形，在"调色板"中设颜色为灰色，如图 6-94 所示。

步骤 02 插入人物图片素材，摆放在左边，如图 6-95 所示。

图 6-94

图 6-95

步骤 03 继续插入图片素材，并用"贝塞尔"工具，绘制不规则图形，然后将图片素材放置在不规则图形内，并取消轮廓，摆放在右边合适的位置，如图 6-96 所示。

图 6-96

6.6.4 版面4

最终效果图如下：

步骤 01 插入页面，在工具栏中选择"矩形"工具 ，沿着页面绘制出一个矩形，在"调色板"中填充淡黄色，继续使用"矩形"工具 ，在顶部绘制一个小矩形，然后在"调色板"中填充淡绿色，如图 6-97 所示。

步骤 02 在工具栏中选择"矩形"工具 ，绘制出一个矩形，在属性栏中设圆角为 22°，在"调色板"中设颜色为紫色，继续使用"矩形"工具 ，在矩形上绘制一个小矩形，并依次复制一周，如图 6-98 所示。

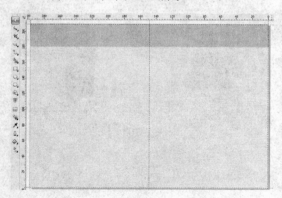

图 6-97

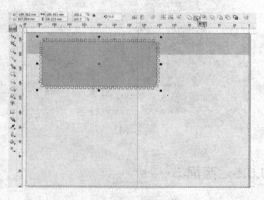

图 6-98

步骤 03 全选绘制出的矩形图形，在属性栏中选择"修剪"工具 ，进行修剪，如图 6-99 所示。

步骤 04 在工具栏中选择"矩形"工具 ，绘制出一个矩形，在属性栏中设圆角为 31°，在"调色板"中设颜色为黄色，如图 6-100 所示。

步骤 05 在工具栏中选择"贝塞尔曲线"工具 ，绘制星形和其他不规则图形，分别在"调色板"中设颜色为紫色、淡黄和草绿，如

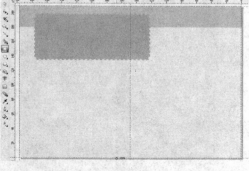

图 6-99

图 6-101 所示。

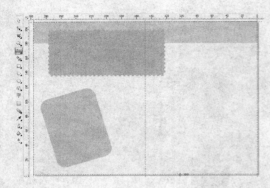 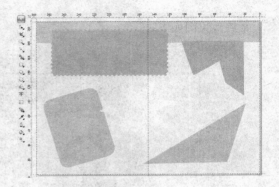

图 6-100   图 6-101

步骤 06 在工具栏中选择"文本"工具 字，在紫色花边图形内建立一个文本框，然后输入所需内容，如图 6-102 所示。

步骤 07 在页面内插入图片素材，并分别用"贝塞尔"工具 ，沿着图像绘制不规则图形，然后将图片素材分别放置在不规则图形内，并取消轮廓，摆放在右边合适的位置，如图 6-103 所示。

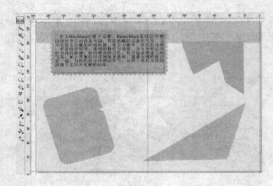 

图 6-102   图 6-103

6.6.5 版面 5

最终效果图如下：

步骤 01 插入页面，在工具栏中选择"矩形"工具▢，沿着页面绘制出一个矩形，然后填充黄色，如图 6-104 所示。

步骤 02 在工具栏中选择"贝塞尔曲线"工具✎，在左边绘制出条状图形，然后填充浅黄色，如图 6-105 所示。

图 6-104　　　　　　　　　　　　　　　　图 6-105

步骤 03 插入花瓣首饰图片素材，然后用"贝塞尔曲线"工具✎勾勒花瓣轮廓，将导入的素材放置到图形内，并调节花瓣的轮廓为 3mm，颜色为橘黄色，如图 6-106 所示。

步骤 04 在工具栏中选择"文本"工具字，在花瓣图形下建立一个文本框，然后输入页面所需文字内容，如图 6-107 所示。

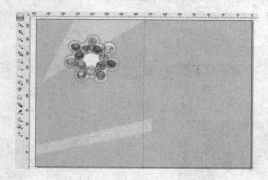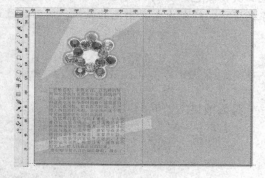

图 6-106　　　　　　　　　　　　　　　　图 6-107

步骤 05 在工具栏中选择"矩形"工具▢，沿着文字绘制出一个矩形，在属性栏中将轮廓加粗到 2.822mm，设轮廓颜色为红色，并将线型设为虚线样式，如图 6-108 所示。

步骤 06 插入人物图片，放置在页面右边，完成本页的绘制，如图 6-109 所示。

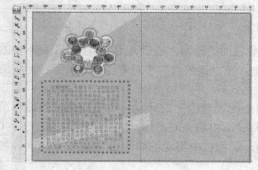

图 6-108　　　　　　　　　　　　　　　　图 6-109

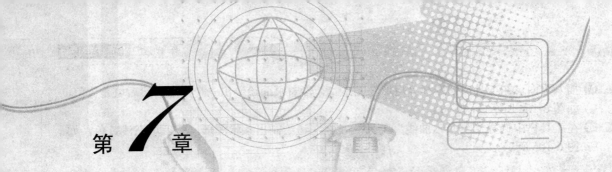

第 **7** 章

数码产品广告设计

本章导读

数码产品现在十分的常见，也十分的普及，我们常常可以看到新的数码产品的上市以及广告。CorelDRAW 强大的绘图功能可以绘制各种数码产品的效果，以及产品广告的设计，本章节通过 U 盘、显示器以及音响的绘制，来学习数码产品的表现方法，以及数码产品的广告设计。在绘制过程中注意对象的表现，以及最终效果的把握，正确的理解对象的造型特点，用色特点，表现出对象的立体感、质感等细节。

知识要点

在绘制过程中先勾勒对象的外轮廓，然后再用填色工具填充颜色，因此要熟练掌握基本造型工具，填色工具的使用方法，然后注意理解对象的立体感、质感的表现方法，准确的表现对象的透视，绘制出十分出色的效果，同时注意最终效果的调整。

7.1 U 盘 设 计

最终效果图如下：

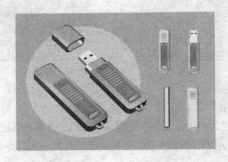

7.1.1 绘制 U 盘立体效果

步骤 01 在工具栏中选择"贝塞尔"工具 ，绘制 U 盘表面的轮廓，然后再用"填充"工具 中的"渐变填充"工具 ，将轮廓内填充灰色渐变，在"调色盘"中对着⊠单击鼠标右键取消轮廓，如图 7-1 所示。

步骤 02 将绘制好的图形复制一个并缩小，用工具栏中的"形状"工具 ，调节轮廓，然后再用"填充"工具 中的"均匀填充"工具 ，将轮廓内填充 C：18、M：13、Y：12、K：0 的灰色，在"调色盘"中将轮廓线换为白色，属性栏中将轮廓线的粗细改为 0.1mm，如图 7-2 所示。

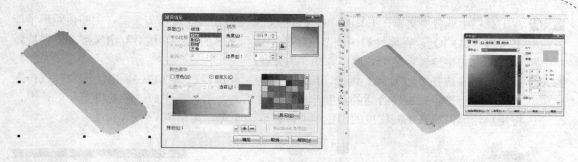

图 7-1   图 7-2

步骤 **03** 将表面矩形再复制一个，用"形状"工具 ![icon]，调节轮廓，然后再用"均匀填充"工具 ![icon]，
填充 C：36、M：29、Y：18、K：0 的紫色，并取消轮廓，如图 7-3 所示。

步骤 **04** 在工具栏中选择"椭圆"工具 ![icon]，绘制两个椭圆叠加，再用"填充"工具 ![icon] 中的"渐变
填充"工具 ![icon]，将大的椭圆内填充灰色到黑色的渐变，然后将小的椭圆内填充不同程度
的绿色渐变，在"调色盘"中将小椭圆轮廓线填充为深绿色，如图 7-4 所示。

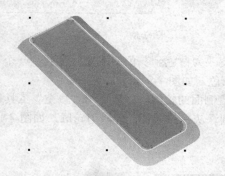

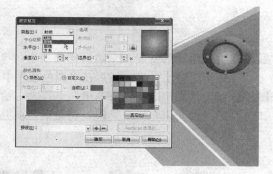

图 7-3   图 7-4

步骤 **05** 在工具栏中选择"矩形"工具 ![icon]，绘制一个矩形轮廓，然后在属性栏中将矩形的 4 个角
的圆角角度为 100°，再将圆角矩形旋转和 U 盘平行的角度，再用"渐变填充"工具 ![icon] 将
圆角矩形轮廓内填充黑色到灰色的渐变，取消轮廓；选中圆角矩形复制一个，然后按 Shift
键缩小，用"渐变填充"工具，将复制的圆角矩形轮廓内填充白色到灰色渐变，如图 7-5
所示。

步骤 **06** 将绘制好的两个圆角矩形群组，然后拖动鼠标右键平行向下复制一个，然后按下 Ctrl+D
键连续复制，连续复制多个圆角矩形组，排成一列，如图 7-6 所示。

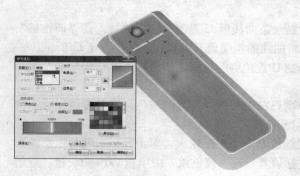

图 7-5   图 7-6

步骤 07 在工具栏中选择"文本"工具，按 Caps Lock 键将输入法转换为大写，在圆角矩形下面书写出"LOGO"，在属性栏中调节文字的字体和文字的大小，然后双击文字会出现旋转模式，将文字旋转合适的角度，如图 7-7 所示。

步骤 08 在工具栏中选择"矩形"工具，绘制一个矩形轮廓，在属性栏中调节为圆角，双击矩形轮廓将矩形轮廓旋转合适的角度，然后用"填充"工具中的"渐变填充"工具，将矩形轮廓内填充不同程度的黑色渐变，并取消轮廓，如图 7-8 所示。

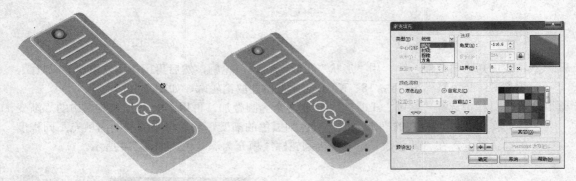

图 7-7   图 7-8

步骤 09 将圆角矩形复制一个然后向内缩小，再将渐变改为白色到灰色的渐变，再复制一个圆角矩形再缩小一点，然后在"调色盘"中换为灰色，如图 7-9 所示。

步骤 10 在工具栏中选择"贝塞尔"工具，绘制 U 盘侧面的轮廓，然后再用"填充"工具中的"渐变填充"工具，将轮廓内填充灰色到深灰色的渐变，并取消轮廓，如图 7-10 所示。

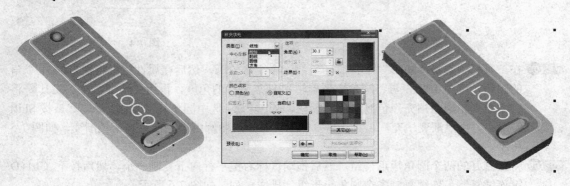

图 7-9   图 7-10

步骤 11 在工具栏中选择"贝塞尔"工具，绘制一条曲线做 U 盘侧面的拼缝线，在"调色盘"中将轮廓线换为白色，然后在属性栏中将曲线的粗细调节为 0.1mm，如图 7-11 所示。

步骤 12 在工具栏中选择"贝塞尔"工具，绘制 U 盘颈部的轮廓，然后再用"形状"工具，对轮廓进行调节，如图 7-12 所示。

步骤 13 选中绘制出的面，然后在"调色盘"中填充白色和不同程度的灰色，然后再用鼠标右键单击调色盘中的☒，取消轮廓，如图 7-13 所示。

步骤 14 在工具栏中选择"矩形"工具，在顶部绘制一个矩形轮廓，单击鼠标右键将矩形轮廓转换为曲线，并用"形状"工具，进行调节，在"调色盘"中填充 30%的灰色，取消轮廓，如图 7-14 所示。

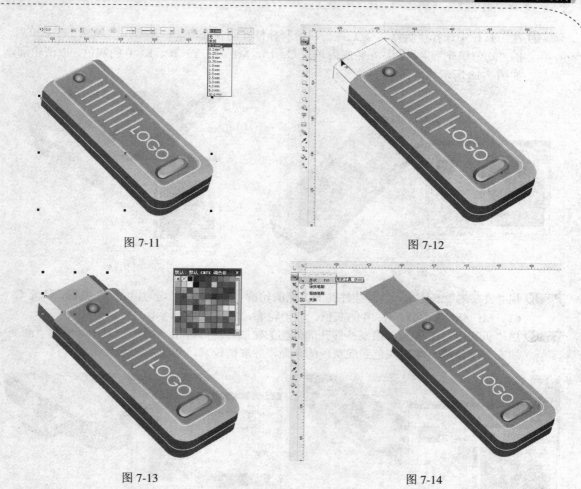

图 7-11
图 7-12
图 7-13
图 7-14

步骤 15 将绘制好的 30% 灰色的矩形在原地复制一个，然后向左移动 3 个像素，然后再用"填充"工具均匀填充，填充 C：2、M：2、Y：2、K：0 的白色，取消轮廓，如图 7-15 所示。

步骤 16 在工具栏中选择"贝塞尔"工具，绘制 U 盘插头的侧面的轮廓，然后在"填充"工具中的"均匀填充"工具，将轮廓内填充 C：43、M：33、Y：30、K：1 的灰色，并取消轮廓，如图 7-16 所示。

图 7-15
图 7-16

步骤 17 用"贝塞尔"工具，绘制 U 盘插头表面上的两个孔的轮廓，然后再用"均匀填充"工具，分别填充 C：90、M：63、Y：63、K：21 的灰色，取消轮廓，如图 7-17 所示。

步骤⓲ 在工具栏中选择"贝塞尔"工具，绘制挂件孔的表面轮廓，然后用"填充"工具中的"均匀填充"工具，在轮廓内填充 C：15、M：11、Y：10、K：0 的灰色，取消轮廓，如图 7-18 所示。

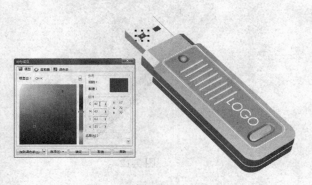

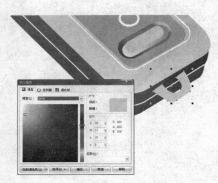

图 7-17　　　　　　　　　　　　　　　　图 7-18

步骤⓳ 用"贝塞尔"工具，绘制挂件孔的内侧的轮廓，然后再用"均匀填充"工具，填充 C：61、M：48、Y：45、K：4 的灰色，取消轮廓，如图 7-19 所示。

步骤⓴ 用"贝塞尔"工具，绘制挂件孔的外侧的轮廓，然后再用"填充"工具中的"渐变填充"工具，填充灰色到深灰色的渐变，并取消轮廓，如图 7-20 所示。

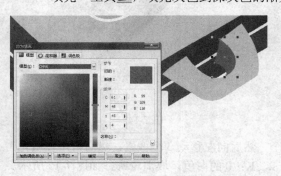

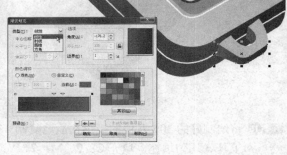

图 7-19　　　　　　　　　　　　　　　　图 7-20

步骤㉑ 用"贝塞尔"工具，绘制挂件表面上的高光轮廓，然后在"调色盘"中填充白色，取消轮廓，绘制 U 盘的效果，将整个 U 盘选中，并群组，如图 7-21 所示。

步骤㉒ 在工具栏中选择"贝塞尔"工具，绘制 U 盘盖子表面的轮廓，然后再用"填充"工具中的"渐变填充"工具，将轮廓内填充不同程度的灰色的渐变，取消轮廓，如图 7-22 所示。

图 7-21　　　　　　　　　　　　　　　　图 7-22

步骤**23** 将绘制的表面轮廓复制，并缩小，然后用"形状"工具 调节外形。作为盖子表面突起的轮廓，然后再用"填充" 中的"均匀填充"工具 ，填充 C：18、M：13、Y：12、K：0 的灰色，取消轮廓，如图 7-23 所示。

图 7-23

步骤**24** 再用"贝塞尔"工具 ，绘制盖子侧面的轮廓，然后再用"均匀填充"工具 ，填充 C：63、M：49、Y：47、K：4 的灰色，并取消轮廓，如图 7-24 所示。

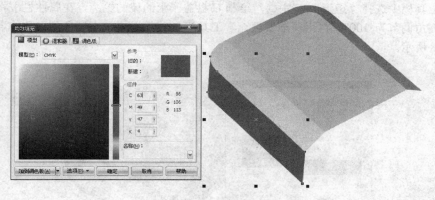

图 7-24

步骤**25** 用"贝塞尔"工具 ，绘制盖子口的轮廓，然后再用"均匀填充"工具 ，填充 C：83、M：69、Y：65、K：38 的黑色，取消轮廓，如图 7-25 所示。

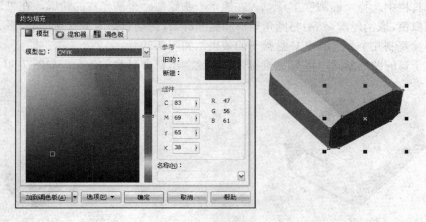

图 7-25

步骤 26 用"贝塞尔"工具 ，绘制盖子口内的棱角轮廓，然后用"形状"工具 ，进行调节轮廓，如图 7-26 所示。

步骤 27 将绘制好的内侧面选中，在"调色盘"中填充白色和不同程度的灰色，然后取消轮廓，如图 7-27 所示。

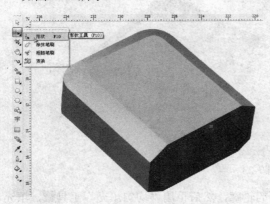

图 7-26   图 7-27

步骤 28 在工具栏中选择"矩形"工具 ，绘制 U 盘盖子上的棱的轮廓，在属性栏中将矩形 4 个角圆角调节为 100°，再用"渐变填充"工具 ，将轮廓内填充黑色到白色的渐变，如图 7-28 所示。

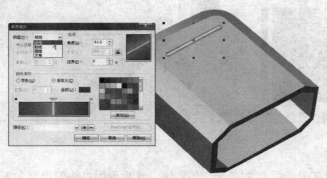

图 7-28

步骤 29 在工具栏中选择"椭圆"工具 ，在矩形一头绘制一个高光点的轮廓，在"调色盘"中填充白色，取消轮廓，然后将圆角矩形和椭圆群组，拖动右键向下复制一个，然后按 Ctrl+D 键连续复制几个，绘制出 U 盘盖子的效果，如图 7-29 所示。

步骤 30 将盖子口的图形删除，将 U 盘机身叠加，绘制出整个 U 盘的效果，如图 7-30 所示。

图 7-29   图 7-30

7.1.2 绘制 U 盘正面效果

步骤 01 在工具栏中选择"贝塞尔"工具 ![icon]，绘制 U 盘的机身外轮廓，并用"形状"工具 ![icon]，调节外形，然后用"均匀填充"工具 ![icon]，填充 C：31、M：23、Y：22、K：0 的灰色，并取消轮廓，如图 7-31 所示。

步骤 02 将绘制出的图形复制一个，并向右侧移动一些，使两个图形层叠在一起，然后用"渐变填充"工具 ![icon]，填充 C：33、M：25、Y：23、K：0 的灰色到白色的渐变，并取消轮廓，如图 7-32 所示。

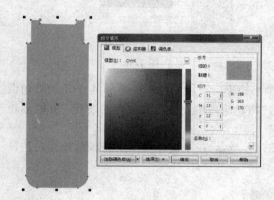

图 7-31

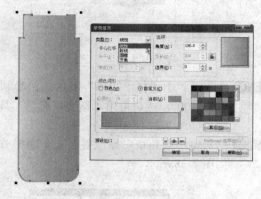

图 7-32

步骤 03 将绘制出的轮廓，再次复制，然后在"调色盘"中填充白色，取消轮廓，如图 7-33 所示。

步骤 04 在工具栏中选择"矩形"工具 ![icon]，绘制一个矩形轮廓，用"均匀填充"工具 ![icon]，填充 C：23、M：52、Y：5、K：0 的灰色，将轮廓线填充 C：64、M：52、Y：48、K：5 的灰色，然后在属性栏中取消锁定，将矩形的上面两个角的圆角调节为 10°，下面 2 个角的圆角为 20°，如图 7-34 所示。

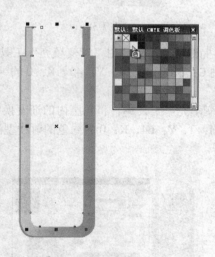

图 7-33

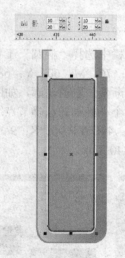

图 7-34

步骤 05 将绘制好的矩形复制并一份缩小，然后用"渐变填充"工具 ![icon]，将轮廓内的颜色换为 C：57、M：44、Y：40、K：2 的灰色到 C：23、M：17、Y：16、K：0 的灰色渐变，并取消轮廓，如图 7-35 所示。

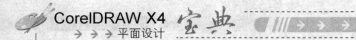
步骤 **06** 将圆角矩形向内复制一份并缩小，然后用"均匀填充"工具█，将轮廓内的颜色改为 C：36、M：29、Y：18、K：0 的紫色，取消轮廓，如图 7-36 所示。

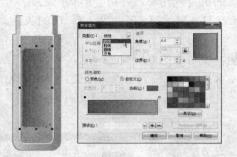

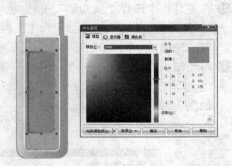

图 7-35   图 7-36

步骤 **07** 在工具栏中选择"矩形"工具█，绘制一个小矩形，在属性栏中经矩形 4 个角的圆角调节为 100°，然后再用"渐变填充"工具█，将轮廓内填充黑色到灰色的渐变，并取消轮廓，如图 7-37 所示。

步骤 **08** 然后将小圆角矩形原地复制一个选择节点缩小，然后在"调色盘"中将颜色换为白色，如图 7-38 所示。

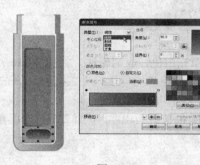

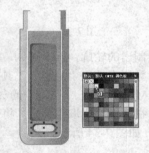

图 7-37   图 7-38

步骤 **09** 在工具栏中选择"椭圆"工具█，绘制一个小椭圆轮廓，然后用"渐变填充"工具█，填充 C：76、M：60、Y：68、K：20 的绿色到 C：38、M：24、Y：42、K：0 的绿色的线性型渐变，取消轮廓，如图 7-39 所示。

步骤 **10** 复制一个小椭圆并选择节点缩小，然后用"渐变填充"工具█，将轮廓内的渐变换为 C：83、M：47、Y：96、K：9 的绿色到 C：10、M：2、Y：64、K：0 的绿色的射线型渐变，如图 7-40 所示。

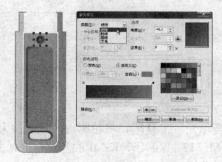

图 7-39   图 7-40

步骤**⑪** 在工具栏中选择"矩形"工具，绘制 U 盘插口的外轮廓，然后用"均匀填充"工具，填充 C：31、M：233、Y：22、K：0 的灰色，取消轮廓，如图 7-41 所示。

步骤**⑫** 再用"矩形"工具，绘制 U 盘插口轮廓，然后在"调色盘"中填充白色，取消轮廓，如图 7-42 所示。

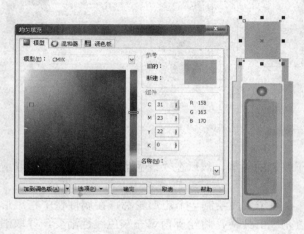
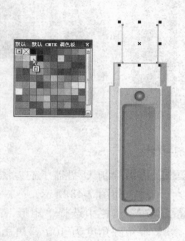

图 7-41   图 7-42

步骤**⑬** 再用"矩形"工具，绘制一个矩形口，在"调色盘"中将轮廓线改为灰色，然后再用"均匀填充"工具，分别在两个矩形轮廓内填充 C：78、M：62、Y：61、K：18 的灰色，然后在旁边复制一个，如图 7-43 所示。

步骤**⑭** 在工具栏中选择"贝塞尔"工具，绘制挂件孔的轮廓，在"调色盘"中将轮廓线改为 60%的黑色，然后再用"渐变填充"工具，将轮廓内填充灰色到白色的射线型的渐变，如图 7-44 所示。

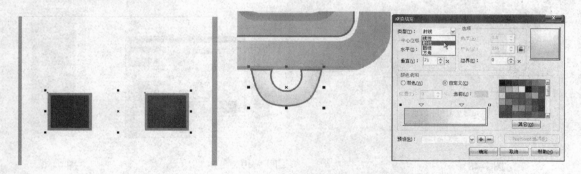

图 7-43   图 7-44

步骤**⑮** 在工具栏中选择"文本"工具，在 U 盘机身上书写出"LOGO"4 个大写字母，在属性栏中将文字旋转 90°，在改变文字的字体和大小，然后在"调色盘"中将文字填充紫色，绘制出 U 盘的效果，如图 7-45 所示。

步骤**⑯** 将绘制好的 U 盘复制一个，再用"贝塞尔"工具，绘制 U 盘盖子的外轮廓，然后再用"均匀填充"工具，将轮廓内填充 C：31、M：23、Y：22、K：0 的灰色，取消轮廓，如图 7-46 所示。

步骤**⑰** 用绘 U 盘盖子的轮廓绘制 U 盘盖子表面的轮廓，然后用"渐变填充"工具，将轮廓内填充不同程度灰色的线性渐变，取消轮廓，如图 7-47 所示。

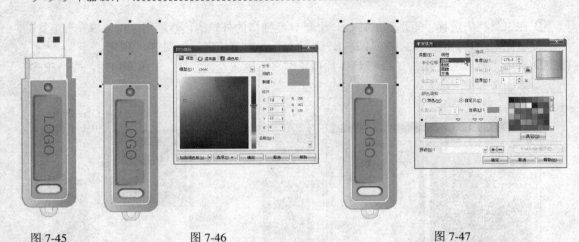

图 7-45   图 7-46   图 7-47

步骤 ⑱ 再用绘制 U 盘盖子的方法绘制盖子突起的轮廓，然后在"调色盘"中填充白色，取消轮廓，如图 7-48 所示。

步骤 ⑲ 在工具栏中选择"矩形"工具🔲，在盖子表面绘制一个矩形轮廓，在属性栏中将矩形 4 个角圆角度为 100°，再用"渐变填充"工具▇，将轮廓内填充灰色线性渐变，并取消轮廓，然后原地复制一个圆角矩形，再用"渐变填充"工具▇，将轮廓内填充灰色线性渐变，取消轮廓，如图 7-49 所示。

步骤 ⑳ 将绘制出的两个圆角矩形群组，拖动鼠标右键向下复制一个，然后按 Ctrl+D 连续复制几个，绘制出带盖子 U 盘的效果，完成了 U 盘正面的绘制效果，如图 7-50 所示。

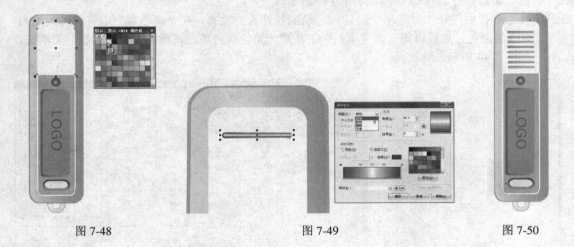

图 7-48   图 7-49   图 7-50

7.1.3 绘制 U 盘侧面效果

步骤 ① 在工具栏中选择"贝塞尔"工具✎，绘制 U 盘侧面的轮廓，然后再用"渐变填充"工具▇，将轮廓内填充黑色、灰色、白色的线性渐变，取消轮廓，如图 7-51 所示。

步骤 ② 用绘制 U 盘侧面的方法绘制背面的轮廓，然后再用"均匀填充"工具▇，将轮廓内填充 C：80、M：64、Y：63、K：22 的黑色，取消轮廓，如图 7-52 所示。

步骤 ③ 将右侧的剖面复制到左侧，然后再用"均匀填充"工具▇，将轮廓内填充 C：40、M：29、Y：29、K：1 的灰色，取消轮廓，如图 7-53 所示。

步骤04 再用绘制 U 盘侧面的方法绘制挂件孔的轮廓，然后再用"渐变填充"工具 ，将轮廓内填充黑色到灰色的线性渐变，并取消轮廓，如图 7-54 所示。

图 7-51

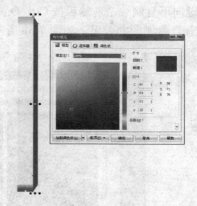

图 7-52

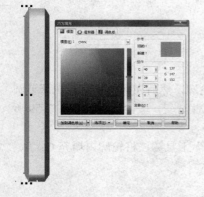

图 7-53

图 7-54

步骤05 在工具栏中选择"椭圆"工具 ，绘制一个椭圆轮廓，然后再用"渐变填充"工具 ，将轮廓内填充绿色的射线渐变，然后按 Ctrl+Poge Down 键，将椭圆放在最下面一层，如图 7-55 所示。

步骤06 在工具栏中选择"矩形"工具 ，绘制一个小按钮轮廓，在属性栏中将小矩形按钮的 4 个角的圆角角度为 100°，然后再用"均匀填充"工具 ，将轮廓内填充 C：28、M：20、Y：21、K：0 的灰色，取消轮廓，如图 7-56 所示。

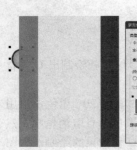

图 7-55

图 7-56

步骤 07 用"矩形"工具 ▢，绘制背面的棱的轮廓，然后再用"均匀填充"工具 ■，将轮廓内填充 C：56、M：44、Y：42、K：3 的灰色，取消轮廓，如图 7-57 所示。

步骤 08 拖动右键向下复制一个，然后按 Ctrl+D 键连续复制几个，绘制出 U 盘背面棱的效果，同时绘制出 U 盘侧面的效果，如图 7-58 所示。

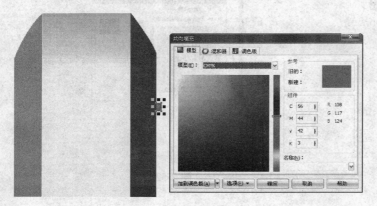

图 7-57　　　　　　　　　　　　　　　　　　　　图 7-58

7.1.4　绘制 U 盘背面效果

步骤 01 在工具栏中选择"矩形"工具 ▢，绘制 U 盘背面的外轮廓，然后在属性工具栏中调节圆角，再用"渐变填充"工具 ■，在轮廓内填充灰色的线性渐变，取消轮廓，如图 7-59 所示。

步骤 02 将绘制好的图形复制一份并缩小，然后再用"均匀填充"工具 ■，将轮廓内填充 C：5、M：3、Y：3、K：0 的灰色，取消轮廓，如图 7-60 所示。

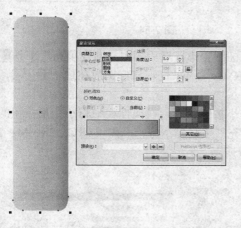

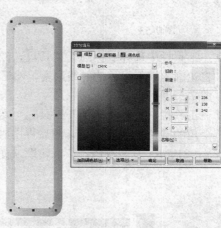

图 7-59　　　　　　　　　　　　　　　　　　　　图 7-60

步骤 03 将前面绘制好的棱和挂件孔各复制一个，摆放在 U 盘的背面图形，这样就绘制出 U 盘背面的效果，选中整个 U 盘背面并群组，如图 7-61 所示。

步骤 04 在工具栏中选择"矩形"工具 ▢，绘制背景轮廓，在"调色板"中填充 20%黑色，再用"椭圆"工具 ◯，绘制一个圆形轮廓，在"调色板"中填充 10%的黑色并且取消轮廓，然后将前面绘制好的所有 U 盘和盖子排列出一个完整的版式，完成 U 盘效果的绘制，如图 7-62 所示。

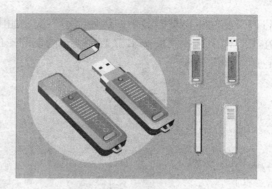

图 7-61　　　　　　　　　　　　　　　　　　图 7-62

7.2　液　晶　显　示　器

最终效果图如下：

7.2.1　轮廓的绘制

步骤 01 在工具栏中选择"矩形"工具 □，绘制一个矩形轮廓，然后在属性栏中调节矩形的圆角为 10°，如图 7-63 所示。

步骤 02 选中矩形单击鼠标右键将矩形转换为曲线，然后再用工具栏中的"形状"工具 ，调节矩形的角度，如图 7-64 所示。

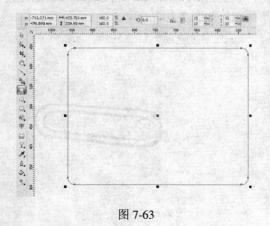

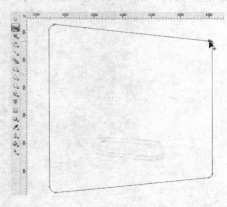

图 7-63　　　　　　　　　　　　　　　　　　图 7-64

步骤 **03** 将调节好的矩形复制多个，然后缩小多次叠加出显示器的轮廓，如图 7-65 所示。

步骤 **04** 在工具栏中选择"贝塞尔"工具，绘制阴影的轮廓，然后再用"形状"工具，调节轮廓，如图 7-66 所示。

图 7-65

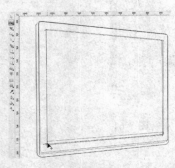

图 7-66

步骤 **05** 然后在工具栏中选择"椭圆"工具，绘制多个椭圆叠加出显示器开关按钮的轮廓，如图 7-67 所示。

步骤 **06** 在工具栏中选择"贝塞尔"工具，绘制按钮框的外轮廓框，然后再用"形状"工具，调节轮廓，如图 7-68 所示。

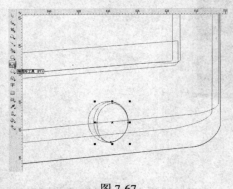

图 7-67

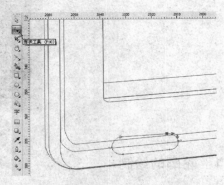

图 7-68

步骤 **07** 再将绘制好的轮廓复制一个并缩小，在属性栏中将复制的轮廓加粗到 0.353mm，如图 7-69 所示。

步骤 **08** 在工具栏中选择"椭圆"工具，在按钮框内绘制圆形按钮轮廓，然后拖动鼠标右键复制一个，然后按 Ctrl+D 键连续复制多个圆形按钮，如图 7-70 所示。

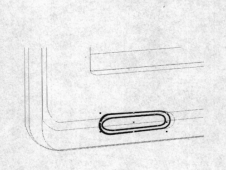

图 7-69

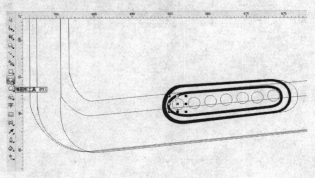

图 7-70

步骤 ⑨ 在工具栏中选择"矩形"工具 ▢，绘制两个矩形轮廓，单击鼠标右键将两个矩形轮廓转换为曲线，然后用"形状"工具 ▸，调节矩形轮廓，绘制出显示器的支架，如图 7-71 所示。

步骤 ⑩ 在工具栏中选择"贝塞尔"工具 ▸，绘制出显示屏的支架上的分割线，然后在属性栏中将线调节为 0.706mm 的宽度，如图 7-72 所示。

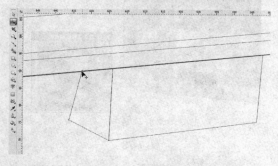

图 7-71　　　　　　　　　　　　　　　　图 7-72

步骤 ⑪ 在工具栏中选择"椭圆"工具 ⚪，绘制一个椭圆轮廓，然后向下复制多个椭圆并依次放大，叠加成显示器的底座，如图 7-73 所示。

步骤 ⑫ 在工具栏中选择"文本"工具 字，书写出需要的字母，然后双击字母字体就会变成旋转模式，将字体旋转合适的角度，如图 7-74 所示。

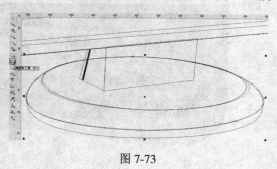

图 7-73　　　　　　　　　　　　　　　　图 7-74

7.2.2　彩色显示器的绘制

步骤 ① 下面我们来填充颜色，先填充显示器下面几层，在右边的"调色盘"中分别填充灰色和深灰色，如图 7-75 所示。

步骤 ② 在工具栏中选择"填充"工具 ◈ 中"渐变填充"工具 ▰，将荧屏外面一层轮廓填充渐变色，如图 7-76 所示。

 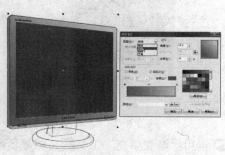

图 7-75　　　　　　　　　　　　　　　　图 7-76

步骤 **03** 用同样的方法，将荧屏填充为深灰色到黑色渐变，如图 7-77 所示。

步骤 **04** 在右边的"调色盘"中，将显示器的开关底层填充黑色，然后将椭圆往下放一层，如图 7-78 所示。

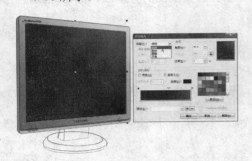

图 7-77   图 7-78

步骤 **05** 然后在工具栏中选择"填充"工具 中的"渐变填充"工具 ，在弹出的"渐变填充"面板中，将类型设为"圆锥"，并编辑渐变，将开关的另外两个椭圆填充同样的渐变，在拉渐变的时候将其中一个渐变角度旋转，如图 7-79 所示。

步骤 **06** 在右边的"调色盘"中，将左边按钮处填充不同程度的黑色，将最外面的图形的轮廓取消，如图 7-80 所示。

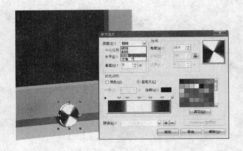
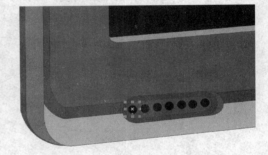

图 7-79   图 7-80

步骤 **07** 在"调色盘"中将显示器的支柱填充不同程度的灰色，并且曲线轮廓，如图 7-81 所示。

步骤 **08** 在工具栏中选择"填充"工具 中的"渐变填充"工具 ，将显示器底座最下面一层填充不同程度的灰色线性渐变，如图 7-82 所示。

图 7-81   图 7-82

步骤 **09** 再用"渐变填充"工具 ，将显示器底座中间一层填充不同程度的灰色线性渐变，如图 7-83 所示。

步骤❿ 再用"渐变填充"工具 ▉，将显示器底座最上面一层填充不同程度的灰色射线型的渐变，如图 7-84 所示。

图 7-83

图 7-84

步骤⓫ 在"调色盘"中将显示器的不需要轮廓的地方将轮廓取消，这样就完成了显示器的绘制，如图 7-85 所示。

图 7-85

7.3 音 箱 效 果

最终效果图如下：

7.3.1 箱体的绘制

步骤 01 在工具栏中选择"矩形"工具，绘制出音响正面的轮廓，单击鼠标右键将矩形转换为曲线，用"形状"工具，调节轮廓，然后再用"填充"中的"底纹填充"工具，将轮廓内填充木纹的材质，如图 7-86 所示。

步骤 02 在工具栏中选择"矩形"工具，绘制音响底部的轮廓，单击鼠标右键将矩形转换为曲线，用"形状"工具，调节轮廓，然后在"调色板"中填充颜色为黑色，如图 7-87 所示。

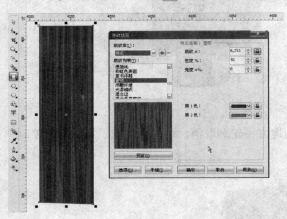

图 7-86

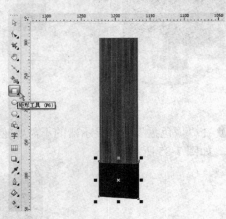

图 7-87

步骤 03 选中黑色矩形，并复制一份，然后在"调色板"中填充颜色为暗蓝，然后再用"交互式透明"工具，将复制的矩形拉出透明度，如图 7-88 所示。

步骤 04 在工具栏中选择"矩形"工具，绘制出音响正面左边的棱角轮廓，然后再用"填充"工具中的"渐变填充"工具，将轮廓内填充浅红色到红色到橘黄色的渐变，并且取消轮廓，如图 7-89 所示。

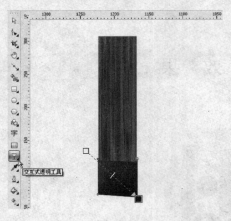

图 7-88

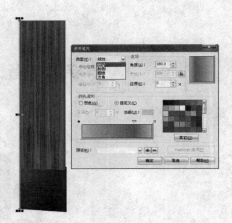

图 7-89

步骤 05 将绘制好的棱角复制一份放到音响正面右边，在工具栏中选择"矩形"工具，绘制出音响侧面轮廓，然后再用"填充"工具中的"底纹填充"工具，将轮廓内填充木纹材质并且将轮廓转曲并调节，如图 7-90 所示。

步骤 06 选中音响侧面并复制一份，在"调色板"中将复制的侧面填充颜色为黑色，在工具栏中选择"交互式透明"工具，将复制的侧面拉出透明度，如图 7-91 所示。

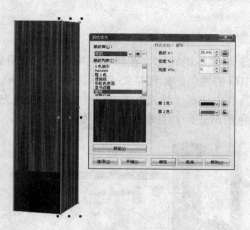

图 7-90

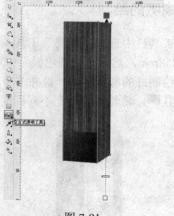

图 7-91

步骤 07 在工具栏中选择"矩形"工具，在正面绘制出矩形轮廓，然后在用填充中的"渐变填充"工具，将轮廓内填充不同程度的灰色线性渐变，如图 7-92 所示。

步骤 08 在工具栏中选择"贝塞尔"工具，绘制出音响顶面棱角轮廓，然后再用"渐变填充"工具，将轮廓内填充不同程度的灰色，如图 7-93 所示。

图 7-92

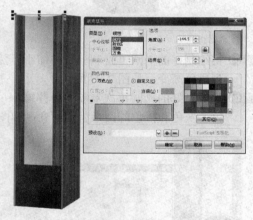

图 7-93

步骤 09 在工具栏中选择"矩形"工具，在音响底部绘制一个矩形轮廓，在"调色板"中将轮廓线填充白色，然后再用"文本"工具，书写音响名称的字母，在"调色板"中将文字填充为白色，如图 7-94 所示。

图 7-94

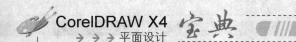

7.3.2 喇叭的绘制

步骤 01 在工具栏中选择"椭圆"工具 ◯，在正面绘制出喇叭的轮廓，在属性栏中将轮廓加粗到 0.258mm，然后在"调色板"中填充颜色为 10% 的黑色，如图 7-95 所示。

步骤 02 将绘制好的椭圆复制一份并缩小，然后在工具栏中选择"填充"工具 ◇ 中的"渐变填充"工具 ■，将轮廓内填充不同程度的黑色和蓝色的渐变，并且取消轮廓，如图 7-96 所示。

图 7-95

图 7-96

步骤 03 将绘制好的椭圆再复制一份并缩小，然后再用"渐变填充"工具 ■，将轮廓内填充灰色到黑色渐变，如图 7-97 所示。

步骤 04 将绘制好的椭圆再次复制一份并缩小，然后再用"渐变填充"工具 ■，将轮廓内填充蓝色、灰色和黑色的圆锥型的渐变，如图 7-98 所示。

图 7-97

图 7-98

步骤 05 将绘制好的椭圆再次复制一份并缩小，然后再用"渐变填充"工具 ■，将轮廓内填充蓝色、灰色和黑色的射线型的渐变，如图 7-99 所示。

步骤 06 将绘制好的椭圆再次复制一份并缩小，然后用"渐变填充"工具 ■，在轮廓内填充深蓝色到白色的射线型的渐变，如图 7-100 所示。

步骤 07 将绘制好的喇叭群组，然后再复制两份喇叭，缩小分别放置到大喇叭的上下两侧，如图 7-101 所示。

 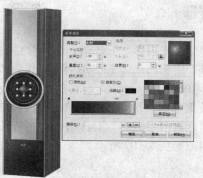 

图 7-99　　　　　　　　　　图 7-100　　　　　　　　　图 7-101

步骤 08 在工具栏中选择"矩形"工具□，在顶部绘制矩形轮廓，在"调色板"中填充颜色为白色，然后在属性栏中调节矩形圆角的角度 68°，如图 7-102 所示。

步骤 09 选中已做好的喇叭中间的圆形复制，放置在白色音响中心处，如图 7-103 所示。

图 7-102　　　　　　　　　　　　　　　图 7-103

步骤 10 在工具栏中选择"椭圆"工具○，绘制出椭圆轮廓，在"调色板"中填充颜色为 30% 的黑色，将椭圆复制一个并缩小，在"调色板"中更换颜色为黑色，将两椭圆群组，如图 7-104 所示。

步骤 11 将群组的两个椭圆，复制多个摆放在音响喇叭的周围，将其中一些缩小，绘制出音响的效果，如图 7-105 所示。

图 7-104　　　　　　　　　　　　　　　图 7-105

7.3.3 后期效果的调整

步骤 01 在工具栏中选择"交互式阴影"工具，在属性栏中调节预设列表为"平面右上"、阴影的不透明度为 50%、阴影羽化为 15、透明度操作为"乘"、阴影颜色为黑色，然后拉出音响的阴影，如图 7-106 所示。

步骤 02 将绘制好的音响效果复制一份到右边，单击属性栏中的"水平镜像"工具，将复制的音响水平翻转，然后再用"矩形"工具，绘制背景轮廓，在"调色板"中填充淡蓝色，绘制出最终效果图，如图 7-107 所示。

图 7-106

图 7-107

7.4 小 灵 通

最终效果图如下：

7.4.1 正面的绘制

步骤 01 在工具栏中选择"贝塞尔"工具，绘制出手机的轮廓，然后再用"填充"工具中的"渐变填充"工具，将轮廓内填充不同程度灰色渐变，如图 7-108 所示。

步骤 **02** 在工具栏中选择"矩形"工具 ▢，绘制出轴的轮廓，然后再用"渐变填充"工具 ▧，在轮廓内填充不同程度灰色的渐变，如图7-109所示。

 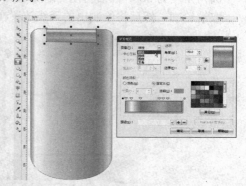

图7-108   图7-109

步骤 **03** 在工具栏中选择"贝塞尔"工具 ▧，绘制出手机滑轮两边的固定锁的轮廓，然后再用"渐变填充"工具 ▧，分别在轮廓内填充不同程度的灰色渐变，并且取消轮廓，如图7-110所示。

步骤 **04** 在工具栏中选择"矩形"工具 ▢，绘制出手机滑轮上的小凹槽，然后再用"渐变填充"工具 ▧，拉出一个为暗一点的渐变，一个为亮一点的渐变，并且取消轮廓，如图7-111所示。

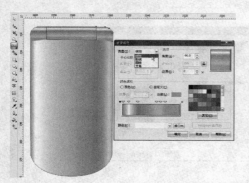 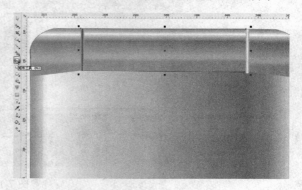

图7-110   图7-111

步骤 **05** 在工具栏中选择"矩形"工具 ▢，绘制出固定锁两边下的小凹槽，并旋转到合适的角度，然后再用"渐变填充"工具 ▧，填充不同程度的黑色渐变并且取消轮廓，如图7-112所示。

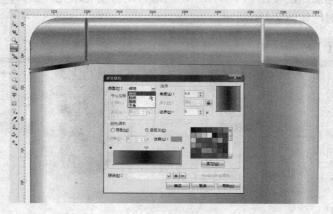

图7-112

步骤 06 在工具栏中选择"矩形"工具，绘制出手机上的天线轮廓，在属性栏中将矩形的四个圆角角度为56°，然后再用"渐变填充"工具，将轮廓内填充不同程度的灰色渐变并且取消轮廓，然后将绘制出的天线放置在最底层，如图 7-113 所示。

图 7-113

步骤 07 在工具栏中选择"矩形"工具，绘制出天线上的小凹槽轮廓，然后再用"渐变填充"工具，在轮廓内填充不同程度灰色的渐变并且取消轮廓，如图 7-114 所示。

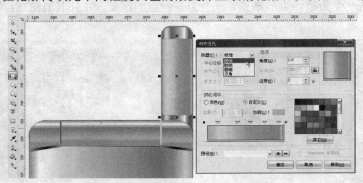

图 7-114

步骤 08 选中手机机身图形，复制一个并缩小，然后再用"渐变填充"工具，填充不同程度的灰色渐变，并且取消轮廓，如图 7-115 所示。

步骤 09 将已做好的翻盖凸层复制一个并缩小，然后再用"渐变填充"工具，填充蓝色渐变，并且取消轮廓，如图 7-116 所示。

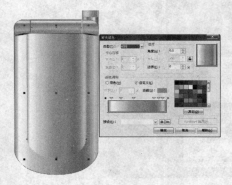

图 7-115

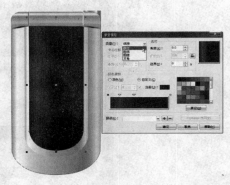

图 7-116

步骤⑩ 在工具栏中选择 "矩形" 工具 ⬜，绘制出信号灯的凹槽轮廓，在属性栏中将矩形各个圆角设为 100°，然后再用 "渐变填充" 工具 ⬛，填充白色到灰色渐变，并且取消轮廓，如图 7-117 所示。

步骤⑪ 将已做好的信号灯的凹槽复制一个缩小，然后再用 "渐变填充" 工具 ⬛，填充蓝色到白色的渐变，如图 7-118 所示。

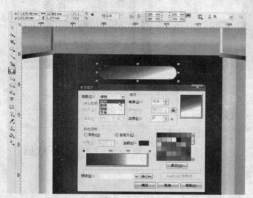

图 7-117

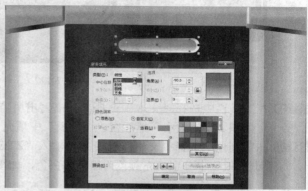

图 7-118

步骤⑫ 将已做好的翻盖凸层复制一个缩小，在 "调色板" 中填充颜色为 90% 的黑，如图 7-119 所示。

步骤⑬ 将已做好的翻盖凸层复制一个继续缩小，然后再用 "渐变填充" 工具 ⬛，填充不同程度的灰色渐变，做出凸层凹槽的效果，如图 7-120 所示。

图 7-119

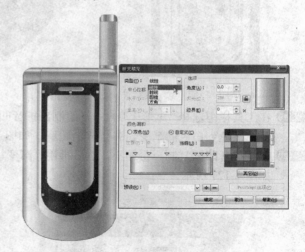

图 7-120

步骤⑭ 将已做好的翻盖凸层继续复制 4 个，依次缩小，然后再在 "调色板" 中将轮廓内分别填充 90% 黑色、10% 黑色、蓝色和绿色，多个凸层叠加出翻盖正面的屏幕效果，如图 7-121 所示。

步骤⑮ 在工具栏中选择 "椭圆" 工具 ⬭，绘制出指示灯的轮廓，在复制两个，然后在 "调色板" 中分别填充颜色为红、绿、蓝三种颜色并且取消轮廓，如图 7-122 所示。

步骤⑯ 在工具栏中选择 "矩形" 工具 ⬜，绘制出多个矩形，分别叠加出信号和电量指示的轮廓，然后在 "调色板" 中填充颜色为黑色，如图 7-123 所示。

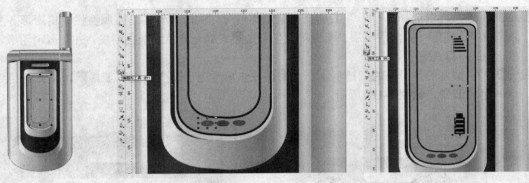

图 7-121 图 7-122 图 7-123

步骤⑰ 在工具栏中选择"文本"工具 字，书写出所需要的数字和字符，在属性栏中调节文字的字体和文字的大小，然后在"调色板"中填充黑色，如图 7-124 所示。

步骤⑱ 在工具栏中选择"文本"工具 字，输入"ZTE"三个大写字母，复制一个缩小，然后在"调色板"中分别填充颜色为黑色和白色，如图 7-125 所示。

图 7-124 图 7-125

步骤⑲ 在工具栏中选择"矩形"工具 □，绘制出扩音凹槽的轮廓，然后再用"渐变填充"工具 ■，填充黑色到白色的渐变，并且取消轮廓，如图 7-126 所示。

步骤⑳ 在将扩音凹槽复制一份缩小，然后再用"渐变填充"工具 ■，填充不同程度的灰色渐变，如图 7-127 所示。

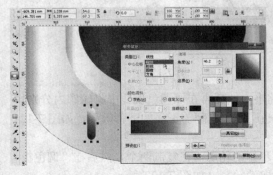

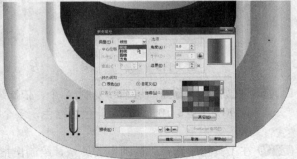

图 7-126 图 7-127

步骤㉑ 将已做好的扩音复制两个，依次排开，如图 7-128 所示。

步骤 22 在工具栏中选择"贝塞尔"工具 ，绘制出翻盖屏幕上的暗面轮廓，在"调色板"中设颜色为 90%的黑，然后再用"交互式透明"工具 ，在属性栏中调节透明度类型为"标准"，透明度操作为"如果更暗"，开始透明度为"61°"，绘制出手机效果，如图 7-129 所示。

图 7-128

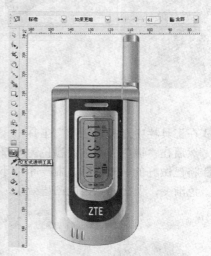

图 7-129

7.4.2 翻开效果的绘制

步骤 01 在工具栏中选择"矩形"工具 ，绘制出手机翻盖轮廓，在属性栏中调节矩形上面两个角度圆角为 80°，然后在"调色板"中填充白色，如图 7-130 所示。

步骤 02 将已做好的翻盖轮廓复制一个并缩小，然后在"调色板"中将复制的矩形填充 30%的黑，并且取消轮廓，这样可以做出手机的厚度，如图 7-131 所示。

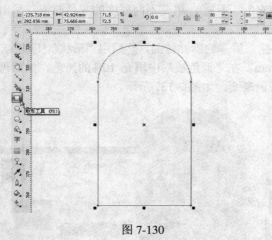

图 7-130

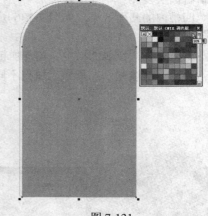

图 7-131

步骤 03 在工具栏中选择"椭圆"工具 ，绘制出听筒的凹槽轮廓，然后再用"渐变填充"工具 ，将轮廓内填充灰色的渐变，并且取消轮廓，如图 7-132 所示。

步骤 04 将已做好的听筒凹槽复制一个缩小，然后再用"渐变填充"工具 ，填充不同程度的灰色渐变，做出凹槽内的效果，如图 7-133 所示。

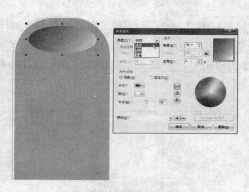

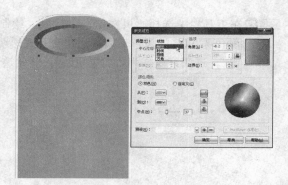

图 7-132　　　　　　　　　　　　　　　　图 7-133

步骤 05 在工具栏中选择"矩形"工具 🔲，绘制出听筒孔轮廓，在属性栏在中设各个圆角为 29°，然后在"调色板"中设颜色为 80% 的黑并且取消轮廓，如图 7-134 所示。

步骤 06 将已做好的凹槽继续复制一个缩小，然后再用"渐变填充"工具 🔳，填充不同程度的灰色渐变，做出凹槽内的凸层效果，如图 7-135 所示。

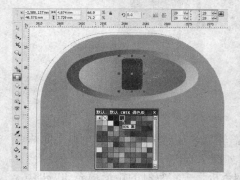

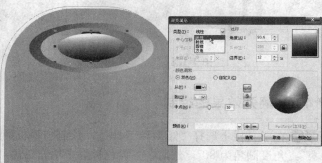

图 7-134　　　　　　　　　　　　　　　　图 7-135

步骤 07 将凸层复制一个缩小，然后再用"渐变填充"工具 🔳，填充不同程度的灰色渐变，做出凹槽内的凸面效果，如图 7-136 所示。

步骤 08 在工具栏中选择"矩形"工具 🔲。绘制出翻盖屏幕轮廓并转曲，然后用"形状"工具 ，调节外形，在属性栏中将轮廓加粗 0.353mm，在"调色板"中填充 10% 的黑色，然后再用"渐变填充"工具 🔳，填充不同程度蓝色渐变，如图 7-137 所示。

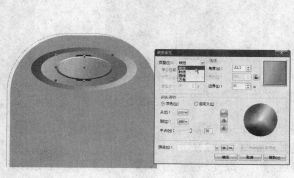

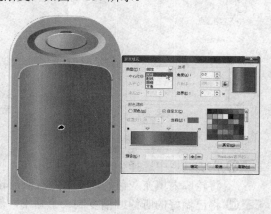

图 7-136　　　　　　　　　　　　　　　　图 7-137

步骤 09 在工具栏中选择"矩形"工具，绘制出一个屏幕的轮廓，在属性栏中调节矩形四个角的圆角为 13°，然后插入 QQ 图片，在"效果"菜单栏中的"图框精确剪裁"中选择"放置到容器中"，将 QQ 图片放置到屏幕轮廓内，作为电话的屏幕，如图 7-138 所示。

步骤 10 在工具栏中选择"贝塞尔"工具，绘制出屏幕反光处的轮廓，在"调色板"中填充白色，然后再用"交互式透明"工具，在属性栏中调节透明度类型为"标准"，透明度操作为"如果更亮"，开始透明度为 68°，绘制出手机屏幕的效果，如图 7-139 所示。

图 7-138

图 7-139

步骤 11 在工具栏中选择"贝塞尔"工具，绘制出手机滑轮固定锁，然后再用"渐变填充"工具，将轮廓内填充不同程度黑色渐变，并且取消轮廓，如图 7-140 所示。

步骤 12 将前面绘制好的整个滑轮图形复制一份，放置到屏幕下方，如图 7-141 所示。

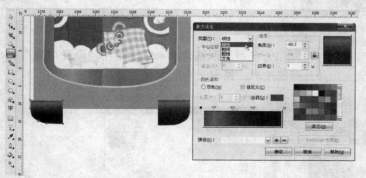

图 7-140

图 7-141

步骤 13 在工具栏中选择"矩形"工具，然后转曲，并用"形状"工具调节，绘制出手机主体轮廓，然后在"调色板"中填充 10% 的黑色，如图 7-142 所示。

步骤 14 将手机主体复制一个并缩小，然后再用"渐变填充"工具，填充不同程度灰色的渐变并且取消轮廓，做出主体手机的厚度，如图 7-143 所示。

步骤 15 在工具栏中选择"贝塞尔"工具，绘制出方向键的轮廓，然后再用"渐变填充"工具，填充灰色到白色的渐变，并且取消轮廓，如图 7-144 所示。

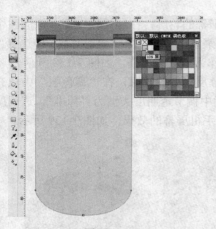
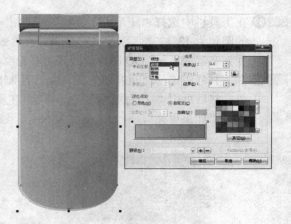

图 7-142　　　　　　　　　　　　　　　　图 7-143

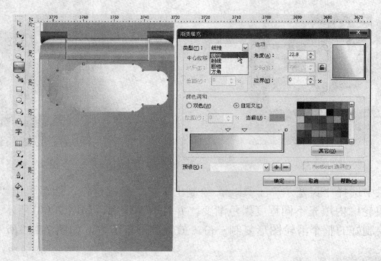

图 7-144

步骤⑯ 在工具栏中选择"矩形"工具，绘制出方向键的凹槽轮廓，然后再用"渐变填充"工具，填充白色到黑色的渐变，并且取消轮廓，如图 7-145 所示。

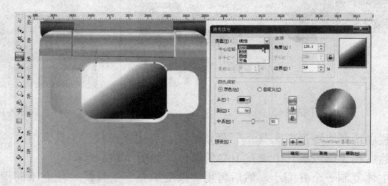

图 7-145

步骤⑰ 将方向键的凹槽复制一个缩小，然后再用"渐变填充"工具，填充黑色到白色的渐变，做出凹槽内凸起的效果，如图 7-146 所示。

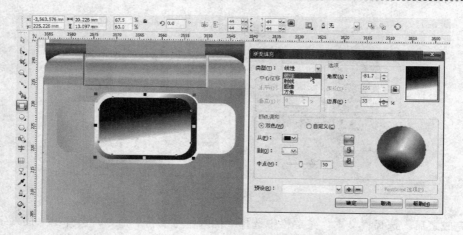

图 7-146

步骤 18 将方向键的凸起复制一个缩小，然后再用"渐变填充"工具，填充不同程度的灰色渐变，做出凸面的效果，如图 7-147 所示。

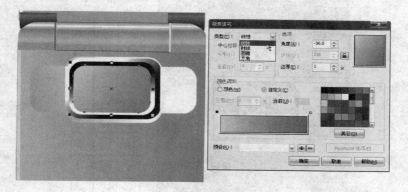

图 7-147

步骤 19 将方向键的凸面复制一个并缩小，然后再用"渐变填充"工具，填充黑色到白色的渐变，做出中间按钮的凹槽，如图 7-148 所示。

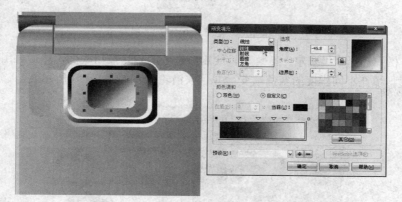

图 7-148

步骤 20 将方向键的凸面继续复制一个并缩小，然后再用"渐变填充"工具，填充深紫色到白色的渐变，做出中间按钮的凹面效果，如图 7-149 所示。

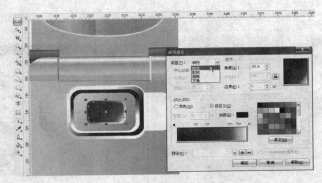

图 7-149

步骤 ㉑ 完成之后，选择"文本"菜单栏中选择"插入符号字符"命令，会弹出"插入字符"面板，设字体为"Wingdings"，然后寻找所需字符，将字符拖到绘图区，并缩小，然后填充白色，如图 7-150 所示。

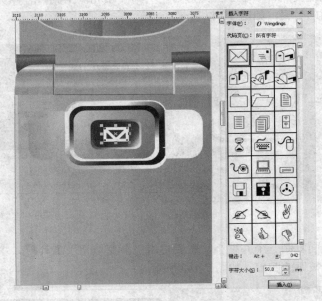

图 7-150

步骤 ㉒ 在工具栏中选择"贝塞尔"工具，绘制出左边的确认按钮底面，然后再用"渐变填充"工具，填充不同程度的灰色渐变，并且取消轮廓，如图 7-151 所示。

图 7-151

步骤 ㉓ 将按钮底面复制一个并缩小，然后再用"渐变填充"工具，填充白色到黑色的渐变，做出按钮的厚度效果，如图 7-152 所示。

图 7-152

步骤 ㉔ 将厚面复制一个缩小，然后再用"渐变填充"工具，填充不同程度的灰色渐变，做出按钮的凸面效果，如图 7-153 所示。

图 7-153

步骤 ㉕ 将左边的"确定"按钮绘制完成之后群组复制一个到右边，然后在属性栏中单击"水平镜像"工具，将复制的按钮水平翻转，做"删除"按钮，如图 7-154 所示。

步骤 ㉖ 重复步骤 ⑮～步骤 ㉕，用同样的方法绘制其他按钮的效果，并复制满手机，如图 7-155 所示。

步骤 ㉗ 在工具栏中选择"文本"工具，输入号码按键中所需要的数字、字母和符号，在属性栏中调节文字的字体和文字的大小，然后在"调色板"中填充绿色、红色和黑色，如图 7-156 所示。

图 7-154

图 7-155

图 7-156

步骤28 选中话筒上面的文字，然后再用"渐变填充"工具 ■，填充不同程度的黑色渐变，如图 7-157 所示。

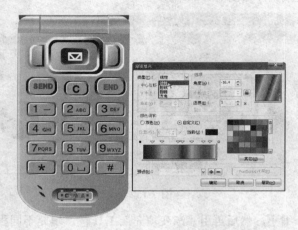

图 7-157

7.4.3 后期效果的绘制

步骤01 绘制翻盖手机完成之后，将左边的深蓝色手机复制一个，放置在右边更换颜色即可变为红色手机，也可随自己喜好更换颜色，如图 7-158 所示。

步骤02 在工具栏中选择"矩形"工具 ■，绘制背景轮廓，再用"渐变填充"工具 ■，填充灰色渐变，然后再将三个手机复制一份，在属性栏中将复制的垂直镜像，用"交互式透明"工具 ■，拉出透明度，制作出倒影效果，这样就绘制出最终效果，如图 7-159 所示。

图 7-158

图 7-159

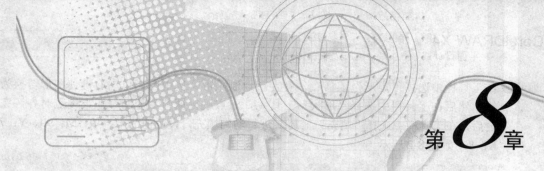

第**8**章

地 产 广 告 设 计

🔖 **本章导读**

　　地产行业也是离不开平面设计的，不管是建筑装饰的方案设计，还是宣传广告的平面设计，都和设计行业有着千丝万缕的联系，使用 CorelDRAW 设计建筑行业的各种图纸，也是十分常见的。本章节通过几个不同的案例，来介绍 CorelDRAW 软件在地产装饰行业的具体应用。

🔖 **知识要点**

　　CorelDRAW 提供的基本绘图功能可以解决绘制装饰图纸的所有问题，不管是平面图，还是效果图都可以完整绘制出来，从平面布局的结构，到家具的绘制，再到尺寸的标注，以及效果图中的各种造型材料都可以准确的表达。在绘制过程中，综合运用软件功能，绘制出图形，注意对象立体感的表现和透视关系的正确，以及平面布局图形和室内效果的绘制方法，并能在实践中应用。

8.1 展 柜 设 计

最终效果图如下：

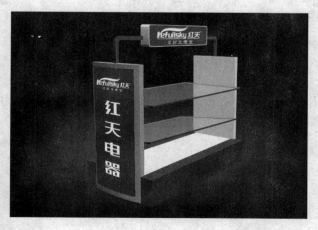

8.1.1　柜台的绘制

步骤 01 在工具栏中选择"贝塞尔曲线"工具 🖋，绘制一个矩形，在属性工具栏将矩形转成曲线 ⬡，并用"形状"工具 🖋 调节外形，然后在选择工具栏中选择"填充"工具 🖌，进行均匀填充，设色值为 C：15、M：89、Y：77、K：0，如图 8-1 所示。

步骤 02 在工具栏中选择"矩形"工具 ▣，在左边绘制矩形，选中图形单击右键使图形转换为曲线，然后在工具栏中选择"形状"工具 ⬚，对点进行调节，使两个矩形端点对齐，完成之后，在工具栏中选择"填充"工具 ◇ 进行均匀填充，设色值为 C：49、M：99、Y：77、K：8，如图 8-2 所示。

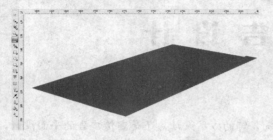

图 8-1

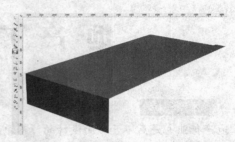

图 8-2

步骤 03 重复**步骤 02**，用同样的方法绘制出正面的矩形，并填充 C：43、M：99、Y：98、K：4 的红色，如图 8-3 所示。

步骤 04 在工具栏中选择"矩形"工具 ▣，在顶面绘制一个矩形，选中矩形，单击右键转换为曲线，然后用"形状"工具 ⬚，对端点进行调节，使矩形和顶部的面平行，完成之后，在调色板中设颜色为白色，如图 8-4 所示。

图 8-3

图 8-4

步骤 05 在工具栏中选择"矩形"工具 ▣，在右边绘制一个矩形，并在属性工具栏将矩形转曲线 ◙，然后用"形状"工具 ⬚，对点进行调节，完成之后，在调色板中设颜色为 20% 的黑，如图 8-5 所示。

步骤 06 重复**步骤 05**，用同样的方法，在前面绘制一个较窄的矩形，作为立面厚度，并填充颜色为 10% 的黑，如图 8-6 所示。

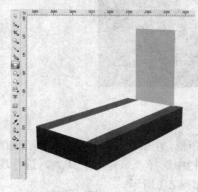

图 8-5

图 8-6

步骤 07 重复**步骤 06**，用同样方法绘制出顶面并填充 30%的黑，如图 8-7 所示。

步骤 08 在工具栏中选择"矩形"工具 ，在图形的左面绘制一个矩形并转曲，然后选择"形状"工具 调节端点，接着在工具栏中选择"填充"工具 ，进行灰色渐变填充，如图 8-8 所示。

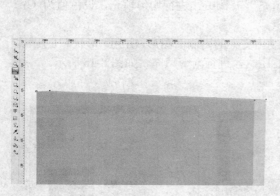

图 8-7

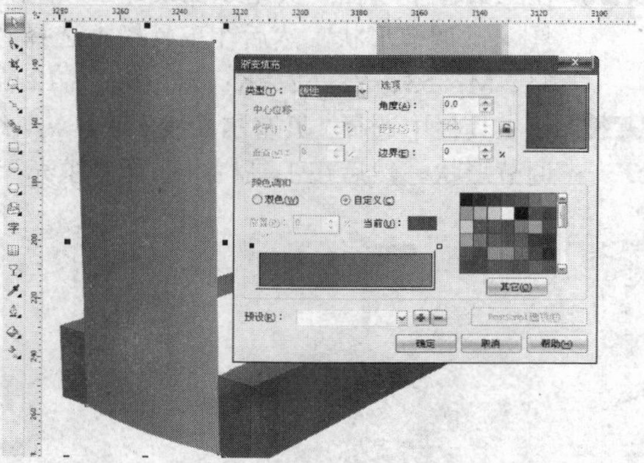

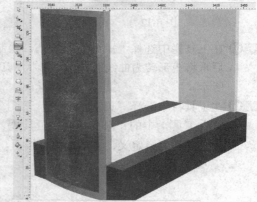

图 8-8

步骤 09 把上一步已做好的矩形图形复制一个并缩小，然后填充红色渐变，如图 8-9 所示。

步骤 10 在工具栏中选择"贝塞尔曲线"工具 ，绘制出左边图形的厚度，然后填充 20%的黑，如图 8-10 所示。

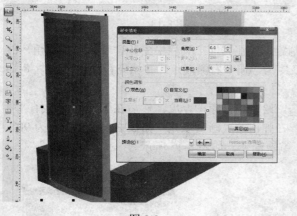

图 8-9

图 8-10

步骤 11 重复**步骤 10**，用同样的方法绘制出顶面，并填充 10%的黑，如图 8-11 所示。

图 8-11

8.1.2 展牌的绘制

步骤01 在工具栏中选择"贝塞尔曲线"工具，绘制出展柜上面的支架形状，并用"形状"工具，调节形状，然后在工具栏中选择"填充"工具，进行均匀填充，设色值为 C：64、M：53、Y：52、K：7，如图 8-12 所示。

步骤02 在工具栏中选择"贝塞尔曲线"工具，绘制出支架的内侧面图形，并用"形状"工具，调节形状。然后在工具栏中选择"填充"工具，进行渐变填充，如图 8-13 所示。

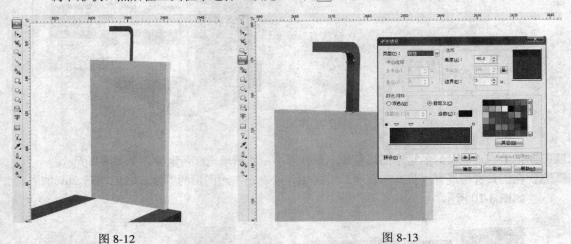

图 8-12　　　　　　　　　　　图 8-13

步骤03 在工具栏中选择"矩形"工具，绘制矩形，在属性工具栏中先并调节矩形的圆角，然后再将矩形转为曲线，并用"形状"工具，调节右侧端点，并填充粉红色，如图 8-14 所示。

步骤04 在工具栏中选择"贝塞尔曲线"工具，绘制出灯箱的厚度，然后在工具栏中选择"填充"工具中的"渐变填充"工具，在弹出的"渐变填充"面板中，设定角度为 90°，颜色调和为自定义，并增加色标按钮，编辑渐变，如图 8-15 所示。

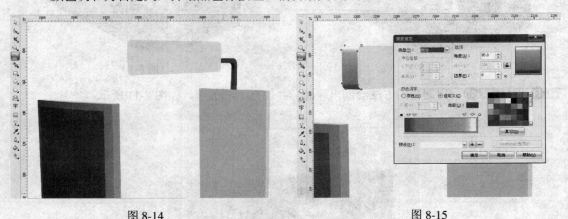

图 8-14　　　　　　　　　　　图 8-15

步骤05 把灯箱正面的矩形复制一个并缩小，然后填充红色，如图 8-16 所示。

步骤06 在工具栏中选择"贝塞尔曲线"工具，绘制出灯箱左面支架图形，并用"形状"工具，调节形状，然后色值为 C：64、M：53、Y：52、K：7 的灰色，如图 8-17 所示。

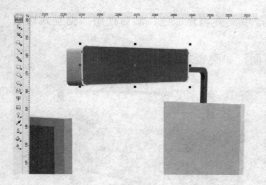

图 8-16　　　　　　　　　　　　　　　　　　　图 8-17

步骤 07 在工具栏中选择"贝塞尔曲线"工具 ，绘制出左面支架的厚度，然后在工具栏中选择"填充"工具 ，进行渐变填充，如图 8-18 所示。

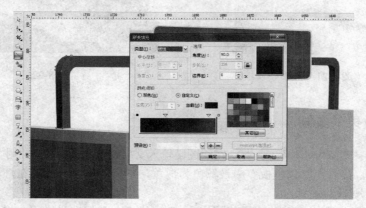

图 8-18

8.1.3　玻璃的绘制

步骤 01 在工具栏中选择"贝塞尔曲线"工具 ，绘制出展柜中间的玻璃图形，并填充色值为 C：20、M：0、Y：20、K：0 的绿色，然后在工具栏中选择"交互式透明"工具 ，选中图形，在属性栏中设透明度类型为："标准"，调节玻璃的透明度，如图 8-19 所示。

步骤 02 在工具栏中选择"贝塞尔曲线"工具 ，绘制出玻璃的厚度，然后填充绿色渐变，如图 8-20 所示。

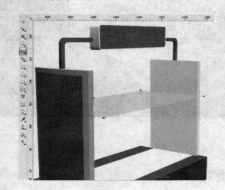

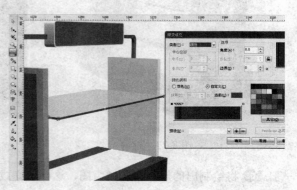

图 8-19　　　　　　　　　　　　　　　　　　　图 8-20

步骤 03 重复**步骤 02**，用同样的方法绘制内侧玻璃的厚度，并填充绿色，然后使用"交互式透明"工具 ，调节厚度的透明度，如图 8-21 所示。

步骤 04 将已做好的玻璃群组并复制一个，放置在下面，如图 8-22 所示。

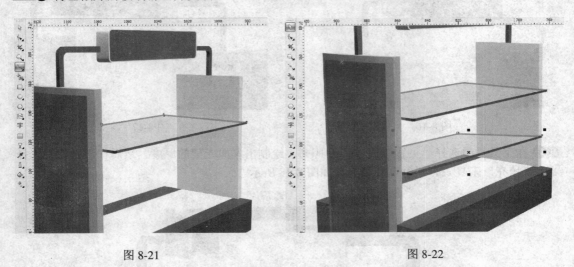

图 8-21   图 8-22

8.1.4 后期效果的绘制

步骤 01 在工具栏中选择"文本"工具 ，在绘图区输入文字，将文字转曲，并用"形状"工具 ，调节形状，接着在"调色板"中设颜色为白色，然后将文字分别放在灯箱和展台左面，如图 8-23 所示。

步骤 02 在工具栏中选择"矩形"工具 ，绘制一个大矩形，放置在最底层，作为背景，然后在"调色盘"中选择黑色进行填充，接着在工具栏中选择"网状填充"工具 ，网格的长和宽都设置为 3，将下面的两个网格点选中，填充为灰色，如图 8-24 所示。

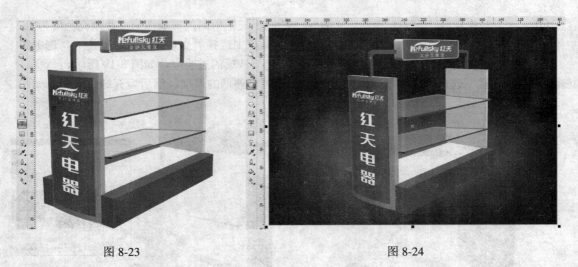

图 8-23   图 8-24

步骤 03 将绘制出的展柜导出成为图，这样就完成了整个展柜的绘制，如图 8-25 所示。

图 8-25

8.2 平面布局图

最终效果图如下：

8.2.1 平面布局图的绘制

步骤 01 在工具栏中选择"矩形"工具 □ ，在水平方向绘制一个较窄的长矩形，并选择黑颜色填充到矩形，将矩形复制一个，并在属性工具栏中旋转 90°，对齐到左边，分别重复复制水平和垂直方向的矩形线，并调整长度，如图 8-26 所示。

步骤 02 从标尺栏分别拉出水平和垂直方向的辅助线，分别重复复制水平和垂直方向的矩形线，并调整长度，对齐到复制线，留出门洞和窗洞，绘制出完整的房间布局结构，如图 8-27 所示。

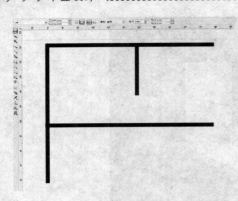

图 8-26 图 8-27

步骤 03 在工具栏中选择"表格"工具▦，在属性栏中设行数为 1，列数为 3，然后在绘制出表格图形，作为窗户，然后将表格依次复制到外墙，并调节长度，绘制出完整窗户，如图 8-28 所示。

步骤 04 在工具栏中选择"椭圆"工具◯，绘制出一个圆，在属性栏中选择饼形◔，设起始角度为 270°，作为房间的门，并依次复制，绘制出所有的门，如图 8-29 所示。

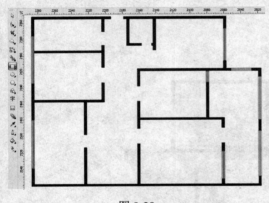

图 8-28

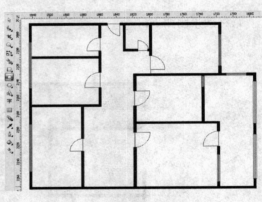

图 8-29

8.2.2 家具的绘制

步骤 01 在工具栏中选择"矩形"工具▢，在左上角房间绘制出一个矩形，并填充浅绿色，作为卫生间的地面，如图 8-30 所示。

步骤 02 在工具栏中选择"矩形"工具▢，在房间内绘制出一个小矩形，在"调色板"中设颜色为浅蓝色，将矩形复制一个并缩小，然后在属性栏中调节一端为圆角，作为浴缸，如图 8-31 所示。

步骤 03 在工具栏中选择"椭圆"工具◯，绘制出浴缸的下水口。然后在浴缸对面绘制出一个矩形，作为柜子，并填充浅蓝色，如图 8-32 所示。

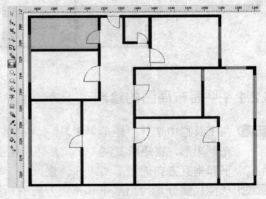

图 8-30

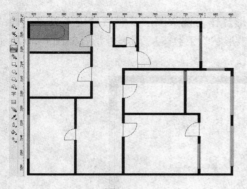

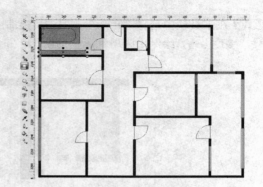

图 8-31　　　　　　　　　　　　　　　图 8-32

步骤 04 在工具栏中选择"矩形"工具⬛，在小卫生间绘制出一个矩形作为地面，并填充浅绿色。在工具栏中选择"矩形"工具和"椭圆"工具⬛，绘制出马桶的形状，并选中绘制出的矩形和圆形，在属性工具栏中做相加减操作，绘制出完整马桶造型，然后填充浅蓝色，如图 8-33 所示。

步骤 05 在工具栏中选择"矩形"工具和"椭圆"工具⬛，绘制出洗手盆和洗漱盆的造型，在"调色板"中填充浅蓝色，如图 8-34 所示。

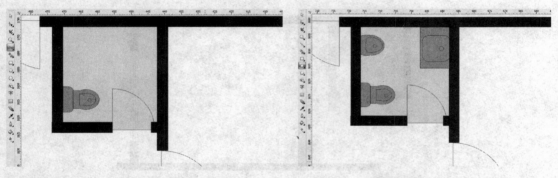

图 8-33　　　　　　　　　　　　　　　图 8-34

步骤 06 在工具栏中选择"矩形"工具⬛，沿着卧室墙边绘制矩形，作为床，然后在工具栏中选择"填充"工具⬛中的"图样填充"工具⬛，在弹出的"图样填充"面板中，选择"双色"中的图样，进行图样填充，如图 8-35 所示。

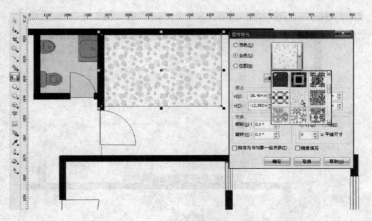

图 8-35

步骤 **07** 在工具栏中选择"矩形"工具 □ ，绘制出矩形，作为枕头图形，然后使用"贝塞尔曲线"
工具 ，绘制出床单和床垫的图形，并使用"形状"工具 ，调解外形，如图 8-36 所示。

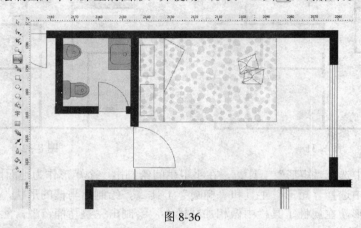

图 8-36

步骤 **08** 在工具栏中选择"矩形"工具 □ ，绘制出桌子和椅子的图形，将椅子的矩形在属性栏转
换为曲线 ，并用"形状"工具 ，调节外形，然后填充淡黄色，如图 8-37 所示。

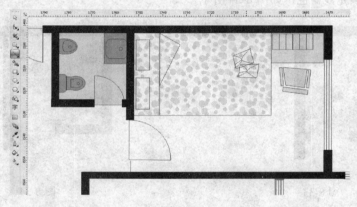

图 8-37

步骤 **09** 在工具栏中选择"矩形"工具 □ 和"贝塞尔曲线"工具 ，绘制出矩形衣柜图形，并在
"调色板"中填充褐色，如图 8-38 所示。

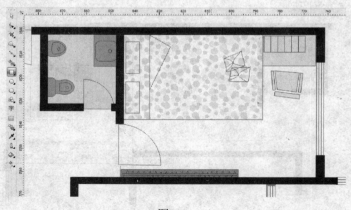

图 8-38

步骤⑩ 在工具栏中选择"贝塞尔曲线"工具 ，绘制出墙角的柜子图形，并用"形状"工具 进行调节，然后填充淡黄色，如图 8-39 所示。

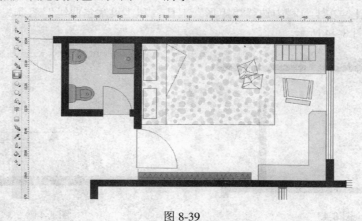

图 8-39

步骤⑪ 在工具栏中选择"矩形"工具 ，绘制出厨房的水槽，并在"调色板"中设颜色为浅蓝绿，如图 8-40 所示。

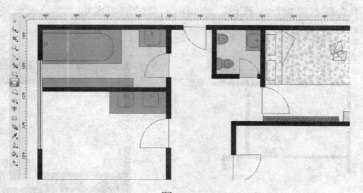

图 8-40

步骤⑫ 在工具栏中选择"矩形"工具 和"椭圆形"工具 ，绘制出厨房的橱柜和燃气灶，然后分别填充淡绿色和淡黄色，如图 8-41 所示。

步骤⑬ 在工具栏中选择"矩形"工具 ，在书房绘制出书桌，并填充淡黄色，然后使用"表格"工具 ，在属性栏中设行数为 5，列数为 15，然后在书桌上绘制出表格图形，作为键盘，如图 8-42 所示。

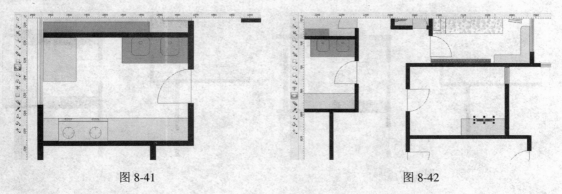

图 8-41　　　　　　　　　　　　　　图 8-42

步骤⑭ 在工具栏中选择"矩形"工具□和"形状"工具，绘制出电脑图形，如图 8-43 所示。

步骤⑮ 在工具栏中选择"表格"工具□，在属性栏中设行数为 5，列数为 6，然后再绘制出电脑上的散热孔，在工具栏中选择"矩形"工具□和"贝塞尔曲线"工具，绘制出电脑的鼠标，如图 8-44 所示。

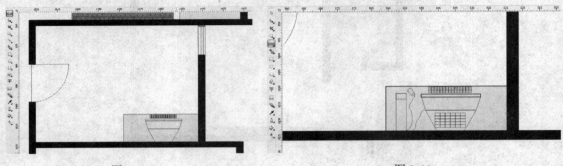

图 8-43 图 8-44

步骤⑯ 将刚才做好的椅子，复制一个到书房，并在属性工具栏做垂直镜像，放在电脑桌前，如图 8-45 所示。

步骤⑰ 在工具栏中选择"矩形"工具□，绘制出书房的书柜图形，在"调色板"中设颜色为浅褐色，如图 8-46 所示。

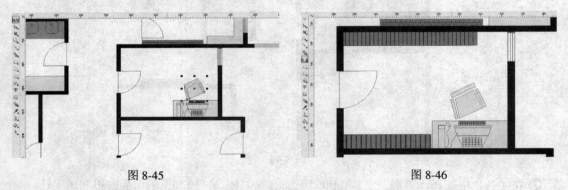

图 8-45 图 8-46

步骤⑱ 在工具栏中选择"矩形"工具□和"形状"工具，绘制出客厅中的电视和电视柜图形，然后填充浅黄色，如图 8-47 所示。

步骤⑲ 在工具栏中选择"表格"工具□，在属性栏中设行数为 5，列数为 6，然后在电视内绘制出表格图形，作为电视的散热孔，如图 8-48 所示。

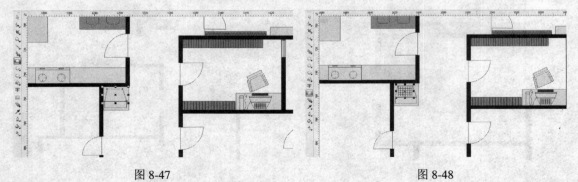

图 8-47 图 8-48

步骤 **20** 在工具栏中选择"椭圆"工具，绘制出餐厅中的圆桌，并填充浅黄色。接着使用"椭圆"工具，绘制出一大一小两个叠加圆形，并在属性栏中单击修剪工具，修剪出椅子的图形，然后填充紫色射线渐变，如图 8-49 所示。

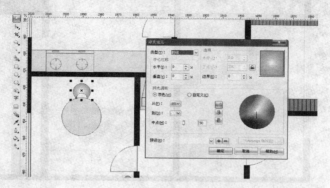

图 8-49

步骤 **21** 选中绘制好的椅子图形，然后选择"排列"菜单中"变换"下的"旋转"，在弹出的"旋转"面板中，设角度为 60°，然后连续单击"应用到再制"按钮，环形复制出椅子，如图 8-50 所示。

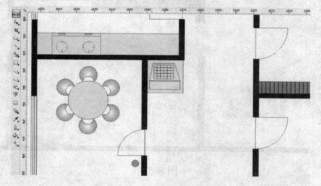

图 8-50

步骤 **22** 在工具栏中选择"矩形"工具和"椭圆"工具，绘制出沙发和茶几的图形，然后填充淡黄色，如图 8-51 所示。

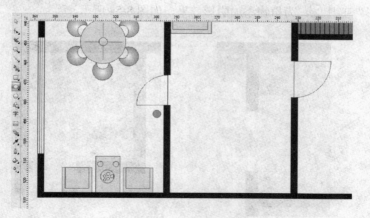

图 8-51

步骤 ㉓ 重复步骤 ㉒，绘制出客厅的沙发和茶几图形，并分别填充淡黄色和淡紫色，如图 8-52 所示。

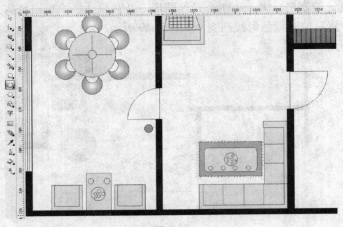

图 8-52

步骤 ㉔ 将小卧室中已做好的床、衣柜和书桌分别复制到大卧室，并摆放合理，如图 8-53 所示。

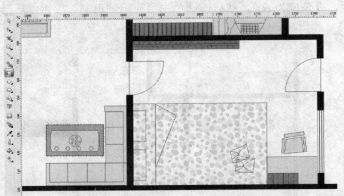

图 8-53

步骤 ㉕ 在工具栏中选择"贝塞尔曲线"工具 ，绘制出长三角形，并在"调色板"中设颜色为绿色，然后选择"排列"菜单下"变换"中的"旋转"工具，在弹出的"旋转"面板中设置参数，进行环形复制，作为植物，选中绘制好的植物图形，然后在工具栏中选择"交互式阴影"工具 ，为植物添加阴影效果，如图 8-54 所示。

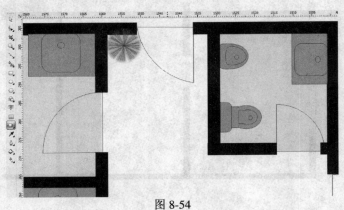

图 8-54

步骤 ㉖ 将绘制好的植物选中，依次复制到其他房间，摆放在合适位置，如图 8-55 所示。

图 8-55

步骤 ㉗ 在工具栏中选择"文本"工具 字，分别标出每个房间的名称，如图 8-56 所示。

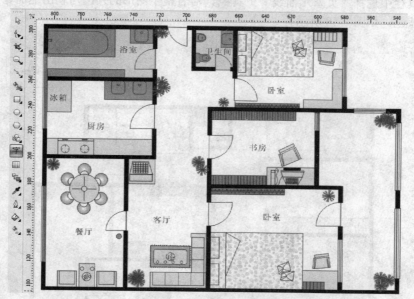

图 8-56

8.2.3 后期效果的绘制

步骤 ① 选择"文本"菜单下的"插入符号字符"命令，在弹出的"插入字符"面板中，设字符为："wingdings2"然后在里面找到星星，并拖曳到绘图区，接着在工具栏中选择"文本"工具 字，分别键入"N"和"S"字母，放置在星星的两侧，然后将绘制好的识图标识放置在图形的右上角，如图 8-57 所示。

图 8-57

步骤 02 在工具栏中选择"贝塞尔曲线"工具 ，沿着整个图形的外围勾勒出地面轮廓，然后填充淡蓝色，如图 8-58 所示。

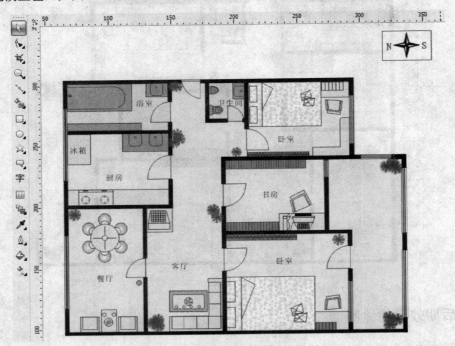

图 8-58

步骤 03 在工具栏中选择"度量"工具 ，分别在水平方向和垂直方向对房间的进行度量标注，绘制出完整平面布局图，如图 8-59 所示。

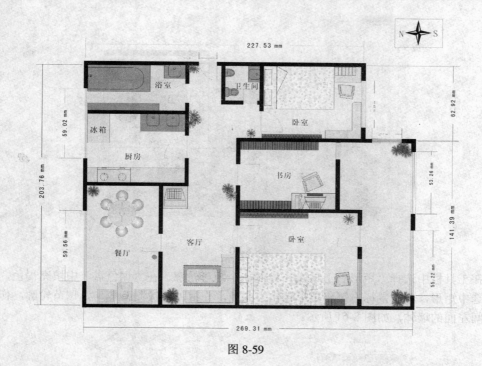

图 8-59

8.3 室内效果图

最终效果图如下：

8.3.1　房间的绘制

步骤 **01** 在工具栏中选择"贝塞尔"工具 ，绘制出地面的轮廓，并用"形状"工具 ，调节地面轮廓的形状，然后选择工具栏中"填充"工具 中的"均匀填充"工具 ，在弹出的"渐变填充"面板中设置类型为线性，角度为 90°，颜色调和为双色，为地面填充浅灰色到浅黄色渐变，如图 8-60 所示。

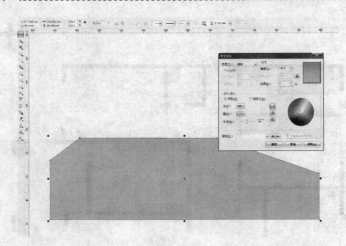

图 8-60

步骤 02 在工具栏中选择"矩形"工具 □，绘制一个矩形轮廓，在"调色盘"中填充褐色，然后选中矩形，单击鼠标右键将矩形转化为曲线，并用"形状"工具 ，调节轮廓，作为房间左面的墙体，如图 8-61 所示。

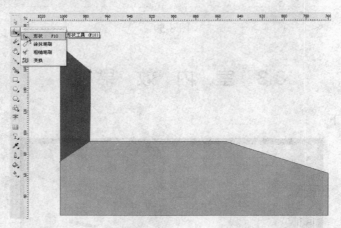

图 8-61

步骤 03 再用"矩形"工具 □，绘制一个矩形轮廓，然后对矩形填充浅褐色到灰色渐变，作为房间正面的墙体，如图 8-62 所示。

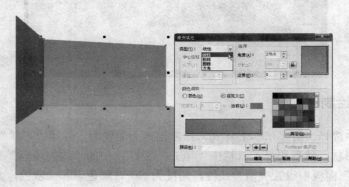

图 8-62

步骤 04 重复**步骤 03**，用同样的方法绘制出右边墙，并填充褐色渐变，如图 8-63 所示。

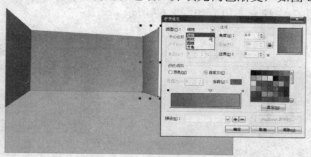

图 8-63

步骤 05 在工具栏中选择"贝塞尔"工具 ，沿着右边墙绘制一个矩形，然后填充深灰色，选中刚才绘制的矩形，然后按下数字键盘"+"号，将矩形复制一个，并稍缩小一点，然后再用"渐变填充"工具 ，填充褐色渐变，如图 8-64 所示。

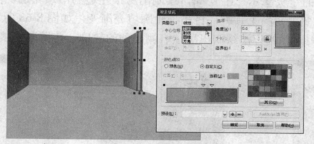

图 8-64

步骤 06 选择工具栏中的"贝塞尔"工具 ，接着右面墙绘制矩形，并用"形状"工具 ，调节轮廓，使矩形形成正确的透视，然后在用"渐变填充"工具 ，拉白色到浅灰色渐变，绘制出完整右墙，如图 8-65 所示。

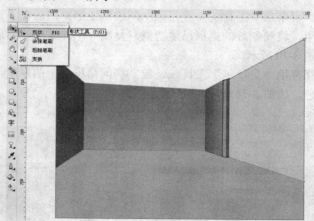

图 8-65

步骤 07 选择工具栏中"矩形"工具 ，在右墙上绘制矩形，单击鼠标右键将矩形转换为曲线，并用"形状"工具 ，调节轮廓，然后填充红褐色，接着将绘制好的矩形复制两个，排列在一起，然后用"形状"工具 调节矩形，如图 8-66 所示。

步骤 08 选择工具栏中的"贝塞尔"工具 ，绘制房顶的轮廓，然后用"形状"工具 ，调节轮廓，在"调色盘"中填充灰色，如图 8-67 所示。

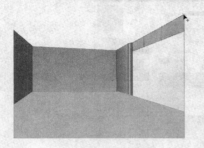 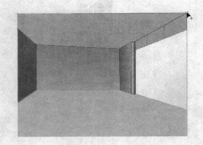

图 8-66   图 8-67

8.3.2   吊顶的绘制

步骤 01 选择工具栏中的"贝塞尔"工具 ，绘制出房顶左边的吊顶轮廓，然后再用"填充"工具 中的"渐变填充"工具 ，将吊顶轮廓填充渐变，如图 8-68 所示。

步骤 02 重复**步骤 01**，用同样的方法绘制出房顶右侧吊顶的轮廓，并做渐变填充，如图 8-69 所示。

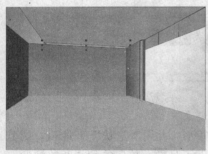 

图 8-68   图 8-69

步骤 03 选择工具栏中"贝塞尔"工具 ，在吊顶中间绘制矩形，然后在"调色盘"中填充白色作为暗藏灯效果，将绘制好的矩形吊顶造型，复制一个并缩小。然后在"调色盘"中填充浅褐色，如图 8-70 所示。

步骤 04 在工具栏中选择在用"贝塞尔"工具 ，绘制房间吊顶造型的厚度，然后在"调色盘"中依次填充颜色，如图 8-71 所示。

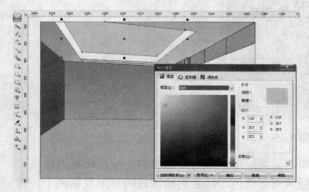 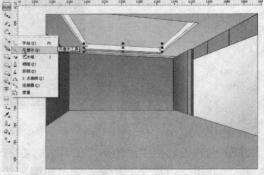

图 8-70   图 8-71

步骤 **05** 选择工具栏中"贝塞尔"工具，在矩形吊顶内绘制一个矩形，并用"形状"工具，调节轮廓，作为顶灯的轮廓，然后填充浅蓝灰色，继续使用"贝塞尔"工具，在顶灯轮廓内绘制矩形，并复制三个，然后在"调色盘"中填充白色和灰色，如图 8-72 所示。

步骤 **06** 在工具栏中选择"椭圆"工具，在左边吊顶上绘制一个椭圆，然后在"调色盘"中填充白色，在属性栏中调节灯泡轮廓为 0.2mm，作为筒灯轮廓，用"挑选"工具选中绘制好的筒灯，拖动复制到吊顶的周围，如图 8-73 所示。

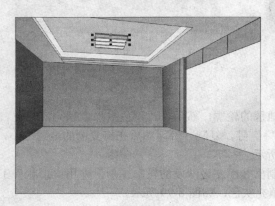
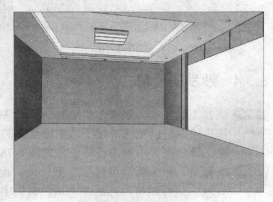

图 8-72 图 8-73

8.3.3 窗户的绘制

步骤 **01** 在工具栏中选择"矩形"工具，在正面墙上矩形，作为窗帘盒和窗户玻璃的轮廓，然后单击鼠标右键将轮廓转换为曲线，并用"形状"工具，调节轮廓，然后在"调色盘"中填充绿色和淡蓝色，如图 8-74 所示。

步骤 **02** 重复步骤 **01**，用绘制玻璃的方法绘制窗帘、窗户和窗台的轮廓，然后在"调色盘"中填充淡蓝色、淡紫色和灰色，如图 8-75 所示。

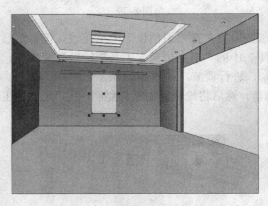
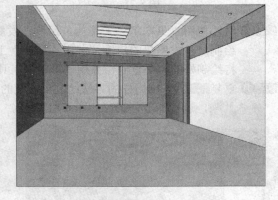

图 8-74 图 8-75

步骤 **03** 用"矩形"工具和"形状"工具，绘制左边窗帘高光暗面的轮廓，单击鼠标右键将其中几个矩形转换为曲线，然后在"调色盘"中填充不同程度灰色，绘制出窗帘的褶皱效果，将绘制出的褶皱复制到右边的窗帘，并做调节，如图 8-76 所示。

步骤 **04** 在工具栏中选择"矩形"工具，在正面墙下面绘制踢脚线的轮廓，然后在"调色盘"中填充蓝色，如图 8-77 所示。

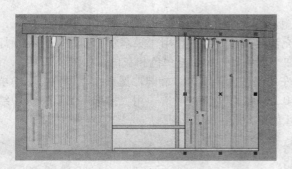

图 8-76

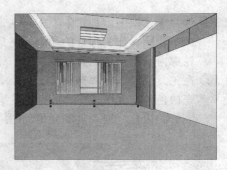

图 8-77

8.3.4 沙发的绘制

步骤 **01** 选择工具栏中"贝塞尔"工具 ，绘制地毯的轮廓，然后在"调色盘"中填充深绿色，选中绘制好的地毯，按下数字键盘上的"+"号，复制一份，然后在将复制的地毯缩小，在"调色盘"中换为浅绿色，如图 8-78 所示。

步骤 **02** 选择工具栏中的"贝塞尔"工具 ，绘制出客厅左边沙发的轮廓图形，并用"形状"工具 ，进行调节，然后在"调色盘"中填充灰色，如图 8-79 所示。

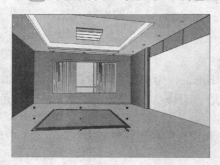

图 8-78

图 8-79

步骤 **03** 继续使用"贝塞尔"工具 ，绘制沙发底部的厚度，在"调色盘"中填充浅黄色，然后绘制出沙发座垫的轮廓，并用"填充"工具 中的"渐变填充"工具 ，做渐变填充，将绘制好的座垫复制，并用"形状"工具 ，进行调节，如图 8-80 所示。

步骤 **04** 重复步骤 **03**，用同样的方法绘制出沙发的靠背，然后将绘制好的靠背复制，用"形状"工具 ，进行调节外形，如图 8-81 所示。

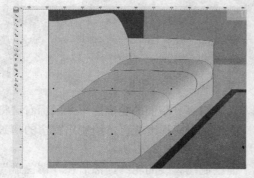

图 8-80

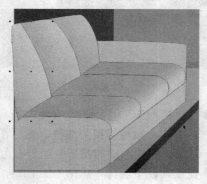

图 8-81

步骤 **05** 选择工具栏中的"贝塞尔"工具，绘制出沙发的扶手，然后分别填充浅灰和中灰色，如图 8-82 所示。

步骤 **06** 选择工具栏中的"矩形"工具，绘制沙发腿的轮廓，然后在属性栏中将矩形的下面 2 个角的调节为圆角，并填充黑色，将绘制好的沙发腿复制到右边，并放在后面，如图 8-83 所示。

图 8-82　　　　　　　　　　　　　　图 8-83

步骤 **07** 重复前面步骤，用"贝塞尔"工具和"矩形"工具，绘制出窗户下面的沙发，然后分别填充浅黄色，浅灰色和灰色，如图 8-84 所示。

步骤 **08** 再用"贝塞尔"工具，绘制靠背的厚度轮廓，然后在"调色盘"中填充黑色，然后使用"矩形"工具，绘制出沙发的靠垫，在属性栏中将矩形圆角均调节为 40，然将轮廓内填充红色到深红色的渐变，如图 8-85 所示。

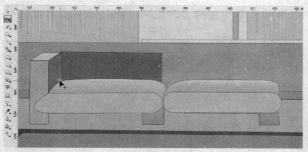
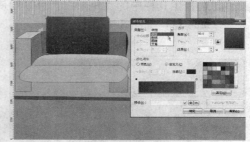

图 8-84　　　　　　　　　　　　　　图 8-85

步骤 **09** 选择工具栏中的"矩形"工具，绘制两个沙发之间的桌子腿的轮廓，然后在"调色盘"中填充褐色，用绘制桌子腿的方法再绘制桌子的厚度，如图 8-86 所示。

步骤 **10** 继续使用"矩形"工具，绘制两个矩形叠加，作为桌子的桌面，单击鼠标右键将其中一个矩形转换为曲线，在用"形状"工具，进行调节，然后在"调色盘"中填充白色和黑色，如图 8-87 所示。

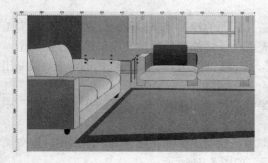
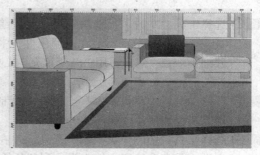

图 8-86　　　　　　　　　　　　　　图 8-87

步骤⑪ 选择工具栏中的"矩形" □ 和"贝塞尔"工具 🖌️，绘制出墙角的台灯，然后将台灯的杆填充浅褐色，台灯填充淡紫色渐变，如图 8-88 所示。

步骤⑫ 选择工具栏中的"矩形"工具 □ 和"贝塞尔"工具 🖌️，绘制茶几，在正面沙发前绘制出多个矩形，叠加出茶几的轮廓，然后在"调色盘"中填充不同的颜色，如图 8-89 所示。

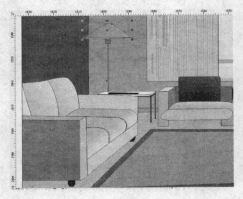

图 8-88

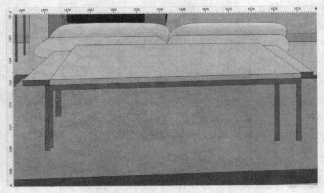

图 8-89

步骤⑬ 用"贝塞尔"工具 🖌️，在茶几上绘制出苹果的轮廓，然后将苹果填充红色渐变，苹果把填充黑色，在工具栏中选择"交互式阴影"工具 ▢，并将阴影颜色设为灰色，为苹果添加阴影，如图 8-90 所示。

步骤⑭ 选择工具栏中的"矩形"工具，绘制出茶几上纸巾盒和书的轮廓，然后分别填充绿色和咖啡色，如图 8-91 所示。

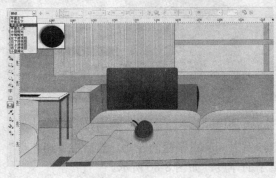

图 8-90

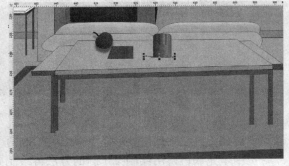

图 8-91

8.3.5　背景墙的绘制

步骤① 选择工具栏中的"贝塞尔"工具 🖌️，绘制茶几前面的沙发坐垫的轮廓，在用"形状"工具 🖌️，进行调节，然后在"调色盘"中填充红色，将绘制好的沙发座垫轮廓复制一个，并缩小一点，然后再用"渐变填充"工具 ▢，将再复制的轮廓内填充红色的渐变，绘制出沙发的坐垫，如图 8-92 所示。

步骤② 选择工具栏中"贝塞尔"工具 🖌️，绘制出坐垫的厚度和沙发的腿，然后在"调色盘"中填充灰色和黑色，如图 8-93 所示。

步骤③ 选择工具栏中的"贝塞尔"工具 🖌️，在右侧墙角绘制出房间花瓶轮廓，然后用"渐变填充"工具，在轮廓内填充黑色到灰色的渐变，如图 8-94 所示。

步骤 04 选择工具栏中的"贝塞尔"工具 ⌖，绘制地板砖之间的缝隙，然后在"调色盘"中将缝隙线填充深灰色，如图 8-95 所示。

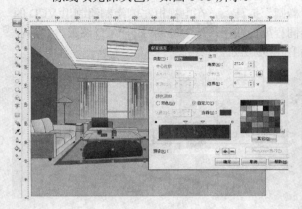

图 8-92

图 8-93

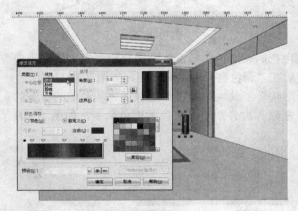

图 8-94

图 8-95

步骤 05 在工具栏中选择"贝塞尔"工具 ⌖，绘制出背景墙上的电视柜，并用"形状"工具 ⌖，进行调节透视，然后在"调色盘"中填充白色和不同程度的灰色，如图 8-96 所示。

步骤 06 重复**步骤 05**，用同样的方法绘制出下面的抽屉，如图 8-97 所示。

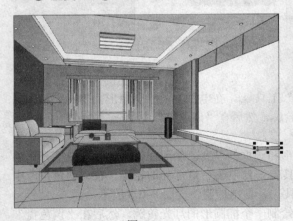

图 8-96

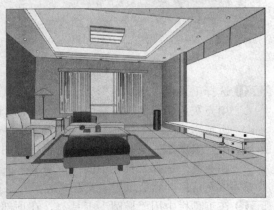

图 8-97

步骤 07 选择工具栏中的"贝塞尔"工具，在电视柜右侧绘制出装饰瓶轮廓，然后在"调色盘"中填充不同程度的灰色，如图 8-98 所示。

步骤 08 选择工具栏中的"贝塞尔"工具和"椭圆"工具，在电视柜左侧绘制绘制出 VCD 的机身轮廓，然后在"调色盘"中填充不同程度的灰色，选中绘制好的 VCD 图形，然后在属性工具栏中群组，并向上复制，如图 8-99 所示。

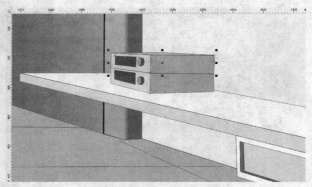

图 8-98   图 8-99

步骤 09 选择工具栏中的"矩形"工具，绘制电视的轮廓，单击鼠标右键将矩形轮廓转化为曲线，用"形状"工具，进行调节，然后在"调色盘"中填充灰色，如图 8-100 所示。

步骤 10 选择工具栏中的"贝塞尔"工具和"形状"工具，绘制出电视屏幕和两侧的音响的轮廓，然后再用"渐变填充"工具，在轮廓内分别填充灰色到黑色渐变，如图 8-101 所示。

图 8-100   图 8-101

步骤 11 选择工具栏中的"矩形"工具"形状"工具，在电视上面绘制矩形叠加音响轮廓，填充灰色和黑色；在左边墙上绘制壁画轮廓，然后在"调色盘"中填充白色，如图 8-102 所示。

步骤 12 用"贝塞尔"工具，绘制画框内的图形和画框的厚度，然后在"调色盘"中填充黑色和灰色。选择工具栏中的"贝塞尔"工具，绘制出台灯灯光的轮廓，在"调色盘"中填充黄色，然后再用"交互式透明"工具，拉出透明，如图 8-103 所示。

步骤 13 在工具栏中用"椭圆"工具，在顶部绘制一个椭圆形的灯光轮廓，然后在"调色盘"中填充淡黄色。选择工具栏中的"贝塞尔"工具，绘制沙发和窗帘的轮廓，并用"交互式透明"工具，调节透明度，作出反光的效果，如图8-104所示。

步骤⑭ 使用工具栏中的"挑选"工具，在"调色盘"中，将不需要轮廓线的图形取消轮廓线，然后将整个图形选中并群组。最后使用"矩形"工具，绘制一个矩形轮廓并填充黑色，放在最底层，作为背景，这样就完成了室内效果的绘制，如图8-105所示。

图 8-102

图 8-103

图 8-104

图 8-105

第9章

食 品 广 告 设 计

📖 **本章导读**

CorelDRAW 在印刷包装行业也有着广泛的应用，精美的设计、绚丽的包装都是食品包装广告设计的一个重要特点，CorelDRAW 软件强大丰富的绘图功能，可以表现出包装设计广告中的所有效果，而且设计出的作品直接可以应用于印刷包装。本章节通过几个包装广告设计，来了解使用 CorelDRAW 来设计食品广告、包装的方法和流程。

📑 **知识要点**

在绘制图形过程中，注意食品包装的绘制方法，先理清绘图的思路，然后再动手。在绘制过程中注意基本图形的绘制、图形和轮廓色的填充，背景的填充，最终效果的把握，并能把平时见到的这类广告联系起来，设计制作出美观实用的包装广告。

9.1　笑　眯　眯　奶　糖

最终效果图如下：

9.1.1　奶糖上面的绘制

步骤 01 在工具栏中选择"贝塞尔"工具，绘制出棒棒糖袋子的封口轮廓，然后在用"填充"工具中的"渐变填充"工具，在轮廓内填充红色的渐变，并取消轮廓，如图 9-1 所示。

步骤 02 在工具栏中选择"矩形"工具，绘制出封口条状的轮廓，然后在"调色板"中设颜色为淡红色并取消轮廓，按下键盘 Ctrl+D 键，依次向下复制几个，如图 9-2 所示。

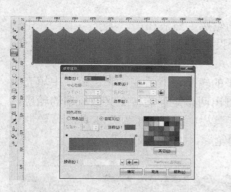

图 9-1

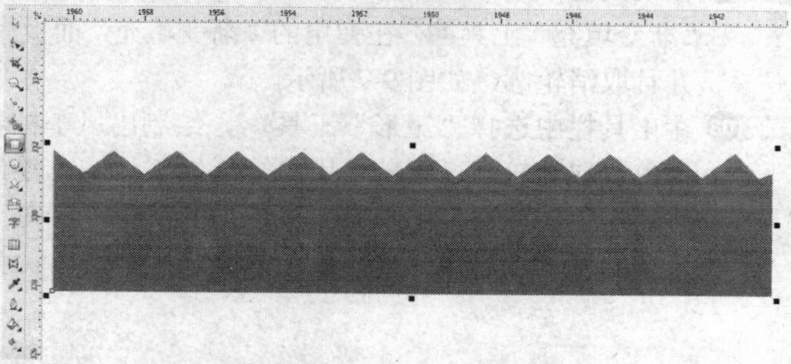

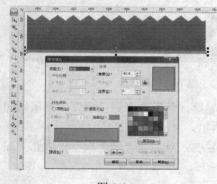

图 9-2

步骤 03 在工具栏中选择"矩形"工具，在封口下绘制出矩形轮廓，然后再用"填充"工具中的"渐变填充"工具，填充土黄色的渐变，并取消轮廓，如图 9-3 所示。

步骤 04 在工具栏中选择"贝塞尔"工具，绘制出封口高光的轮廓，在"调色板"中填充为白色，然后再用"交互式透明"工具，在属性栏中设透明度类型为"标准"设开始透明度为"79"，选中对象复制一个缩小，并设开始透明度为"15"，如图 9-4 所示。

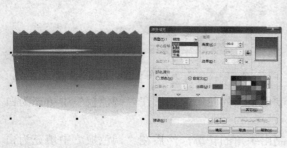

图 9-3

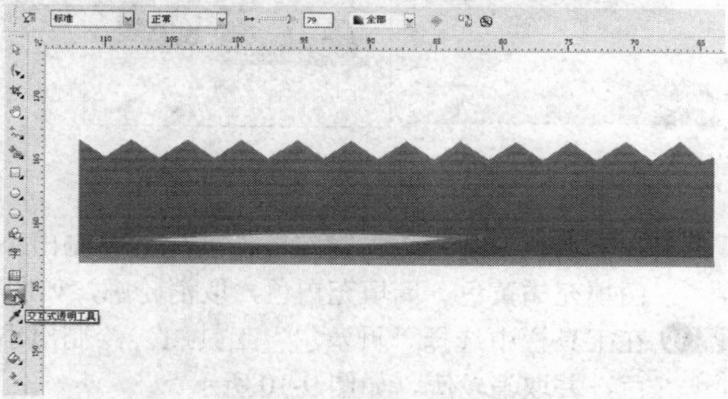

图 9-4

步骤 05 在工具栏中选择"贝塞尔"工具，绘制出棒棒糖袋子上面轮廓，然后用"填充"工具中的"渐变填充"工具，在轮廓内填充蓝色到灰色的渐变，取消轮廓，如图 9-5 所示。

步骤 06 在工具栏中选择"贝塞尔"工具，绘制出云朵的轮廓，然后在"调色板"中填充为白色，并取消轮廓，如图 9-6 所示。

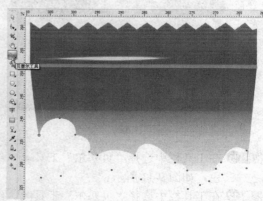

图 9-5

图 9-6

步骤 **07** 在工具栏中选择"贝塞尔"工具 ，绘制出草坪的轮廓，然后在用"填充"工具 中的"渐变填充"工具 ，在弹出的"渐变填充"面板中设置渐变，填充不同程度的绿色渐变，并且取消轮廓，如图 9-7 所示。

步骤 **08** 在工具栏中选择"矩形"工具 ，绘制出风车柱子的轮廓，然后在"调色板"中填充为白色，取消轮廓，接着使用"矩形"工具 ，绘制出两个矩形旋转交叉做风扇的轮廓，然后在"调色板"中填充为蓝色，取消轮廓，在工具栏中选择"椭圆"工具 ，绘制出风车的轴，然后在"调色板"中填充为橙色，取消轮廓，如图 9-8 所示。

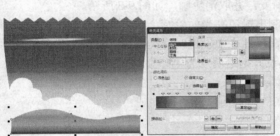

图 9-7   图 9-8

步骤 **09** 在工具栏中选择"贝塞尔"工具 ，绘制出小屋的轮廓，然后在"调色板"中将屋顶和门填充橘黄色、墙填充白色，取消轮廓，如图 9-9 所示。

步骤 **10** 在工具栏中选择"贝塞尔"工具 ，绘制出小树的轮廓，然后在"调色板"中填充为绿色，并取消轮廓，如图 9-10 所示。

图 9-9   图 9-10

步骤 **11** 在工具栏中选择"贝塞尔"工具 ，绘制出牛头的轮廓，然后在"调色板"中填充为白色，如图 9-11 所示。

步骤 **12** 在工具栏中选择"贝塞尔"工具 ，绘制出牛角的轮廓，然后在"调色板"中填充为白色，如图 9-12 所示。

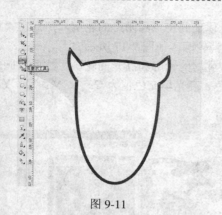

图 9-11　　　　　　　　　　　　　　　　图 9-12

步骤⑬ 在工具栏中选择"贝塞尔"工具　，绘制出牛头上面的黑色斑点的轮廓，然后在"调色板"中填充为黑色，如图 9-13 所示。

步骤⑭ 在工具栏中选择"贝塞尔"工具　，绘制出牛鼻子的轮廓，然后在用"填充"工具　中的"均匀填充"工具　，填充色值为 C：4、M：23、Y：8、K：0 的粉红色，并取消轮廓，如图 9-14 所示。

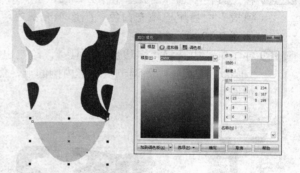

图 9-13　　　　　　　　　　　　　　　　图 9-14

步骤⑮ 在工具栏中选择"椭圆"工具　，绘制出鼻孔的轮廓，然后填充色值为 C：24、M：84、Y：74、K：0 的褐色。在工具栏中选择"贝塞尔"工具　，绘制出牛嘴巴的轮廓，然后填充色值为 C：7、M：49、Y：7、K：0 的粉红色，并取消轮廓，如图 9-15 所示。

步骤⑯ 在工具栏中选择"贝塞尔"工具　，绘制出牛身体的轮廓，并用"形状"工具　，调节外形，然后在"调色板"中填充为白色，如图 9-16 所示。

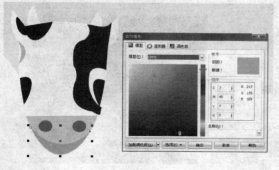

图 9-15　　　　　　　　　　　　　　　　图 9-16

步骤⑰ 在工具栏中选择"贝塞尔"工具，绘制出身体上的斑点和阴影的轮廓，然后在"调色板"中将斑点填充黑色、阴影填充灰色，并取消轮廓，如图9-17所示。

步骤⑱ 在工具栏中选择"贝塞尔"工具，绘制出牛乳房的轮廓和高光的轮廓，然后将胸脯填充色值为 C：8、M：49、Y：7、K：0 的粉红色、高光填充色值为 C：4、M：24、Y：7、K：0 的红色，并取消轮廓，如图9-18所示。

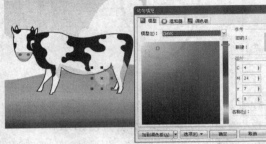

图 9-17   图 9-18

步骤⑲ 在工具栏中选择"贝塞尔"工具，绘制出牛尾巴的轮廓和尾巴阴影的轮廓，然后在"调色板"中将尾巴填充白色、阴影填充灰色，在将绘制的整个奶牛选中，全部取消轮廓，如图9-19所示。

步骤⑳ 在工具栏中选择"多边形"工具，绘制出多边形，并在属性栏中调节边数为 35，并用"形状"工具向外调节多边形内侧的点，然后在"调色板"中填充为黄色，取消轮廓，如图9-20所示。

图 9-19   图 9-20

步骤㉑ 在工具栏中选择"文本"工具，书写出"奖"一个字，在属性栏中调节文字的字体和文字大小，然后在"调色板"中填充为红色，如图9-21所示。

步骤㉒ 在工具栏中选择"矩形"工具，绘制出矩形轮廓，并填充白色，然后用"文本"工具，在矩形上书写出"笑咪咪"三个中文文字和"XIAOMIMI"几个大写字母，并在属性栏中调节文字的字体和文字的大小，然后将字母填充不同颜色，如图9-22所示。

图 9-21

步骤 **23** 继续 "文本" 工具 字，在矩形下面书写出 "广东省驰名商标" 几个文字，在属性栏中调节文字的字体和文字的大小，然后在 "调色盘" 中填充深灰色，如图9-23所示。

图 9-22

图 9-23

9.1.2 奶糖中间的绘制

步骤 **01** 在工具栏中选择 "贝塞尔" 工具 ，绘制出包装袋的中间部分轮廓，然后在用 "填充" 工具 中的 "渐变填充" 工具 ，将轮廓内填充不同程度的红色渐变，并取消轮廓，如图9-24所示。

步骤 **02** 在工具栏中选择 "椭圆" 工具 ，绘制出几个椭圆轮廓叠加，然后在 "调色板" 中将最大的椭圆填充为紫红色，在属性栏中将轮廓加粗到 0.2mm，并设颜色为白色，将中间的椭圆填充粉红色，并取消轮廓、将小椭圆填充为白色，在属性栏中将轮廓加粗到 0.2mm 设颜色为黄色，如图9-25所示。

图 9-24

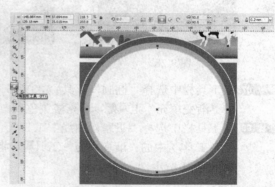

图 9-25

步骤 **03** 在工具栏选择 "文本" 工具 字，在圆形上输入 "笑咪咪" 三个字，在属性栏中调节文字的字体和文字大小，然后在 "调色板" 中填充为红色，双击文字出现旋转模式将文字向右上旋转，如图9-26所示。

步骤 **04** 在工具栏中选择 "贝塞尔" 工具 ，沿着文字勾勒出文字的轮廓，然后在 "调色板" 中填充为白色，在属性栏中将轮廓加粗到0.25mm，并设颜色为紫色，如图9-27所示。

步骤 **05** 继续使用 "文本" 工具 字，沿着曲线书写 "XIAOMIMI" 几个大写字母，然后填充红色，将字母复制一个放在上面，并填充白色，如图9-28所示。

步骤 06 在工具栏中选择"文本"工具 字，在圆中书写出"棒棒糖"三个文字和棒棒糖的大小字母，在"调色板"中将"棒棒糖"填充白色，向右上旋转，然后将字母填充深灰颜色，然后使用选择"贝塞尔"工具 🖊，沿着文字勾勒出文字的轮廓，然后填充色值为 C：96、M：99、Y：1、K：0 的紫色，并取消轮廓，如图 9-29 所示。

图 9-26

图 9-27

图 9-28

图 9-29

步骤 07 在工具栏中选择"椭圆"工具 ⬭，文字下绘制出一个椭圆轮廓，然后在用"填充" ◇ 中的"渐变填充"工具 ■，填充淡黄色到白色的射线型渐变，并取消轮廓，如图 9-30 所示。

步骤 08 在工具栏中选择"贝塞尔曲线"工具 🖊，绘制出棒棒糖上面的纹路轮廓，然后在用"填充"工具 ◇ 中的"渐变填充"工具 ■，将轮廓内填充不同程度的粉色渐变，并取消轮廓，如图 9-31 所示。

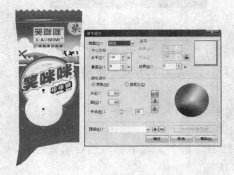

图 9-30

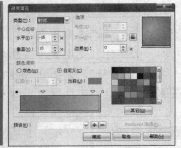

图 9-31

步骤 **09** 在工具栏中选择"矩形"工具 🔲，绘制出棒棒糖把子的轮廓，将矩形旋转合适的位置，然后在轮廓内填充灰色渐变，并取消轮廓，如图 9-32 所示。

步骤 **10** 在工具栏中选择"贝塞尔"工具 ✏️，绘制出包装袋上纹路的轮廓，在"调色板"中填充白色并且取消轮廓，然后在用"交互式透明"工具 🔲，在属性栏中设透明度类型为"线性"，透明中性点"100"，分别给纹路拉出透明度，如图 9-33 所示。

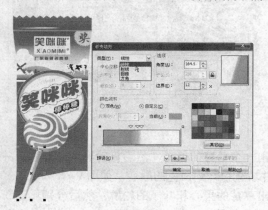

图 9-32

图 9-33

9.1.3　奶糖下面的绘制

步骤 **01** 在工具栏中选择"贝塞尔"工具 ✏️，绘制出牛奶的轮廓，然后将轮廓内填充白色到灰色的渐变，并取消轮廓，如图 9-34 所示。

步骤 **02** 在工具栏中选择"贝塞尔"工具 ✏️，绘制两条曲线，在用"文本"工具 🔤，沿着曲线书写出"草莓牛奶味"几个字和大写字母，然后在"调色盘"中取消曲线显示，然后在"调色板"中将大写字母填充橘黄色、文字填充蓝色，并将描边填充白色粗细为发丝，如图 9-35 所示。

图 9-34

图 9-35

步骤 **03** 在工具栏中选择"贝塞尔"工具 ✏️，在牛奶形状上绘制出草莓的大概轮廓，然后在"调色板"中填充为红色，并取消轮廓，然后用"矩形"工具 🔲，绘制出草莓上的小斑点轮廓，在"调色板"中填充深红色，然后连续复制多个小斑点，排放在草莓轮廓内，如图 9-36 所示。

步骤 04 在工具栏中选择"贝塞尔"工具，绘制出草莓叶子的轮廓，然后在轮廓内填充浅绿色到深绿色渐变，并取消轮廓，如图 9-37 所示。

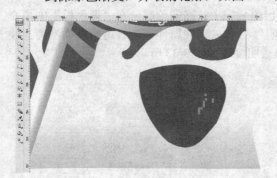

图 9-36 图 9-37

步骤 05 在工具栏中选择"贝塞尔"工具，绘制出一个草莓的轮廓，然后将轮廓填充红色，并取消轮廓，然后在轮廓内绘制果肉形状，并填充粉红到白色的渐变，如图 9-38 所示。

步骤 06 在工具栏中选择"贝塞尔"工具，绘制出草莓的果心和叶子的轮廓，然后分别填充粉红色渐变和绿色渐变，并取消轮廓，如图 9-39 所示。

图 9-38 图 9-39

步骤 07 在工具栏中选择"矩形"工具，在底部绘制出两个矩形轮廓，然后在"调色板"中分别填充金黄色和粉红色，并且取消轮廓，两矩形之间留有一点空隙，如图 9-40 所示。

步骤 08 选中奶糖上面红色封口并群组，将上面的包装袋封口复制一份到下面，在属性栏中单击"垂直镜像"工具，将复制的封口垂直旋转，然后将高光删除，用上面绘制高光的方法在绘制两个不一样的高光，如图 9-41 所示。

图 9-40 图 9-41

步骤 09 在工具栏中选择"文本"工具 字，书写出"净含量：5.7 克"和"0.5 元"几个字，在属性栏中调节文字的字体和文字的大小，然后将文字分别填充黑色和黄色，如图 9-42 所示。

步骤 10 在工具栏中选择"贝塞尔"工具 ，绘制出高光区轮廓，在"调色板"中填充为白色，然后再用"交互式透明"工具 ，在属性栏中设透明度类型为"标准"，开始透明度"89"，将高光添加透明度，绘制出第一个奶糖袋子的效果，如图 9-43 所示。

步骤 11 将绘制好的棒棒糖包装袋复制两份，在"调色板"中将复制出的包装袋更换不同的颜色，并参考上面的方法绘制不同的地方，绘制其他味道的奶糖，然后再用"矩形"工具 ，绘制背景轮廓，并填充图样，并填充为灰颜色，绘制出最终效果图，如图 9-44 所示。

图 9-42

图 9-43

图 9-44

9.2　易　拉　罐

最终效果图如下：

9.2.1　罐体的绘制

步骤 01 首先在工具栏中选择"贝塞尔"工具 ，绘制出易拉罐的大概的轮廓，然后使用"形状"工具 ，调节轮廓，如图 9-45 所示。

步骤 02 大概轮廓画出来之后，在工具栏中选择"填充"工具 中的"渐变填充"工具 ，将易拉罐的罐口填充灰色到白色的渐变色，如图 9-46 所示。

图 9-45　　　　　　　　　　　　　　　　　　图 9-46

步骤 03　在工具栏中选择"填充"工具 中的"渐变填充"工具 ，给易拉罐的中间部位填充绿
色到墨绿色渐变色，如图 9-47 所示。

步骤 04　在工具栏中选择"填充"工具 中的"均匀填充"工具 ，给易拉罐的中间矩形方框部
位填充 C：45、M：2、Y：98、K：0 的绿色，如图 9-48 所示。

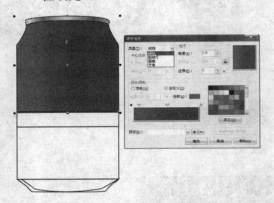

图 9-47

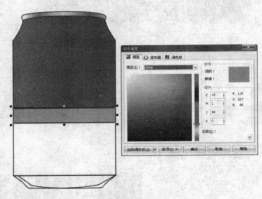

图 9-48

步骤 05　在工具栏中选择"填充"工具 中的"渐变填充"工具 ，给易拉罐的下面部位填充白
色到灰色的渐变色，如图 9-49 所示。

步骤 06　在工具栏中选择"填充"工具 中的"均匀填充"工具 ，给易拉罐的底部后填充 C：
48、M：39、Y：37、K：2 的浅灰色，如图 9-50 所示。

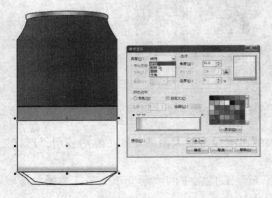

图 9-49

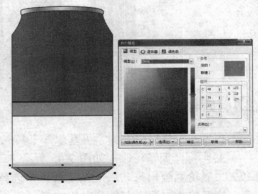

图 9-50

步骤 **07** 在工具栏中选择"填充"工具 中的"渐变填充"工具 ，给易拉罐的底部填充灰色到白色的渐变色，如图 9-51 所示。

9.2.2 上部花纹和文字的绘制

步骤 **01** 在工具栏中选择"贝塞尔"工具 ，在顶部绘制出高光区域轮廓，然后再用"填充"工具 中的"均匀填充"工具 ，填充 C：60、M：13、Y：60、K：0 的绿色，如图 9-52 所示。

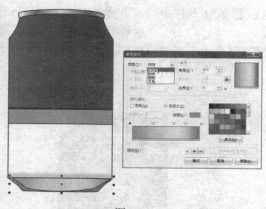

图 9-51

步骤 **02** 在工具栏中选择"贝塞尔"工具 ，绘制出高光轮廓，在"调色板"中填充并色并且取消轮廓，然后再用"交互式透明"工具 ，在属性栏中调节透明度类型为"标准"、透明度为 30 的透明度，如图 9-53 所示。

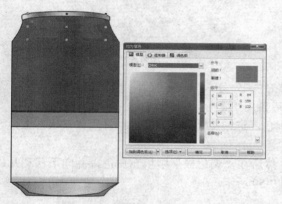

图 9-52

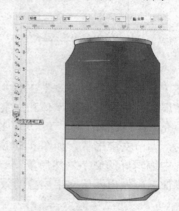

图 9-53

步骤 **03** 在工具栏中选择"贝塞尔"工具 ，绘制出易拉罐瓶身的花纹轮廓，并用"形状"工具 ，调节外形，然后在"调色板"中填充浅绿色，如图 9-54 所示。

步骤 **04** 选中绘制出的花纹，并取消轮廓，然后用"贝塞尔"工具 ，绘制出商标的轮廓，然后在"调色板"中填充红色和蓝色，如图 9-55 所示。

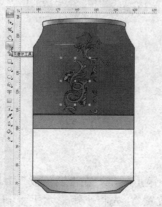

图 9-54

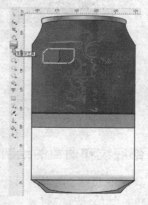

图 9-55

步骤 **05** 在工具栏中选择"文本"工具 字，书写出"韩一"和"葡萄味"文字，在属性栏中选择字体和大小，然后在"调色板"中填充白色，如图9-56所示。

步骤 **06** 选中全部易拉罐，在"调色板"中的"取消轮廓" ⊠ 上单击鼠标右键，取消轮廓线，如图9-57所示。

图 9-56

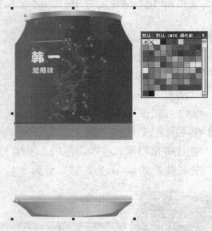

图 9-57

步骤 **07** 在工具栏中选择"文本"工具 字，在罐体右侧书写出"水晶葡萄，果汁饮料"八个字，在属性栏中调节文字字体和文字大小，然后再用"填充"工具 中的"均匀填充"工具，填充 C：91、M：51、Y：93、K：21 的绿色，选中文字将文字转曲，并用"形状"工具，调节文字形状，如图9-58所示。

步骤 **08** 选中编辑好的文字，然后复制一份字体，然后在"调色板"中填充白色，并向下移动几个像素，做出两层文字层叠的效果，如图9-59所示。

图 9-58

图 9-59

9.2.3 下部底纹和葡萄的绘制

步骤 **01** 在工具栏中选择"矩形"工具 ，在下面绘制一个小矩形轮廓，在"调色板"中填充 10% 的黑色，然后选择"排列"菜单中"变换"下的"位置"，先将小矩形水平复制一排并群组，然后将这排在连续向下复制，选中所有矩形并群组，如图9-60所示。

步骤 02 在工具栏中选择"贝塞尔"工具 ，绘制一个不规则图形，然后选中前面绘制好的矩形组，然后选择"效果"菜单栏中的中"图框精确剪裁"中的"放到容器中"，单击绘制好的不规则图形，将矩形组放置到不规则图形中，并取消轮廓，如图 9-61 所示。

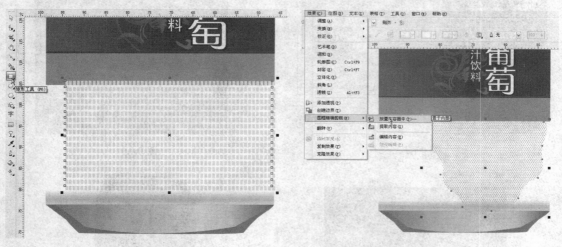

图 9-60　　　　　　　　　　　　　　　　　图 9-61

步骤 03 在工具栏中选择"贝塞尔"工具 ，绘制一片葡萄叶子的轮廓，然后再用"填充"工具 中的"渐变填充"工具 ，将轮廓内填充不同程度的绿色渐变，如图 9-62 所示。

步骤 04 选中绘制好的叶子，然后将绘制好的葡萄叶子连续复制多个，放置在不规则图形上，如图 9-63 所示。

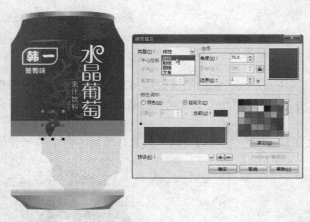

图 9-62　　　　　　　　　　　　　　　　　图 9-63

步骤 05 在工具栏中选择"椭圆"工具 ，绘制葡萄的轮廓，然后再用"填充"工具 中的"渐变填充"工具 ，在轮廓内填充不同程度的绿色射线型渐变，如图 9-64 所示。

步骤 06 选择工具栏中"椭圆"工具 ，绘制两个中心点一样、大小不一样的正圆，然后在"调色盘"中分别填充白色和淡绿色，将两个椭圆群组，绘制出高光的效果，如图 9-65 所示。

步骤 07 将绘制好的高光复制两个到葡萄的右上方，然后用"交互式透明"工具 ，将复制的高光降低透明度，如图 9-66 所示。

步骤 08 重复**步骤 05** ～**步骤 07**，用同样的方法绘制其他葡萄，绘制出葡萄串的效果，如图 9-67 所示。

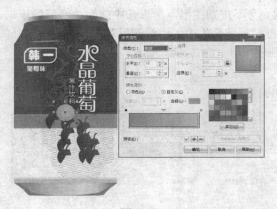

图 9-64

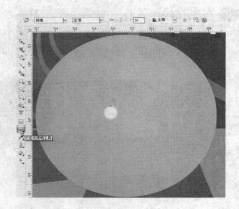

图 9-65

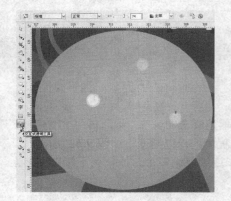

图 9-66

图 9-67

9.2.4 后期效果的调整

步骤 01 在工具栏中选择"贝塞尔曲线"工具，在右侧绘制易拉罐体高光轮廓，在"调色板"中填充白色且取消轮廓，然后再用"交互式透明"工具，将高光拉出透明度，如图 9-68 所示。

步骤 02 将绘制出的高光复制，并用"交互式透明"工具，调节高光，然后将两个高光叠加，如图 9-69 所示。

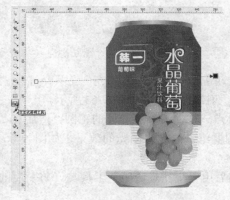

图 9-68

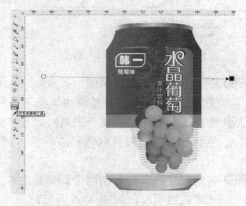

图 9-69

步骤 03 在工具栏中选择"文本"工具 🔤，在易拉罐左下角书写出"净含量：345ML"几个字，然后选中绘制出的绿色易拉罐，复制到右侧，并改变罐体颜色为黄色，然后绘制橙子的图形，改变文字，绘制出另一种口味的易拉罐，如图 9-70 所示。

步骤 04 在工具栏中选择"矩形"工具 🔲，绘制一个大矩形，然后填充图样，并改变图样颜色，绘制出最终效果图，如图 9-71 所示。

图 9-70

图 9-71

9.3　花生牛轧糖

最终效果图如下：

9.3.1　盒子的绘制

步骤 01 在工具栏中选择"矩形"工具 🔲，并调节上面的角为圆角，绘制出盖子的轮廓，然后用"填充"工具 🔷 中的"渐变填充"工具 ▧，将轮廓内填充灰色到白色的渐变，并取消轮廓，如图 9-72 所示。

步骤 02 在工具栏中选择"贝塞尔"工具 ✒，绘制出盖子顶部的轮廓，然后将轮廓内填充不同程度的灰色渐变，并取消轮廓，如图 9-73 所示。

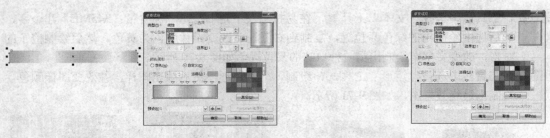

图 9-72   图 9-73

步骤 03 在工具栏中选择"矩形"工具 ▢，绘制出两个矩形轮廓，在"调色板"中设颜色为灰色，取消轮廓，使两个矩形之间留有一定的距离，如图 9-74 所示。

步骤 04 在工具栏中选择"矩形"工具 ▢，绘制出盒身的轮廓，然后在"调色板"中填充为淡黄色，如图 9-75 所示。

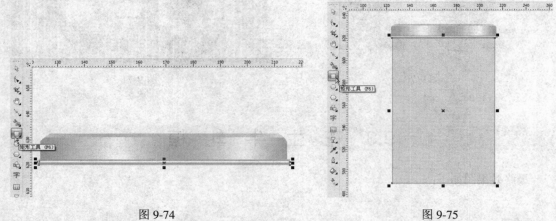

图 9-74   图 9-75

步骤 05 在工具栏中选择"矩形"工具 ▢，在矩形底部绘制小矩形，然后将轮廓内填充灰色到白色的渐变，并取消轮廓，将矩形向下复制一个，并放大，作为底座，如图 9-76 所示。

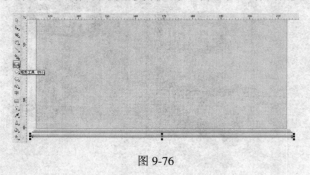

图 9-76

9.3.2 图案的绘制

步骤 01 在工具栏中选择"贝塞尔"工具 ✎，绘制出盒子上的图案轮廓，然后在"调色板"中填充不同的深度的咖啡色，并取消轮廓，如图 9-77 所示。

步骤 02 在工具栏中选择"贝塞尔"工具 ✎，绘制一个不规则图形轮廓，然后在用"填充"工具 ◇ 中的"渐变填充"工具 ▰，在轮廓内填充不同程度褐色射线型渐变，并且取消轮廓，如图 9-78 所示。

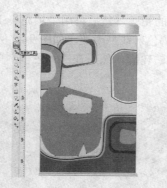

图 9-77

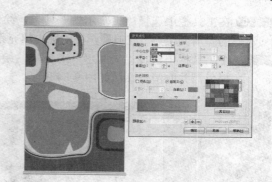

图 9-78

步骤 03 用**步骤 02** 的方法在绘制两个不规则图形，然后将轮廓内填充不同程度的褐色渐变，再用同样的方法绘制几个填充射线型渐变的斑点，如图 9-79 所示。

步骤 04 在工具栏中选择 "贝塞尔" 工具，绘制出牛头的轮廓，然后再用 "填充" 中的工 "均匀填充" 工具，填充浅黄色，并将轮廓加粗到 0.2mm，设颜色为褐色，如图 9-80 所示。

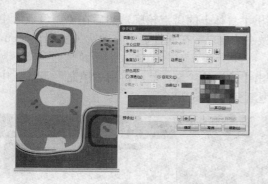

图 9-79

图 9-80

步骤 05 在工具栏中选择 "贝塞尔" 工具，在牛头顶部绘制出直线，并将轮廓加粗到 0.2mm，设颜色为褐色，然后选中直线向右连续复制。接着使用 "矩形" 工具，绘制出牛的眼睛轮廓，然后填充淡褐色，并取消轮廓，如图 9-81 所示。

步骤 06 在工具栏中选择 "贝塞尔" 工具，绘制出嘴部的轮廓，然后再用 "填充" 中的 "渐变填充" 工具，将轮廓内填充不同程度褐色的射线型渐变、并且取消轮廓。然后使用 "椭圆" 工具和 "贝塞尔" 工具，绘制出鼻孔和嘴巴，然后填充淡黄色和褐色，如图 9-82 所示。

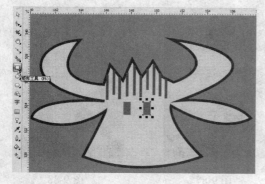

图 9-81

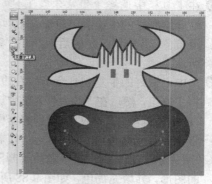

图 9-82

步骤 **07** 在工具栏中选择"贝塞尔"工具，绘制出牛身体的轮廓，然后再用"填充"工具中的"渐变填充"工具，在轮廓内填充不同程度的褐色射线型渐变，如图 9-83 所示。

步骤 **08** 在工具栏中选择"贝塞尔"工具，绘制出牛蹄子的轮廓，然后在"调色板"中填充为褐色，并取消轮廓，如图 9-84 所示。

图 9-83

图 9-84

步骤 **09** 在工具栏中选择"贝塞尔"工具，绘制出牛身体上的斑点轮廓，然后在"调色板"中填充褐色，并取消轮廓，然后绘制出曲线做牛的尾巴，在属性栏中将轮廓加粗到 0.2mm，设颜色为褐色，如图 9-85 所示。

步骤 **10** 在工具栏中选择"贝塞尔"工具，绘制出牛乳房的轮廓，然后再用"填充"工具中的"渐变填充"工具，填充褐色的射线型渐变，如图 9-86 所示。

图 9-85

图 9-86

步骤 **11** 在工具栏中选择"贝塞尔"工具，沿着绘制好的牛绘制出轮廓，然后填充淡黄色，并放置在牛的后面，如图 9-87 所示。

步骤 **12** 选中已做好的牛复制到盒子的右边，并将牛群组，然后在"效果"菜单中选择"图框精确剪裁"中的"放置到容器中"，将牛放置到盒子内并编辑位置。接着用"贝塞尔"工具，在牛腿前绘制出草的图形，并填充褐色，如图 9-88 所示。

图 9-87

图 9-88

9.3.3　文字的绘制

步骤01 在工具栏中选择"贝塞尔"工具，在盒子中间绘制出不规则图形，然后在"调色板"中填充褐色，并取消轮廓，如图 9-89 所示。

步骤02 在工具栏中选择"贝塞尔"工具，绘制出多条曲线，在属性栏中将轮廓加粗到 0.5mm，并将轮廓色调节为浅褐色，如图 9-90 所示。

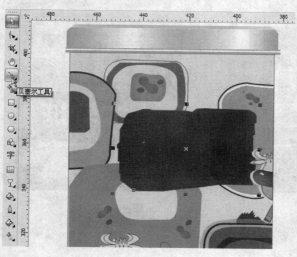

图 9-89　　　　　　　　　　　　　图 9-90

步骤03 在工具栏中选择"文本"工具，在图形上书写出"牛轧糖"三个字，在属性栏中调节文字的字体和文字的大小，然后在"调色板"中填充为白色，选中文字并转曲，然后用"形状"工具，调节字形，如图 9-91 所示。

步骤04 在工具栏中选择"椭圆"工具，在文字右上方绘制出椭圆轮廓，在属性栏中将轮廓加粗到 0.5mm，并设轮廓线颜色为白色，然后将椭圆填充褐色。在工具栏中选择"文本"工具，在椭圆内书写出"西萨"两字，单击鼠标右键将文字转换为曲线，再用"形状"工具，调节文字，然后在"调色板"中设颜色为白色，如图 9-92 所示。

图 9-91

图 9-92

步骤 05 在工具栏中选择"贝塞尔"工具，绘制出花生的轮廓，在"调色板"中填充为褐色，然后再用"贝塞尔"工具，绘制出花生的纹理，在属性栏中设颜色为淡红色，如图 9-93 所示。

步骤 06 在工具栏中选择"文本"工具，书写出"花生"文字和"TOFFEE"的大字母体，在属性栏中调节文字的字体和文字大小，然后在"调色板"中填充为白色，如图 9-94 所示。

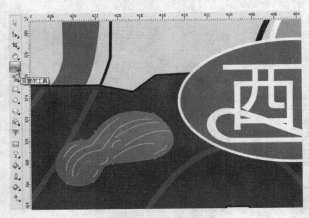

图 9-93

图 9-94

9.3.4 后期效果的调整

步骤 01 在工具栏中选择"矩形"工具，绘制出盒子左边的暗面的轮廓，在"调色盘"中填充灰色并且取消轮廓，然后再用"交互式透明"工具，将图形拉出透明度，如图 9-95 所示。

步骤 02 重复**步骤 01**，用绘制暗部的方法，绘制左边的其他的高光暗部，如图 9-96 所示。

步骤 03 选中左边的图形复制，拖曳复制到右边，然后在属性栏中单击"水平镜像"工具，将复制高光暗部水平翻转，如图 9-97 所示。

图 9-95

图 9-96

图 9-97

步骤 04 在工具栏中选择"贝塞尔"工具，绘制出盒子的倒影的轮廓，在"调色板"中设颜色为灰色并且取消轮廓，然后在工具栏中选择"交互式透明"工具，在属性栏中设透明度类型为"线性"，透明中心点为"100"，绘制出完整的盒子，如图 9-98 所示。

步骤 **05** 将绘制好的盒子拖曳复制到右侧，并且修改文字和颜色，制作出另一口味的奶糖，然后选择"工具栏"中的"矩形"工具 ▢ ，绘制背景，并填充浅灰色，绘制出最终效果图，如图 9-99 所示。

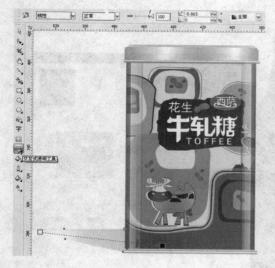

图 9-98

图 9-99

9.4　啤　酒　效　果

最终效果图如下：

9.4.1　酒瓶的绘制

步骤 **01** 在工具栏中选择"贝塞尔"工具 ，先用长线勾勒出啤酒瓶子的外轮廓，然后在工具栏中选择"形状"工具 ，对外轮廓进行调节，如图 9-100 所示。

步骤 **02** 完成之后，在工具栏中选择"填充"工具中的"渐变填充"，在弹出的"渐变填充"面板中设置黄色到绿色渐变，填充到酒瓶，如图 9-101 所示。

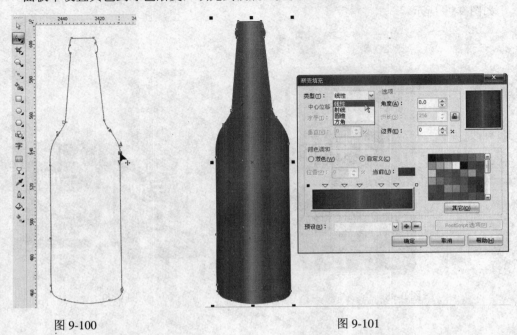

图 9-100   图 9-101

步骤 **03** 将填充好的酒瓶复制一个，然后在工具栏中选择"交互式填充"工具，进行线性填充，在属性栏中设填充类型为"线性"，并在渐变线双击，增加色标点，编辑渐变，如图 9-102 所示。

步骤 **04** 调节完渐变之后，将两个酒瓶图形重合在一起，在工具栏中选择"交互式透明"工具，设透明度类型为"标准"，透明度操作为"亮度"，开始透明度为"28"，如图 9-103 所示。

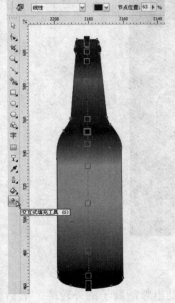

图 9-102   图 9-103

9.4.2 商标的绘制

步骤 01 在工具栏中选择"贝塞尔"工具 ➘ 绘制出瓶盖的轮廓，在属性栏中将轮廓加粗到 0.2mm，然后在工具栏中选择"填充"工具 ◇ 中的"渐变填充"，填充灰色渐变，如图 9-104 所示。

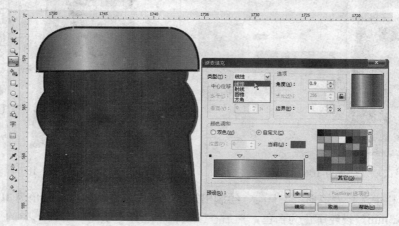

图 9-104

步骤 02 在工具栏中选择"贝塞尔"工具 ➘，绘制出瓶口的标签底色，然后在工具栏中选择"填充"工具 ◇ 中的"渐变填充"工具 ▌，进行白色到灰色渐变填充，并取消轮廓，如图 9-105 所示。

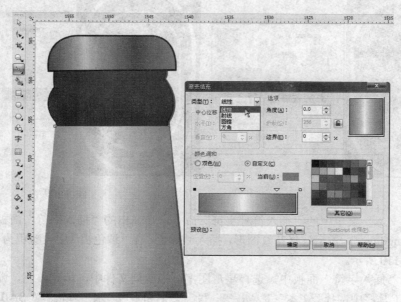

图 9-105

步骤 03 将瓶口标签底色复制一个并缩小，然后填充浅蓝色到深蓝色的渐变，如图 9-106 所示。

步骤 04 选中"文本"菜单中的"插入符号字符"命令，在弹出的"插入字符"面板中，设字体为"Wingdings"，然后寻找所需字符，插入到酒标上，并在"调色板"中设颜色为中黄色，接着在工具栏中选择"文本"工具 字，书写字母"SAILOR BEER"，在调色板中设颜色为白色，如图 9-107 所示。

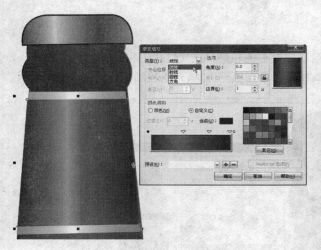

图 9-106

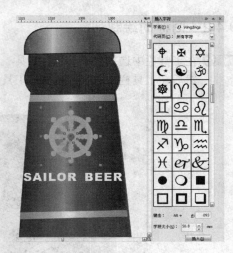

图 9-107

步骤 05 在工具栏中选择"矩形"工具□，绘制出矩形，并在属性栏中调节圆角为 100，轮廓宽度设为 1.3mm，设轮廓色为白色，然后在工具栏中选择"填充"工具 ◇中的"渐变填充"工具 ■，填充浅红色到深红色渐变，如图 9-108 所示。

步骤 06 将酒瓶标签图形复制一个并缩小，在属性栏中将轮廓粗细设为 0.8mm，设轮廓色为白色，然后填充浅蓝色到深蓝色的渐变，如图 9-109 所示。

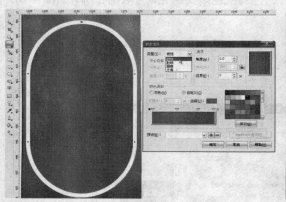

图 9-108

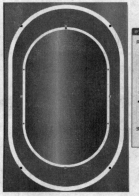

图 9-109

步骤 07 选择"文本"菜单中的"插入符号字符"命令，在弹出的"插入字符"面板中，设字体为"Wingdings"，然后选择花纹图形，插入酒标上，在"调色板"中设颜色为深黄和白色，如图 9-110 所示。

步骤 08 接着在"插入字符"面板中，选择星形图案，拖曳到文件中，填充白色，缩小并复制两个。在工具栏中选择"文本"工具 ，写出文字和字母"水手啤酒"、"SAILOR BEER"，并分别调节文字和大小，在调色板中分别填充深黄和白色，如图 9-111 所示。

步骤 09 在工具栏中选择"文本"工具 字，书写出文字"纯生"、"百威啤酒荣誉出品"，并调节文字的字体和大小，在调色板中设颜色为浅黄和白色，如图 9-112 所示。

步骤 10 在工具栏中选择"贝塞尔"工具 ✎，在酒标底部绘制出一条曲线，然后在工具栏中选择"文本"工具，沿路径输入文字内容，然后在"调色盘"中将文字路径取消，如图 9-113 所示。

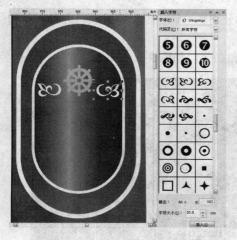

图 9-110

图 9-111

图 9-112

图 9-113

9.4.3　后期效果的调整

步骤01 这样就完成一个酒瓶的绘制，将绘制好的酒瓶复制，并用"填充"工具中的"渐变填充"工具，更换颜色，绘制不同产品类型酒瓶，如图 9-114 所示。

图 9-114

步骤 02 在工具栏中选择"矩形"工具，绘制出背景，分别在"调色板"中设颜色为海军蓝和黑色，如图 9-115 所示。

步骤 03 将酒瓶上的文字和图案，复制到背景，绘制出完整效果，如图 9-116 所示。

图 9-115

图 9-116

第**10**章

产 品 包 装 设 计

本章导读

产品包装设计在设计中也是非常常见的，所有的产品都离不开包装，一个优秀的包装设计，不但功能实用，而且也可以提高产品的档次，使产品更加美观，更加有利于产品的销售。CorelDRAW 软件的设计绘图功能，可以完成包装设计的要求。各种类型的包装设计，都可以使用 CorelDRAW 来设计。本章通过几个典型的包装设计实例，来学习使用 CorelDRAW 软件绘制产品包装效果的方法和流程。

知识要点

本章包装设计练习相对综合和复杂，在绘制过程中注意对象的立体感的表现。整个包装盒效果的绘制方法和过程，可以直接绘制包装盒的效果，也可以先分别设计出几个不同的面，然后再组合。在设计包装时，要注意色彩搭配的和谐美观、透视的正确、整体的效果和包装的实用性。

10.1 药 品 包 装

最终效果图如下：

10.1.1 盒子的效果

步骤 01 在工具栏中选择"矩形"工具 ，绘制一个矩形，然后选中矩形单击鼠标右键，在弹出的快捷菜单中，将矩形转换为曲线，如图 10-1 所示。

步骤 02 然后在工具栏中选择"形状"工具 ，调节矩形轮廓的端点，作为药盒的顶面，如图 10-2 所示。

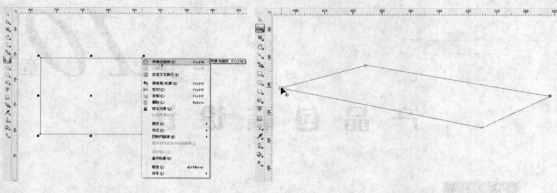

图 10-1　　　　　　　　　　　　　　　　图 10-2

步骤 03 重复上面的步骤，使用同样的方法，绘制药盒的正面和侧面轮廓，然后在右边的"调色盘"中填充白色和灰色，如图 10-3 所示。

步骤 04 在工具栏中选择"矩形"工具▢，在药盒顶面绘制一个小矩形，单击鼠标右键将小矩形转换为曲线，然后再用"形状"工具▸，调节小矩形的轮廓，如图 10-4 所示。

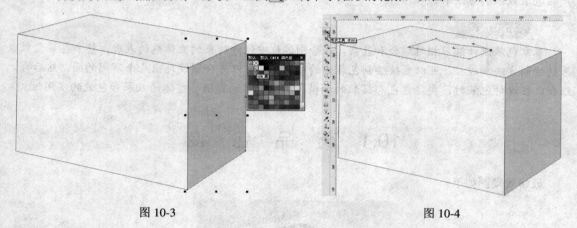

图 10-3　　　　　　　　　　　　　　　　图 10-4

步骤 05 在工具栏中选择"贝塞尔"工具▸，在绘制好的小矩形中绘制一个不规则图形，然后再用"形状"工具▸，调节小矩形的轮廓，如图 10-5 所示。

步骤 06 然后在右边的"调色盘"中分别选中蓝色和绿色填充到图形，然后选中两个小轮廓在"调色盘"中的✕上单击鼠标右键，取消轮廓线，如图 10-6 所示。

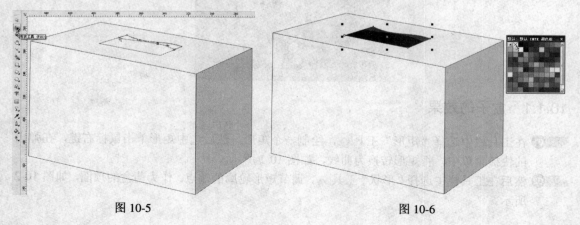

图 10-5　　　　　　　　　　　　　　　　图 10-6

步骤 07　在工具栏中选择"文本"工具 字，书写出"RUIERMAN"英文文字，然后再双击字体，会出现旋转的状态，将字体旋转放在蓝色区域，如图 10-7 所示。

步骤 08　在工具栏中选择"矩形"工具 ，在药盒正面绘制一个小矩形，单击鼠标右键将小矩形转换为曲线，然后再用"形状"工具 ，调节小矩形的轮廓，如图 10-8 所示。

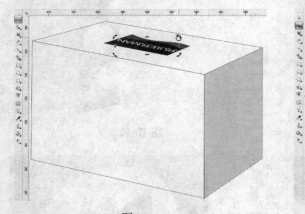

图 10-7　　　　　　　　　　　　　　　　　　图 10-8

步骤 09　在工具栏中选择"填充"工具 中的"渐变填充"工具 ，在弹出的"渐变填充"面板中调节类型为线性，角度为 105°，颜色调和为自定义，编辑浅蓝色到深蓝色的渐变填充到矩形，如图 10-9 所示。

步骤 10　选择"排列"菜单栏中"变换"下的"位置"，在弹出的"变换"面板中，将相对位置调节到底部，然后单击"应用到再制"按钮，将绘制好的矩形向下复制，如图 10-10 所示。

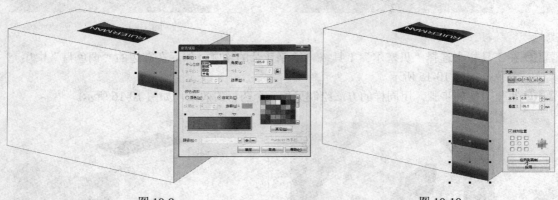

图 10-9　　　　　　　　　　　　　　　　　　图 10-10

步骤 11　在工具栏中选择"椭圆"工具 ，在盒子的正面绘制多个椭圆，然后在右边的"调色盘"中填充白色，如图 10-11 所示。

步骤 12　在工具栏中选择"贝塞尔"工具 ，沿着盒子正面端点到蓝色边绘制矩形，然后再用"形状"工具 ，调节矩形的轮廓，使顶点对齐，然后在"调色盘"中选择白色填充到矩形，如图 10-12 所示。

步骤 13　在工具栏中选择"贝塞尔"工具 ，绘制一个药叶的轮廓，然后再用"形状"工具 ，调节树叶轮廓，如图 10-13 所示。

步骤 14　在右边的"调色盘"中给树叶轮廓内填充绿色，然后再复制 3 个同样的药叶，再用"形状"工具 调节树叶的轮廓，如图 10-14 所示。

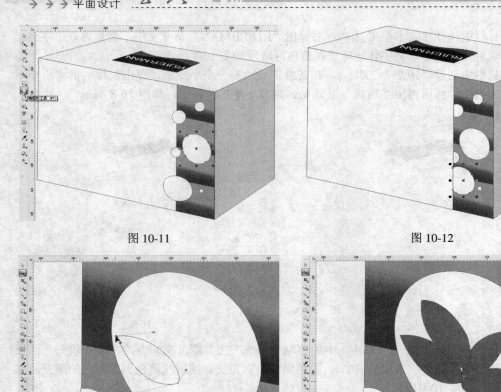

图 10-11 　　　　　　　　　　　　　　　　图 10-12

图 10-13 　　　　　　　　　　　　　　　　图 10-14

步骤 ⑮ 在工具栏中选择"贝塞尔"工具 ，绘制花朵的轮廓，然后在右边的"调色盘"中填充黄色，如图 10-15 所示。

步骤 ⑯ 重复上面的步骤，用同样的方法绘制另外一个药材的效果，如图 10-16 所示。

图 10-15

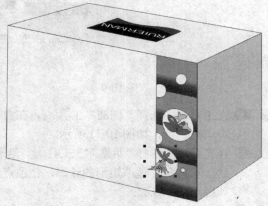

图 10-16

步骤 ⑰ 在工具栏中选择"矩形"工具 ，在盒子正面绘制一大一小两个矩形，将两个矩形都转换为曲线，然后再用"形状"工具 ，调节矩形的轮廓，如图 10-17 所示。

步骤 18 选中绘制出的矩形，在右边的"调色盘"中分别给大的矩形填充蓝色，小的矩形填充黄色，接着选中小的矩形，拖动鼠标右键向下复制一个并缩小，然后填充天蓝色并调节形状，如图 10-18 所示。

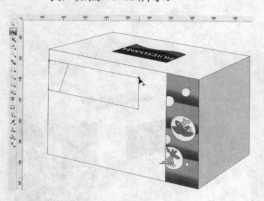

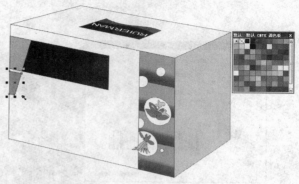

图 10-17　　　　　　　　　　　　　　　　　图 10-18

步骤 19 选中药盒顶部的图形，复制一个到药盒的正面，然后缩小，放置在正面左下角位置，然后双击图形将图形旋转合适的角度，如图 10-19 所示。

步骤 20 选中正面药名框，复制一份到侧面，然后缩小，旋转合适的角度，如图 10-20 所示。

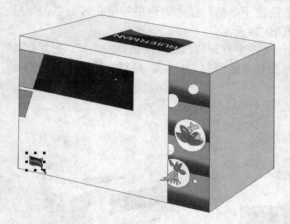

图 10-19　　　　　　　　　　　　　　　　　图 10-20

步骤 21 在工具栏中选择"文本"工具 字，书写出药的名字和说明书，在"调色盘"中调节字的颜色，并旋转到合适的角度，如图 10-21 所示。

步骤 22 选择"编辑"菜单栏中的"插入条形码"，在弹出的"条码向导"面板中，选择行业标准格式，然后输入数字，生成条形码。插入到文件中，如图 10-22 所示。

步骤 23 选中生成的条形码，双击会出现旋转的模式，然后将条形码旋转合适

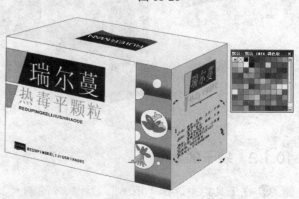

图 10-21

的角度，放置在药盒的侧面，如图 10-23 所示。

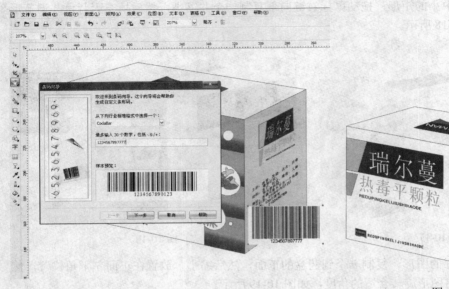

图 10-22　　　　　　　　　　　　　　　图 10-23

步骤 ㉔ 用工具栏中的"挑选"工具，选中整个药盒子，然后在"调色盘"中在✕处单击鼠标右键，取消盒子上所有对象的轮廓，如图 10-24 所示。

步骤 ㉕ 将整个药盒子选中并群组，然后向下复制一个并垂直旋转，放置在药盒的底部，把复制的盒子的顶面删除，然后在工具栏中选择"交互式透明"工具，对复制的盒子做透明处理，拉出投影的感觉，如图 10-25 所示。

图 10-24　　　　　　　　　　　　　　　图 10-25

10.1.2　袋子的效果

步骤 ① 在工具栏中选择"矩形"工具，绘制一个矩形点鼠标右键转换为曲线，在用"形状"工具，调节矩形，然后再用"填充"工具中的"渐变填充"工具，将矩形拉出浅蓝色到深蓝色的渐变，如图 10-26 所示。

步骤 **02** 在工具栏中选择"贝塞尔"工具，在矩形上绘制不规则的轮廓，做出药袋子的高光和阴影的轮廓，并用"形状"工具，调节外形，如图 10-27 所示。

步骤 **03** 在右边的"调色盘"中给高光轮廓中填充白色，阴影处填充深蓝色，然后再用"交互式透明"工具，给高光拉出透明的效果，如图 10-28 所示。

步骤 **04** 用工具栏中的"挑选"工具，分别选中药盒上的名称栏和草药的图形，然后

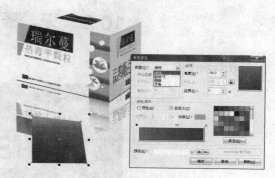

图 10-26

将图形群组。接着将药盒上的名称栏和草药的图形，复制到药袋子上，然后在缩小，双击图形变成旋转模式，然后旋转到合适的角度，在"调色盘"中将整个图形的轮廓线取消，如图 10-29 所示。

步骤 **05** 选中整个药袋，在属性栏中将图形群组，然后再复制一个药袋子并缩小，双击图形会变成旋转的模式，将药袋旋转一个合适的角度，这样就完成了药盒效果的绘制，如图 10-30 所示。

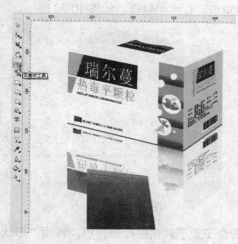

图 10-27

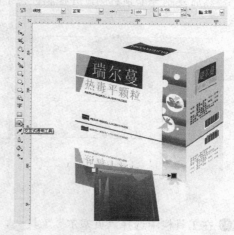

图 10-28

图 10-29

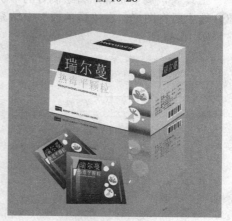

图 10-30

10.2 牙 膏 包 装 盒

最终效果图如下：

10.2.1 牙膏平面图的绘制

步骤01 在工具栏中选择"矩形"工具⬜，绘制出牙膏盒子四个面轮廓，如图 10-31 所示。

步骤02 在用"矩形"工具⬜，绘制盖子侧面轮廓，在属性栏中将矩形左边两个角调节为 20°圆角，然后复制一个到右侧，并在属性栏中将复制的矩形进行水平镜像，如图 10-32 所示。

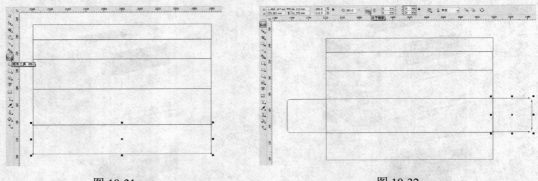

图 10-31　　　　　　　　　　　　　　　　　图 10-32

步骤03 在工具栏中选择"贝塞尔"工具✏，绘制牙膏盒子盖子和粘贴处的轮廓，再用"形状"工具✏，调节轮廓，将绘制好的形状复制到其他几处，如图 10-33 所示。

步骤04 选中所有图形，在"调色板"中填充颜色为深黄，然后对✗单击鼠标右键取消边框，如图 10-34 所示。

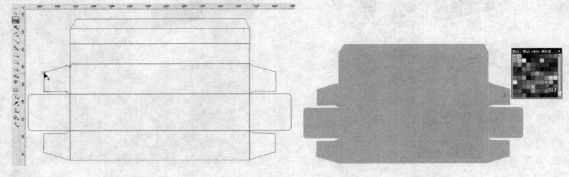

图 10-33　　　　　　　　　　　　　　　　　图 10-34

步骤 **05** 在工具栏中选择"贝塞尔"工具 ，绘制药材叶子的轮廓，再用"形状"工具 ，调节轮廓，然后在"调色板"中填充草绿色，轮廓线为黑色，如图 10-35 所示。

步骤 **06** 再用"贝塞尔"工具 ，绘制叶子筋的轮廓，然后在"调色板"中填充白色，取消轮廓，如图 10-36 所示。

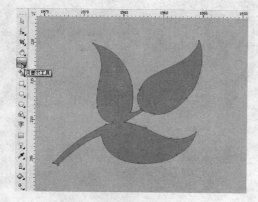

图 10-35

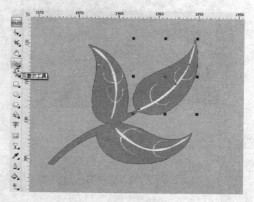

图 10-36

步骤 **07** 在工具栏中选择"贝塞尔"工具 ，绘制气泡轮廓，在"调色板"中填充红色，然后再用"文本"工具 ，在气泡轮廓内书写"气泡"两个字，填充白色，如图 10-37 所示。

步骤 **08** 在工具栏中选择"矩形"工具 ，绘制出多个矩形叠加出文字框的轮廓，然后在"调色板"中填充不同的颜色，轮廓线也填充不同颜色，如图 10-38 所示。

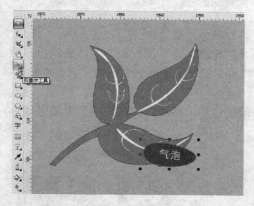

图 10-37

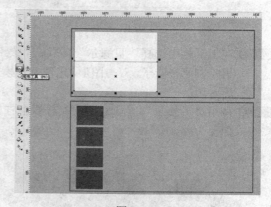

图 10-38

步骤 **09** 在工具栏中选择"贝塞尔"工具 ，在红色小矩形中绘制一个对勾的轮廓，在"调色板"中将轮廓内填充白色，轮廓线填充红色，在属性栏中将对勾轮廓调节为 0.2mm，然后再复制到其他红色小矩形中，如图 10-39 所示。

步骤 **10** 在工具栏中选择"文本"工具 ，书写牙膏盒一面的说明文字，然后选中文字在属性栏中调节文字"字体"和文字"大小"，在"调色板"中选择绿颜色，如图 10-40 所示。

步骤 **11** 选择"编辑"菜单栏中的"插入条形码"，在弹出的"条码向导"面板中调节参数，插入条形码，然后将条形码移动到合适位置，如图 10-41 所示。

步骤 **12** 在工具栏中选择"矩形"工具 ，在其他牙膏盒面上绘制矩形轮廓，然后在"调色板"中分别填充柠檬黄、橘红和灰色。在属性栏中将两个灰色矩形两边的圆角调节为 40°，如图 10-42 所示。

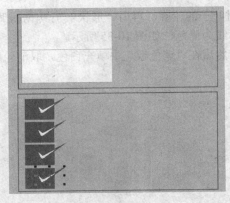

图 10-39

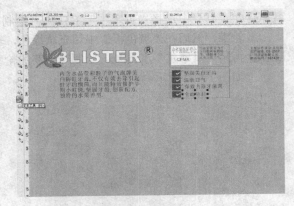

图 10-40

图 10-41

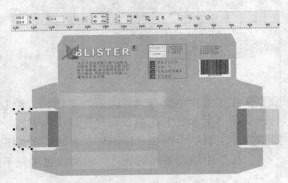

图 10-42

步骤 13 在工具栏中选择"贝塞尔"工具 ，绘制草叶的轮廓，在"调色板"中填充绿色，然后再复制两个叶子，双击图形，出现旋转模式，将复制的叶子旋转到合适的位置，如图 10-43 所示。

步骤 14 再用"贝塞尔"工具 ，绘制柠檬盒柠檬明暗的轮廓，然后在"调色板"中填充颜色，如图 10-44 所示。

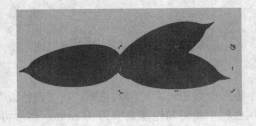

图 10-43

图 10-44

步骤 15 将绘制好的柠檬群组并复制一个，然后双击复制的柠檬会出现旋转模式，将复制的柠檬旋转合适的位置，如图 10-45 所示。

步骤 16 将绘制好的整个柠檬群组，再复制到牙膏盒的其他面上，然后旋转并缩小，如图 10-46 所示。

步骤 17 在工具栏中选择"贝塞尔"工具 ，绘制出牙膏盒下面两个面上曲线轮廓，在左边两轮廓内填充白色，然后用"填充"工具 中的"渐变填充"工具 ，将右边轮廓内分别填充渐变，如图 10-47 所示。

步骤⑱ 在工具栏中选择"椭圆"工具 ⬚，绘制气泡轮廓，再用"贝塞尔"工具 ⬚ 绘制气泡上面的高光轮廓，然后在"调色板"中将气泡填充淡紫色、高光填充白色，在复制多个排列在牙膏盒上并调节大小，如图 10-48 所示。

图 10-45

图 10-46

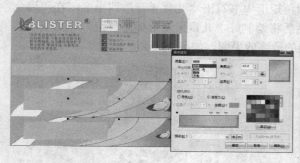

图 10-47

图 10-48

步骤⑲ 在工具栏中选择"贝塞尔"工具 ⬚，绘制一个牙刷头的轮廓，在调色盘中填充草绿色，然后再用"贝塞尔"工具 ⬚，绘制牙刷刷子上的毛，并复制，在"调色板"中填充绿色，绘制出牙刷头效果，如图 10-49 所示。

步骤⑳ 将牙刷头群组，再复制一个到对角处的盖子上，再旋转到合适的位置，在工具栏中选择"文本"工具 字，书写牙膏盒全部的文字，然后选中需要改变的文字在属性栏中调节文字字体和文字大小，在"调色板"中选择白颜色，如图 10-50 所示。

图 10-49

图 10-50

步骤㉑ 在工具中选择"填充"工具 ⬚ 中的"渐变填充"工具 ⬚，将文字拉出渐变，然后再将文字复制一份，填充绿色取消轮廓放置到渐变文字下面一层，如图 10-51 所示。

步骤㉒ 然后将前面绘制好的叶子复制到文字的左边，如图 10-52 所示。

图 10-51　　　　　　　　　　　　　　　　　图 10-52

步骤㉓ 在工具栏中选择"矩形"工具，绘制一个矩形，在属性栏中调节四个角的圆角为60°，在"调色板"中填充红色，然后复制一个圆角矩形，缩小填充白色，再用"交互式透明"工具，拉出透明度，如图10-53所示。

步骤㉔ 在工具栏中选择"文本"工具，在圆角矩形中书写出"儿童牙膏"四个字，在"调色板"中填充白色，轮廓线填充灰色，然后将绘制好"儿童牙膏"标志群组，然后复制一份到最下面的一个面上，绘制牙膏包装的最终效果图，如图10-54所示。

图 10-53　　　　　　　　　　　　　　　　　图 10-54

10.2.2　牙膏立体图的绘制

步骤① 选择工具栏中的"挑选"工具，从标尺栏分别拉出辅助线，并调节角度。把做好的正面群组并复制一个，然后在工具栏中选择"交互式封套"工具，调节角度和透视，如图10-55所示。

步骤② 将第二面群组，复制一个，然后在工具栏中选择"交互式封套"工具，调节好位置和透视，并放在正面的上面，如图10-56所示。

图 10-55　　　　　　　　　　　　　　　　　图 10-56

步骤 **03** 将第三面群组，复制一个，然后在工具栏中选择"交互式封套"工具，调节好透视，放在侧面，如图 10-57 所示。

步骤 **04** 将做好的牙膏盒群组，向下复制一个，在属性栏将复制盒子的两个面垂直镜像，并用"交互式封套"工具进行调节，然后用"交互式透明"工具，将倒影拉出不透明度，做出投影的效果，如图 10-58 所示。

图 10-57

步骤 **05** 在"视图"菜单中取消显示辅助线，然后在工具栏中选择"矩形"工具，绘制出背景矩形轮廓，然后再用"填充"工具中的"渐变填充"工具，填充淡蓝色到蓝色的射线型渐变，绘制出最终牙膏盒包装的效果图，如图 10-59 所示。

图 10-58

图 10-59

10.3 笔 的 包 装

最终效果图如下：

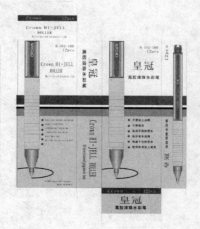

10.3.1　笔的绘制

步骤 01 在工具栏中选择"贝塞尔"工具 和"矩
形"工具 ，绘制出水彩笔的笔尾按钮轮
廓，如图 10-60 所示。

步骤 02 选中下面的圆角矩形，然后使用工具栏中
的"交互式填充"工具 ，水平拉出填充，
先将左右两边的点在属性栏中选择相同
的深蓝色，然后在两点之间的虚线上双
击，增加添色点，将新增加的点填充浅蓝
色，用同样的方法也填充出另外两块的颜
色，如图 10-61 所示。

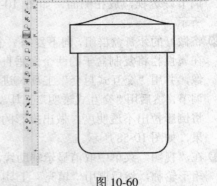

图 10-60

步骤 03 在工具栏中选择"矩形"工具 ，绘制笔
筒尾部的轮廓，然后在"调色板"中填充 30%的黑色，并放在底层，如图 10-62 所示。

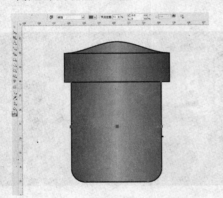

图 10-61

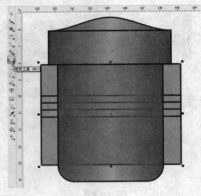

图 10-62

步骤 04 在工具栏中选择"矩形"工具 ，绘制出笔筒的轮廓，在"调色板"中填充 30%的黑色，
然后在属性栏中将轮廓加粗到 0.5mm，如图 10-63 所示。

步骤 05 在工具栏中选择"矩形"工具 ，绘制出笔筒上字条的轮廓，在属性栏中调节四个圆角
为 100°，然后在"调色盘"中选择蓝色进行填充，如图 10-64 所示。

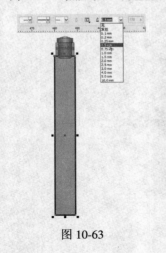

图 10-63

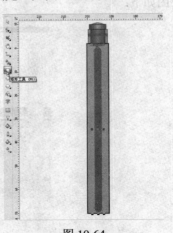

图 10-64

步骤 06 在工具栏中选择"贝塞尔"工具 ✏️，绘制出笔筒左边的剖面轮廓，在"调色板"中填充10%的黑色，然后复制一个放置在右边，在属性栏中单击"水平镜像"工具 📷，将复制的图形水平翻转，如图 10-65 所示。

步骤 07 在工具栏中选择"文本"工具 字，在中间的圆角矩形上书写出字母和文字，然后在"调色板"中填充白色，如图 10-66 所示。

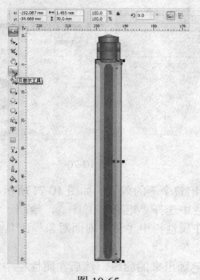

图 10-65

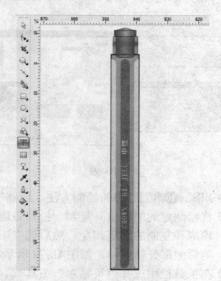

图 10-66

步骤 08 在工具栏中选择"矩形"工具 🔲，在笔的下方绘制矩形，在属性栏中将每个矩形四个角的圆角调节为 10，然后在"调色板"中填充 10% 的黑色，然后将矩形向下复制一个，并在垂直方向缩小，接着使用选择"排列"菜单下"变换"中的"位置"工具，将小矩形向下连续复制，并调节最底部的三个矩形的大小，如图 10-67 所示。

步骤 09 在工具栏中选择"矩形"工具 🔲，绘制出笔头底部的轮廓，在属性栏中调节矩形四个角的圆角为 10，然后在"调色板"中 30% 的黑色，如图 10-68 所示。

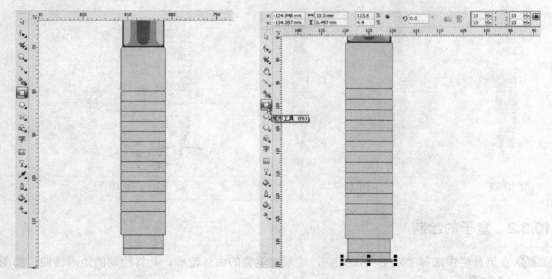

图 10-67

图 10-68

步骤⑩ 在工具栏中选择"矩形"工具□，绘制出笔帽底部的轮廓，然后在工具栏中选择"填充"工具◇中的"渐变填充"工具■，将轮廓内填充30%黑色到白色的渐变，如图10-69所示。

步骤⑪ 在工具栏中选择"矩形"工具□，绘制一个小矩形，并在属性栏中转曲，然后用"形状"工具⬦，调节下面的两个点的位置，接着在工具栏中选择"填充"工具◇中的"渐变填充"工具■，填充30%黑色到白色的渐变，如图10-70所示。

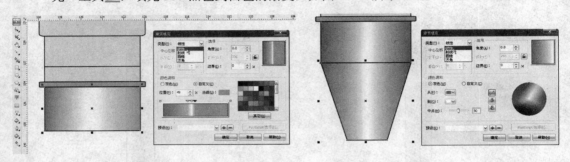

图 10-69   图 10-70

步骤⑫ 用步骤⑩和步骤⑪的绘制方法，绘制笔尖，绘制出整个笔的效果，如图10-71所示。

步骤⑬ 将绘制好的笔群组并复制一份到旁边，在工具栏中选择"矩形"工具□，绘制一个矩形轮廓和复制的油笔相交，然后选中矩形和笔，在属性栏中"移除前面对象"工具🖺，将笔后面部分修剪掉，如图10-72所示。

步骤⑭ 在工具栏中选择"贝塞尔"工具✎，绘制出油笔画出来的曲线，然后在属性栏中将轮廓加粗到0.75mm，如图10-73所示。

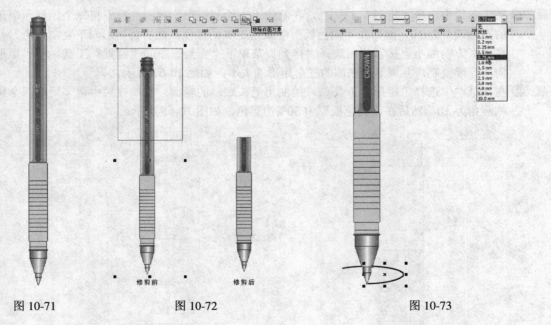

图 10-71   图 10-72   图 10-73

10.3.2 盒子的绘制

步骤① 在工具栏中选择"矩形"工具□，绘制出笔盒的大体轮廓，并将绘制的矩形转曲，如图10-74所示。

步骤 02 在工具栏中选择"贝塞尔"工具 ，绘
制盖子的轮廓，然后再用"形状"工具 ，
将盖子两侧的矩形调节平滑，如图 10-75
所示。

步骤 03 在工具栏中选择"矩形"工具 ，绘制
出盒子上蓝色条的轮廓，然后在"调色
板"中填充蓝色，如图 10-76 所示。

步骤 04 在工具栏中选择"矩形"工具 ，选中
中间蓝色带向下复制并改变高度，然后
在"调色板"中分别填充黑色和灰色，
如图 10-77 所示。

步骤 05 在工具栏中选择"矩形"工具 ，在盒
子下面绘制绘制矩形，在"调色板"中
填充 10% 的黑色，如图 10-78 所示。

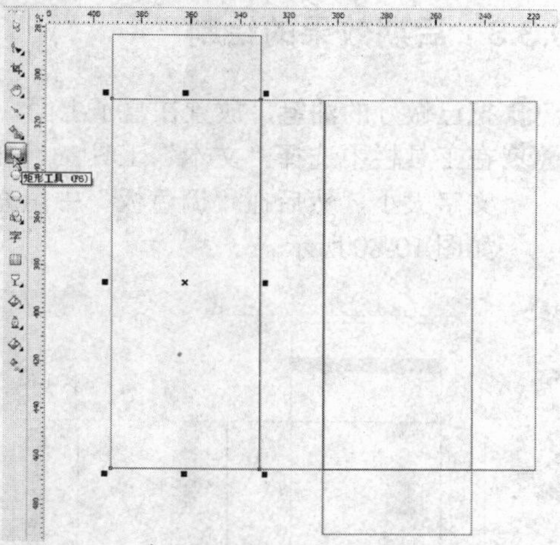

图 10-74

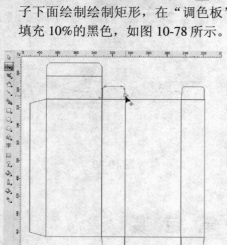

图 10-75

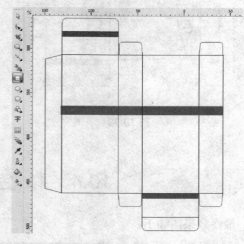

图 10-76

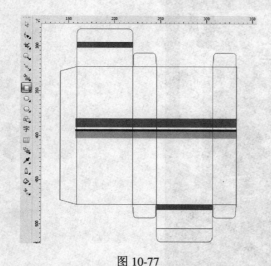

图 10-77

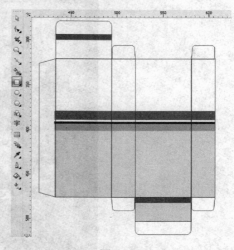

图 10-78

10.3.3 后期效果的绘制

步骤 **01** 把已做好的油笔，放置在盒子上面，并摆放好位置，如图 10-79 所示。

步骤 **02** 在工具栏中选择"文本"工具 **字**，在笔盒上面输入文字，在属性栏中调节文字的字条和文字大小，然后在"调色板"中填充颜色为黑色和灰色两种，绘制出完整包装盒效果，如图 10-80 所示。

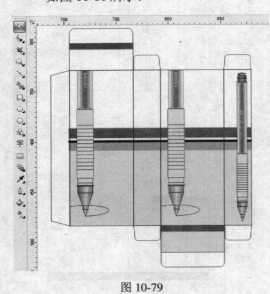

图 10-79

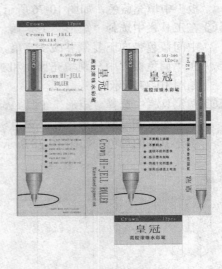

图 10-80

10.4 彩色画笔包装

最终效果图如下：

10.4.1　正面的绘制

步骤01 在工具栏中选择"矩形"工具，绘制出盒子正面的外轮廓，然后将矩形在属性栏中转曲，并用"形状"工具，调节轮廓，在"调色板"中填充白色，如图 10-81 所示。

步骤02 在工具栏中选择"贝塞尔"工具，在矩形内绘制小矩形轮廓，然后在工具栏中选择"填充"工具中的"渐变填充"工具，将轮廓内填充黄色到橘黄色的渐变，如图 10-82 所示。

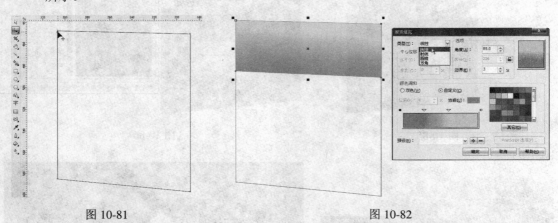

图 10-81　　　　　　　　　　　　　　图 10-82

步骤03 在工具栏中选择"矩形"工具，在黄色色块下绘制一个小矩形，然后将矩形连续复制，并在"调色板"中填充不同的颜色，如图 10-83 所示。

步骤04 在工具栏中选择"贝塞尔"工具，在色块下面绘制出矩形轮廓，然后将轮廓内填充白色到紫色射线型渐变，如图 10-84 所示。

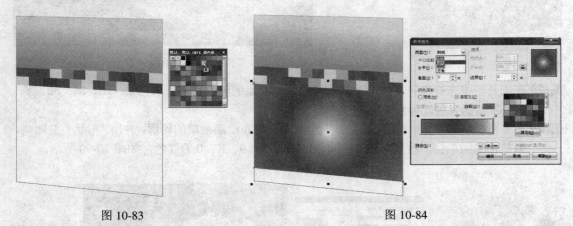

图 10-83　　　　　　　　　　　　　　图 10-84

步骤05 在工具栏中选择"贝塞尔"工具，在矩形的底部绘制底部矩形轮廓，然后在"调色板"中填充红色，如图 10-85 所示。

步骤06 在工具栏中选择"贝塞尔"工具，绘制出人物头部轮廓，并用"形状"工具，调节轮廓的形状，然后在工具栏中选择"填充"工具中的"均匀填充"工具，填充 C：4、M：8、Y：9、K：0 的肉色，如图 10-86 所示。

步骤07 在工具栏中选择"贝塞尔"工具，绘制头发和头花的轮廓，并用"形状"工具，调节轮廓的形状，然后在"调色板"中将头发填充成黑色，头花填充粉红色，如图 10-87

所示。

步骤 08 在工具栏中选择"贝塞尔"工具 和"椭圆"工具 ，绘制出人物的五官轮廓，然后在"调色板"中分别将五官轮廓内填充不同的颜色，如图 10-88 所示。

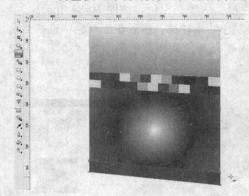

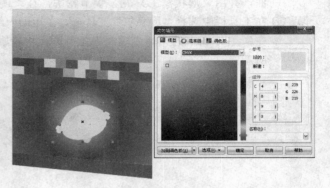

图 10-85　　　　　　　　　　　　　　　　图 10-86

图 10-87　　　　　　　　　　　　　　　　图 10-88

步骤 09 在工具栏中选择"贝塞尔"工具 ，绘制出衣服的轮廓，然后填充 C：20、M：86、Y：2、K：0 的紫色，如图 10-89 所示。

步骤 10 在工具栏中选择"贝塞尔"工具 ，绘制出衣领和绘制袖口的轮廓，并用"形状"工具 ，调节轮廓的形状，然后填充 C：6、M：75、Y：9、K：0 的红色，如图 10-90 所示。

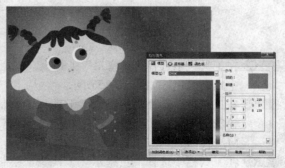

图 10-89　　　　　　　　　　　　　　　　图 10-90

步骤 ⑪ 在工具栏中选择"贝塞尔"工具，绘制出胳膊的轮廓，并用"形状"工具，调节轮廓的形状，然后再填充 C：4、M：10、Y：9、K：0 的肉色，如图 10-91 所示。

步骤 ⑫ 在工具栏中选择"贝塞尔"工具，绘制出毛笔的轮廓，然后将毛笔笔杆轮廓内填充白色到黄色渐变，毛笔笔头的轮廓内填充 C：24、M：92、Y：82、K：0 的褐色，如图 10-92 所示。

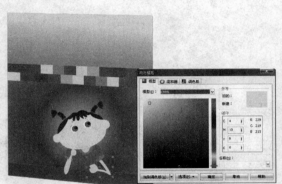

图 10-91

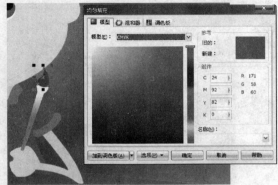

图 10-92

步骤 ⑬ 在工具栏中选择"贝塞尔"工具和"椭圆"工具，绘制出小女孩幻想的轮廓，然后在"调色盘"中填充红色和黄色，如图 10-93 所示。

步骤 ⑭ 在工具栏中选择"贝塞尔"工具，绘制出图画本和调色盘的轮廓，然后在"调色板"中分别填充白色、红色、黄色、蓝色，如图 10-94 所示。

图 10-93

图 10-94

步骤 ⑮ 在工具栏中选择"文本"工具，输入"小儿专用画笔"字样，并调节文字字体和大小，用"形状"工具，将文字分别选中并设定成不同的颜色，然后在工具栏中选择"交互式阴影"工具，在属性栏中设预设列表为"中等辉光"，阴影的不透明度为"100"，阴影羽化"60"，阴影羽化方向"向外"，为文字添加外发光效果，如图 10-95 所示。

步骤 ⑯ 在工具栏中选择"文本"工具，书写出广告语文字，调节文字大小和字体，然后在"调色板"中填充黑色，如图 10-96 所示。

步骤 ⑰ 在工具栏中选择"贝塞尔"工具和"椭圆"工具，绘制出标志的轮廓，并用"形状"

工具，调节轮廓的形状，然后在"调色板"中填充不同的颜色，如图 10-97 所示。

步骤 ⑱ 将绘制好的标志图形群组，并移动到左上角。在工具栏中选择"椭圆"工具，在文字周围绘制大小不同的小圆形，并分别填充不同颜色，然后选中绘制出的小圆形按 Ctrl+D 键复制多个排列在"小儿专用画笔"几个字的周围，如图 10-98 所示。

图 10-95

图 10-96

图 10-97

图 10-98

步骤 ⑲ 在工具栏中选择"矩形"工具，绘制一个矩形，并调节圆角，填充深紫色，然后在工具栏中选择"文本"工具，输入产品说明文字和广告语文字，在属性栏中调节文字的字体和大小，在"调色板"中调节为白色和黄色，如图 10-99 所示。

步骤 ⑳ 在工具栏中选择"贝塞尔"工具，绘制出月亮和音乐符号的轮廓，然后在"调色板"中分别填充淡蓝、蓝、绿等颜色，如图 10-100 所示。

步骤 ㉑ 在工具栏中选择"贝塞尔"工具，绘制出蝴蝶的轮廓，在"调色板"中分别填充黄、橘黄、红等颜色，然后将绘制好的蝴蝶群组，复制一个并缩小，如图 10-101 所示。

步骤 22 在工具栏中选择"文本"工具 字，在女孩的两侧输入广告文字以及生产厂商和联系电话的文字，并在属性栏中调节文字的字体和大小，在"调色板"中填充白色和黄色，如图 10-102 所示。

图 10-99

图 10-100

图 10-101

图 10-102

10.4.2　侧面的绘制

步骤 01 在工具栏中选择"贝塞尔"工具 ，绘制出盒子侧面的轮廓，然后再工具栏中选择"填充"工具 中的"渐变填充"工具 ，在轮廓内拉出白色到紫色的渐变，如图 10-103 所示。

步骤 02 在工具栏中选择"贝塞尔"工具 ，绘制出盒子顶部的轮廓，然后在"调色板"中分别填充颜色，如图 10-104 所示。

步骤 03 在工具栏中选择"贝塞尔"工具 ，在盒子的侧面绘制小矩形，并连续复制，然后在"调色板"中分别填充不同的颜色，如图 10-105 所示。

步骤 04 在工具栏中选择"椭圆"工具 ，在侧面绘制出多个椭圆轮廓，在"调色板"中分别填充不同的颜色，如图 10-106 所示。

图 10-103

图 10-104

图 10-105

图 10-106

步骤 05 选中盒子正面"小儿专用画笔"文字，复制一个到右侧面，然后在属性栏中选择"将文本更改为垂直方向"，垂直放置文字，如图 10-107 所示。

步骤 06 在工具栏中选择"文本"工具 字，书写出盒子侧面上的生产商的文字，然后在用"贝塞尔"工具 ，绘制出和文字结合的太阳图形轮廓，然后在"调色板"中填充橘黄色，如图 10-108 所示。

图 10-107

图 10-108

10.4.3　后期效果的调整

步骤01 将已做好的盒子的正面和侧面全部选中并群组，向下复制一个并在属性栏中做垂直镜像，作为倒影，然后在工具栏中选择"交互式透明"工具 ，将倒影拉出透明度，如图 10-109 所示。

图 10-109

步骤02 在工具栏中选择"矩形"工具 ，绘制一个大矩形作为背景，然后在"调色盘"中填充深蓝色，这样就完成了包装盒的制作，如图 10-110 所示。

图 10-110

第11章
产品造型设计

本章导读

CorelDRAW 有十分强大的绘图功能，能够绘制复杂的产品造型，本章通过几个产品造型方面的例子的绘制，来了解使用 CorelDRAW 绘制产品效果的方法。在绘制过程中，要注意透视关系、填色等问题。在绘制产品效果时，可以先从局部入手，绘制出部分细节，然后再组合，也可以先绘制出整体轮廓，然后再绘制局部，并通过软件的功能表现质感和立体感，用二维软件的绘图功能表现三维的效果。

知识要点

在绘制产品造型时，首先要准确绘制出对象的外轮廓形，轮廓外形的描绘，主要是通过贝塞尔工具描绘，然后通过造型工具进行调节和修改，然后再用填色类工具填色。在绘制过程中要注意通过编辑填充、渐变等方法表现对象的质感，立体感，还要注意整体的透视关系的正确，以上所说的要点，在绘制过程中要注意体会。

11.1 新型手电筒

最终效果图如下：

11.1.1 侧面效果的绘制

步骤 **01** 在工具栏中选择"矩形"工具，绘制手电筒的镜头部分，然后选择"填充"工具里的"渐变填充"工具，在弹出的"渐变填充"面板中设置类型为线性，角度为90°，颜色调和为自定义，并且编辑渐变，给矩形填充渐变色，如图 11-1 所示。

步骤 **02** 在工具栏中选择"贝塞尔"工具 ，和"矩形"工具 ，绘制手电筒的镜头部分，然后再选择"填充"工具 里的"渐变填充"工具 ，进行渐变填充，如图 11-2 所示。

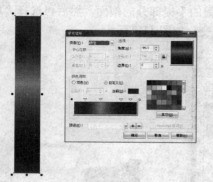

图 11-1

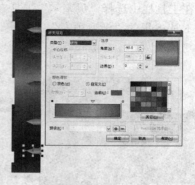

图 11-2

步骤 **03** 在工具栏中选择"贝塞尔"工具 ，绘制手电筒的镜头斜面部分，然后再选择"填充"工具 里的"渐变填充" ，填充渐变色，在渐变填充面板里选择渐变的方式为线性，渐变的角度为 90°，并且编辑渐变，填充出渐变效果，如图 11-3 所示。

步骤 **04** 在工具栏中选择"矩形"工具 ，绘制手电筒的镜头部分，然后再选择"填充"工具 里的"渐变填充"工具 ，进行线性填充，如图 11-4 所示。

图 11-3

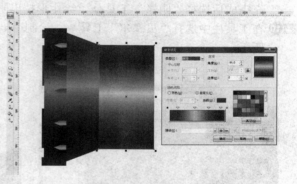

图 11-4

步骤 **05** 在工具栏中选择"矩形"工具 ，在镜头上绘制一个矩形，在选择"填充"工具 里的"渐变填充"工具 ，填充渐变色，然后在工具栏中选择"阴影"工具 ，给绘制完成的矩形拉出阴影，绘制完成后将其进行复制，如图 11-5 所示。

步骤 **06** 在工具栏中选择"贝塞尔"工具 ，绘制手电筒的身体部分，并用"形状"工具 ，调节外形，然后在"调色盘"中选择灰色进行填充，如图 11-6 所示。

图 11-5

图 11-6

步骤 07 在工具栏中选择"贝塞尔"工具，绘制手电筒的抓手部分并填充为白色，然后再选择"填充"工具里的"渐变填充"工具，将机身填充白色到灰色渐变，如图 11-7 所示。

步骤 08 在工具栏中选择"贝塞尔"工具，绘制手电筒的手提部分的剖面，然后再选择"填充"工具里的"渐变填充"工具，填充灰色渐变，如图 11-8 所示。

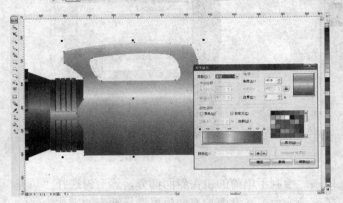

图 11-7   图 11-8

步骤 09 在工具栏中选择"矩形"工具，在机身下面绘制矩形，并使用"形状"工具，将矩形调节成圆角，然后选择"填充"工具里的"渐变填充"工具，进行渐变填充，填充完成后选择"阴影"工具，给矩形拉出阴影，如图 11-9 所示。

步骤 10 在工具栏中选择"贝塞尔"工具，绘制手电筒的后面，然后填充灰色渐变，如图 11-10 所示。

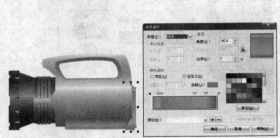

图 11-9   图 11-10

步骤 11 在工具栏中选择"贝塞尔"工具，绘制手电筒的后面的暗面部分，然后在"调色盘"中选择深灰色进行填充，如图 11-11 所示。

步骤 12 在工具栏中选择"贝塞尔"工具，绘制手电筒上的接缝线，并用"形状"工具调节，然后在属性栏中将线设为 0.706mm，如图 11-12 所示。

图 11-11   图 11-12

步骤 ⑬ 在工具栏中选择"矩形"工具 ▢，绘制手电筒上的屏幕轮廓，再用"形状"工具 ⟆，将矩形拉成圆角，然后选择"填充"工具 ◈ 里的"渐变填充"工具 ▬，填充灰色到黑色渐变色，如图 11-13 所示。

步骤 ⑭ 再将上图绘制好的矩形复制两个，并按住 Shift 向内缩小，绘制出完整显示屏，然后在"调色盘"中将矩形填充颜色调节为浅灰色和绿色，如图 11-14 所示。

图 11-13　　　　　　　　　　　　　　　　图 11-14

步骤 ⑮ 在工具栏中选择"矩形"工具 ▢，绘制出小屏幕上的矩形，然后在"调色盘"中选择黑色进行填充，将绘制完成的矩形进行复制，如图 11-15 所示。

步骤 ⑯ 在工具栏中选择"文字"工具 字，输入出手电筒上的文字，然后在属性栏中对字体和大小进行设置，并在"调色盘"中将颜色设为黑色，这样就绘制完成了手电筒的侧面效果，如图 11-16 所示。

图 11-15　　　　　　　　　　　　　　　　图 11-16

11.1.2　立体效果的绘制

步骤 ⑴ 在工具栏中选择"椭圆"工具 ◯，绘制手电筒镜头部分，然后再选择"填充"工具 ◈ 里的"渐变填充"工具 ▬，进行渐变色的填充，如图 11-17 所示。

步骤 ⑵ 在工具栏中选择"椭圆"工具 ◯，绘制椭圆放在刚才绘制的椭圆的后面，并用"填充"工具 ◈ 里的"渐变填充"工具 ▬，进行渐变色的填充，绘制出镜头的厚度，如图 11-18 所示。

图 11-17　　　　　　　　　　　　　　　　图 11-18

步骤 **03** 在工具栏中选择"椭圆"工具 ，绘制椭圆作为手电筒的发光孔，然后选择"填充"工具 里的"渐变填充"工具 ，进行射线渐变填充，如图 11-19 所示。

步骤 **04** 在工具栏中选择"贝塞尔"工具 ，绘制手电筒的镜头圈上的图形，然后填充灰色渐变，如图 11-20 所示。

图 11-19

图 11-20

步骤 **05** 在工具栏中选择"贝塞尔"工具 ，绘制手电筒镜头的亮面和暗面，然后在"调色盘"中选择不同程度的灰色，如图 11-21 所示。

步骤 **06** 在工具栏中选择"椭圆"工具 ，绘制镜头中间的光圈，然后填充灰色射线渐变，如图 11-22 所示。

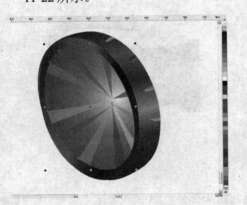
图 11-21

图 11-22

步骤 **07** 在工具栏中选择"椭圆"工具 ，绘制镜头后的斜面部分，然后再选择"填充"工具 里的"渐变填充"工具 ，进行渐变色的填充，并放置在最底层，如图 11-23 所示。

步骤 **08** 在工具栏中选择"贝塞尔"工具 ，绘制镜头的长度，然后选择"填充"工具 里的"渐变填充"工具 ，填充灰色到黑色的渐变色，如图 11-24 所示。

图 11-23

图 11-24

步骤⑨ 在工具栏中选择"贝塞尔"工具，绘制镜头上的线条，然后在属性栏中将线条加粗到 0.706mm，并在"调色盘"中将颜色填充为黑色，如图 11-25 所示。

步骤⑩ 在工具栏中选择"贝塞尔"工具，绘制镜头后的面，然后选择"填充"工具里的"渐变填充"工具，进行线性渐变色的填充，如图 11-26 所示。

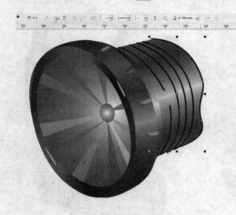

图 11-25

图 11-26

步骤⑪ 在工具栏中选择"贝塞尔"工具，绘制手电筒身体部分，然后选择"填充"工具里的"渐变填充"工具，进行渐变色的填充，如图 11-27 所示。

步骤⑫ 在工具栏中选择"贝塞尔"工具，绘制手电筒的上面部分，然后填充灰色渐变，如图 11-28 所示。

图 11-27

图 11-28

步骤⑬ 在工具栏中选择"贝塞尔"工具，绘制手电筒的手提的部分，然后分别填充灰色、灰色渐变和白色，如图 11-29 所示。

步骤⑭ 在工具栏中选择"贝塞尔"工具，绘制手电筒上面的按钮，然后填充黑色，再绘制出机身体部分的接缝线，并将线条再加粗 0.706mm，线条的颜色为黑色，如图 11-30 所示。

图 11-29

图 11-30

步骤⑮ 将前面绘制的侧面显示屏选中，复制到侧面并调节角度和大小，如图 11-31 所示。

步骤⑯ 在工具栏中选择"文字"工具 字，绘制出摄像机上的文字，然后在属性栏中对文字的字体和大小进行调解，如图 11-32 所示。

步骤⑰ 将绘制完成的手电筒的侧面和正面，组合在一起，完成了本例的绘制，如图 11-33 所示。

图 11-31　　　　　　　　　　图 11-32　　　　　　　　　　图 11-33

11.2　手　　机

最终效果图如下：

11.2.1　机体的绘制

步骤① 在工具栏中选择"贝塞尔"工具 ，绘制手机的主体轮廓，然后再用"形状"工具 ，调节轮廓外形，如图 11-34 所示。

步骤② 在工具栏中选择"填充"工具 里的"渐变填充"工具 ，编辑灰色线性渐变，进行渐变填充，如图 11-35 所示。

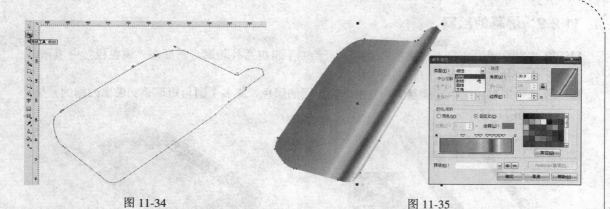

图 11-34   图 11-35

步骤 **03** 在工具栏中选择"贝塞尔"工具 ，绘制出手机的底面轮廓，然后填充灰色渐变，如图 11-36 所示。

步骤 **04** 在工具栏中选择"贝塞尔"工具 ，绘制手机的机身轮廓，再用"形状"工具 调节轮廓，然后选择"填充"工具 里的"渐变填充"工具 ，填充蓝色线性渐变，然后在属性栏中将轮廓线加粗到 1mm，如图 11-37 所示。

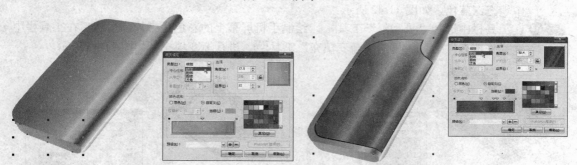

图 11-36   图 11-37

步骤 **05** 选中机身图形，复制一个机身图形，在"调色盘"中将轮廓取消，填充黑色，然后在工具栏中选择"交换式透明"工具 ，然后在机身中拉出透明度，如图 11-38 所示。

步骤 **06** 在工具栏中选择"贝塞尔"工具 ，绘制出手机的天线，然后在工具栏中选择"填充"工具 里的"渐变填充"工具 ，进行渐变填充，给天线填充灰色到白色的渐变，如图 11-39 所示。

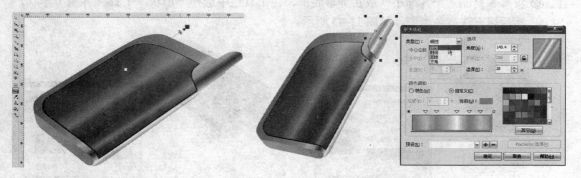

图 11-38   图 11-39

11.2.2 屏幕的绘制

步骤01 在工具栏中选择"贝塞尔"工具 ，绘制手机屏幕外轮廓，然后在"调色板"中填充白色，并取消轮廓，如图 11-40 所示。

步骤02 选中屏幕轮选中连续复制，分别填充不同的颜色，将多个圆角矩形叠加做出凹槽的效果，如图 11-41 所示。

图 11-40

图 11-41

步骤03 在工具栏中选择"贝塞尔"工具 ，绘制手机屏幕深蓝色色带轮廓，然后在"调色盘"中填充深蓝色，如图 11-42 所示。

步骤04 在工具栏中选择"贝塞尔"工具 ，绘制手机屏幕上的彩色色带轮廓，然后在工具栏中选择"填充"工具 里的"渐变填充"工具 ，进行渐变填充，如图 11-43 所示。

图 11-42

图 11-43

步骤05 在工具栏中选择"贝塞尔"工具 ，绘制色带下面的手机屏幕，然后在工具栏中选择"填充"工具 里的"渐变填充"工具 ，填充深蓝色渐变，如图 11-44 所示。

步骤06 将屏幕复制一个并缩小，放在屏幕底部，在工具栏中选择"形状"工具 并调节形状，然后填充深蓝色渐变，如图 11-45 所示。

图 11-44

图 11-45

11.2.3 按钮的绘制

步骤 01 在工具栏中选择"椭圆"工具 ⬭，在屏幕上绘制一个椭圆轮廓，然后在工具栏中选择"填充"工具 ⬤ 里的"渐变填充"工具 ▧，在弹出的对话框中选择类型为线性、选项中的角度为−45°、边界为 20%，在"颜色调和"中编辑灰色白色灰色的渐变，填充到圆形，如图 11-46 所示。

步骤 02 选中椭圆复制两个，并按 Shift 键缩小，一个填充为浅蓝色到蓝色的渐变，一个保持原始状态，然后在工具栏中选择"挑选"工具 ▸，叠加出按钮的效果。在工具栏中选择"矩形"工具 ▭，绘制两个同样的小矩形，双击矩形旋转合适角度，然后在"调色板"中填充深蓝色，如图 11-47 所示。

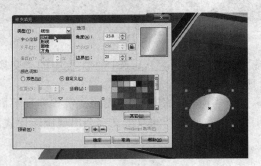

图 11-46　　　　　　　　　　　　　　图 11-47

步骤 03 在工具栏中选择"贝塞尔"工具 ✒，绘制切换歌曲的按键轮廓，并用"形状"工具 ▸，调整按键的轮廓，然后在"调色盘"中填充白色，轮廓线填充蓝色，在属性栏中调节轮廓线粗细为 1.5mm，接着选择"文本"菜单中的"插入字符"命令，在弹出的"插入字符"面板中，选择代码页中的"所有属性"，然后在"插入文字"工具中的字体选中："Webdings"，在"Webdings"中选中所需的符号拖曳到绘图区。将字符选中，在"调色板"中将插入的字符填充为蓝色，然后把箭头拖到按键中间，如图 11-48 所示。

步骤 04 将绘制好的按键选中并群组，然后摆放在屏幕中，将按键复制一个到右边并水平翻转，如图 11-49 所示。

图 11-48　　　　　　　　　　　　　　图 11-49

步骤 05 在工具栏中选择"矩形"工具 ▭，绘制音乐速度条的轮廓，然后用"形状"工具 ▸，调整矩形的圆角，在将圆角轮廓稍微旋转一点，在"调色盘"中将轮廓线填充为绿色，如图 11-50 所示。

步骤 06 在工具栏中选择"矩形"工具 ▭，绘制一个矩形，然后用"形状"工具 ▸，调整矩形的圆角，在"调色盘"中填充绿色，在用鼠标右键移动复制矩形，将矩形填充绿色渐变，轮廓色填充白色，如图 11-51 所示。

图 11-50

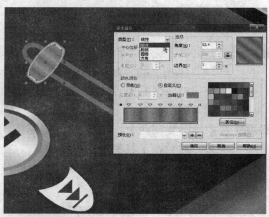

图 11-51

步骤 07 在工具栏中选择"贝塞尔"工具，绘制镜面高光的轮廓，然后选择工具栏中的"交换式透明"工具，拉出透明度，如图 11-52 所示。

步骤 08 在工具栏中选择"文本"工具，绘制屏幕上所需内容，将绘制完成的文字排列到手机的屏幕上，颜色在"调色盘"中填充黑色和白色，需要旋转的双击文字会出现旋转模式，然后进行旋转，如图 11-53 所示。

图 11-52

图 11-53

步骤 09 在工具栏中选择"椭圆"工具，绘制多个椭圆叠加出听话筒的轮廓，然后分别填充灰色渐变，如图 11-54 所示。

步骤 10 使用绘制听筒的方法绘制其他按钮的效果，然后再用"文本"菜单中的"插入字符"命令，插入所用符号，填充颜色并排列到屏幕内，如图 11-55 所示。

图 11-54

图 11-55

步骤 ⑪ 在工具栏中选择"贝塞尔"工具 ，绘制出充电插口的轮廓，然后在"调色盘"中填充白色和黑色，如图 11-56 所示。

步骤 ⑫ 在工具栏中选择"贝塞尔"工具 ，绘制出笔，并给笔填充渐变。然后用"矩形"工具 ，并给手机添加一个背景，并填充深蓝色，绘制出最终效果图，如图 11-57 所示。

图 11-56

图 11-57

11.3　商 务 手 机

最终效果图如下：

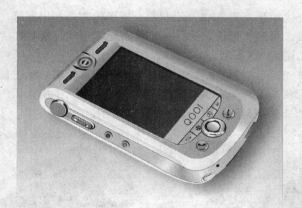

11.3.1　机身的绘制

步骤 ① 在工具栏中选择"矩形"工具 ，绘制出机身轮廓，并旋转倾斜，然后将矩形转曲，再用"形状"工具 ，调节矩形轮廓，如图 11-58 所示。

步骤 ② 在工具栏中选择"填充"工具 里的"渐变填充"工具 ，并编辑灰色渐变，进行渐变填充，如图 11-59 所示。

步骤 ③ 在工具栏中选择"贝塞尔"工具 ，绘制出手机的侧面厚度，并用"形状"工具 ，进行调节，然后填充灰色渐变，如图 11-60 所示。

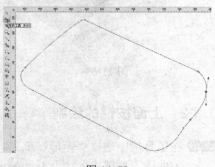

图 11-58

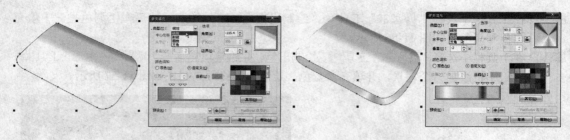

图 11-59   图 11-60

步骤 04 在工具栏中选择"贝塞尔"工具，绘制手机的正面和侧面，然后再填充灰色渐变，如图 11-61 所示。

步骤 05 将绘制好的屏幕选中并复制，将复制出的屏幕缩小并填充 50%灰色，如图 11-62 所示。

图 11-61   图 11-62

步骤 06 在工具栏中选择"矩形"工具，绘制两个矩形轮廓叠加出屏幕，然后将矩形单击鼠标右键转换为曲线，再用"形状"工具，调节矩形形状，然后在"调色盘"中填充不同程度的灰色，如图 11-63 所示。

步骤 07 在工具栏中选择"矩形"工具，在屏幕上绘制矩形轮廓，单击鼠标右键将矩形转换为曲线，再用"形状"工具，调节轮廓，在"调色盘"中填充黑色，然后用"交换式透明"工具，将矩形拉出透明度，如图 11-64 所示。

图 11-63   图 11-64

11.3.2　上面按键的绘制

步骤 01 在工具栏中选择"矩形"工具，在屏幕下面绘制多个矩形，然后单击右键将矩形转换为曲线，再用"形状"工具调节轮廓，绘制出屏幕下方的按键，如图 11-65 所示。

步骤 02 在"调色盘"中将绘制好的按键轮廓内填充不同程度灰色，如图 11-66 所示。

图 11-65

图 11-66

步骤 03 在工具栏中选择"椭圆"工具 ⊙，绘制多个椭圆轮廓叠加按键轮廓，然后单击右键将其中几个椭圆转换为曲线，再用"形状"工具 ⟍ 调节轮廓，如图 11-67 所示。

步骤 04 在工具栏中选择"渐变填充"工具 ▇，将渐变类型设为圆锥型，分别将中间按键填充灰色渐变，绘制出逼真的圆形手机按键，如图 11-68 所示。

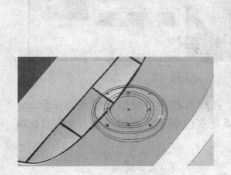
图 11-67

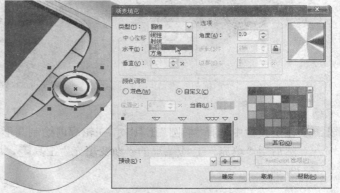
图 11-68

步骤 05 在工具栏中选择"椭圆"工具 ⊙，绘制多个椭圆叠加按键轮廓，单击鼠标右键将其中一些椭圆转换为曲线，然后在用"形状"工具 ⟍，调节转换为曲线的椭圆的形状，如图 11-69 所示。

步骤 06 再用"渐变填充"工具 ▇，填充不同的渐变，不需要渐变的轮廓，就在"调色盘"中填充灰色，如图 11-70 所示。

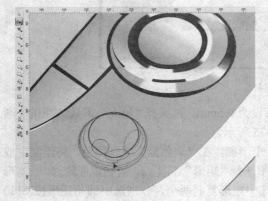
图 11-69

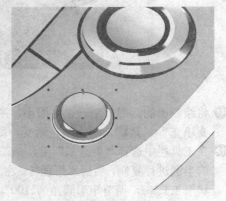
图 11-70

步骤07 选择"文本"菜单中的"插入字符"命令，然后在"插入字符"中字体为"Webdings"、代码页为"所有属性"，插入话筒字符和按键叠加，在"调色盘"中填充黑色，如图 11-71 所示。

步骤08 将按钮群组，再复制一个到另外一边，并在属性栏中做"水平镜像"，绘制出完整按钮，如图 11-72 所示。

步骤09 在工具栏中选择"贝塞尔"工具，绘制 U 字形轮廓，用"形状"工具，调节轮廓，然后用"填充"工具里的"渐变填充"工具，填充灰色到黑色渐变，如图 11-73 所示。

图 11-71

图 11-72

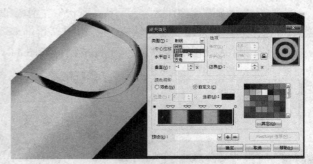

图 11-73

步骤10 在工具栏中选择"椭圆"工具，在轮廓内绘制圆形，在属性栏中将轮廓宽度设为 1.5mm，然后用"填充"工具里的"渐变填充"工具，填充灰色到黑色圆锥渐变，如图 11-74 所示。

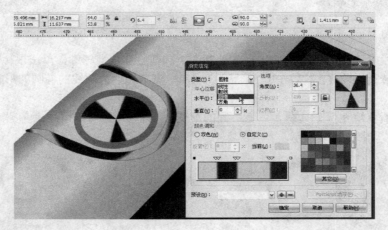

图 11-74

步骤11 将绘制出的圆形复制一个并缩小，并将轮廓设为 0.5mm，再选择"填充"工具里的"渐变填充"工具，填充灰色渐变，如图 11-75 所示。

步骤12 在工具栏中选择"贝塞尔"工具，绘制一个半圆，在"调色盘"填充黑色，将绘制完成的半圆进行复制，然后水平翻转。在工具栏中选择"矩形"工具，绘制矩形轮廓，用"形状"工具，调节矩形圆角为 100°，然后选中矩形复制两个，分别选中圆角矩形按 Shift 键，向内缩小矩形，在"调色盘"中分别填充白色、黑色、灰色，如图 11-76 所示。

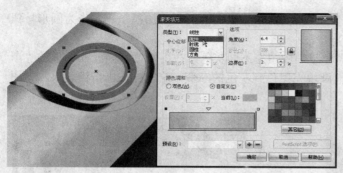

图 11-75　　　　　　　　　　　　　　　　图 11-76

步骤⑬ 在工具栏中选择"贝塞尔"工具，绘制高光轮廓，用"形状"工具，调节高光轮廓，然后用"填充"工具里的"渐变填充"工具，填充灰色渐变，如图 11-77 所示。

步骤⑭ 将绘制完成的图形群组，并复制一个到右侧，放置在右侧对称的相应位置，如图 11-78 所示。

图 11-77　　　　　　　　　　　　　　　　图 11-78

11.3.3　侧面按键的绘制

步骤① 在工具栏中选择"矩形"工具，绘制矩形，并在属性栏中调节圆角为 100°，并旋转角度，绘制侧面按键的轮廓，选中轮廓连续复制并缩小，叠加出侧面按键的轮廓，如图 11-79 所示。

步骤② 分别选中侧面的圆角矩形，然后在"调色盘"中填充白色、黑色和不同程度的灰色，如图 11-80 所示。

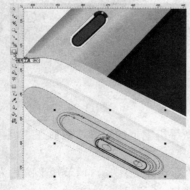
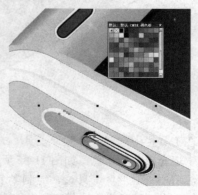

图 11-79　　　　　　　　　　　　　　　　图 11-80

步骤 03 在工具栏中选择"椭圆"工具绘制多个椭圆,将绘制的椭圆叠加在一起,作为圆形按钮的轮廓,如图 11-81 所示。

步骤 04 然后选中多个椭圆轮廓,在"调色盘"中填充不同灰色,在用"填充"工具 ◇ 里的"渐变填充"工具 ■,将其中一个椭圆填充黑色到灰色的渐变,这样叠加出按键效果,如图 11-82 所示。

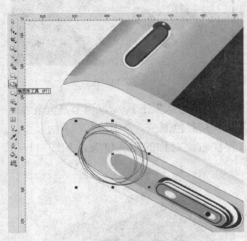

图 11-81　　　　　　　　　　　　　图 11-82

步骤 05 在工具栏中选择"椭圆"工具 ◎,绘制耳机按钮的轮廓和标识,然后在"调色盘"中填充灰色和黑色,如图 11-83 所示。

步骤 06 在工具栏中选择"椭圆"工具 ◎ 和"矩形"工具 □,绘制耳机按钮的轮廓和标识,然后在"调色盘"中填充灰色和黑色,如图 11-84 所示。

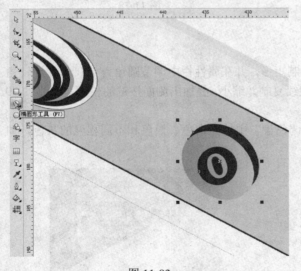

图 11-83　　　　　　　　　　　　　图 11-84

步骤 07 在工具栏中选择"椭圆"工具 ◎,绘制椭圆轮廓做手机笔把的轮廓,然后在"调色盘"中填充白色和黑色,如图 11-85 所示。

步骤 08 然后用"矩形"工具 □,绘制多个矩形轮廓,用"形状"工具 ◣,调节矩形圆角为 30°,然后在"调色盘"中填充黑色、灰色和白色,如图 11-86 所示。

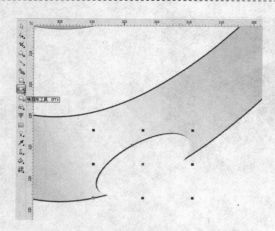

图 11-85

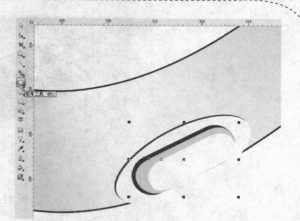

图 11-86

步骤 09 在工具栏中选择"贝塞尔"工具 ，绘
制充电口的轮廓，然后再选择"填充"
工具 里的"渐变填充"工具 ，填充
灰色渐变，如图 11-87 所示。

11.3.4　后期效果的调整

步骤 01 在工具栏中选择"文本"工具 ，书写
出"QOOI"英文文字，在"属性栏"
中调节文字的字体和文字的大小，然后
在字体上双击鼠标左键，将字体旋转，
如图 11-88 所示。

图 11-87

步骤 02 在"菜单栏"中选择"文本"中的"插入字符"，在弹出的"插入字符"面板中，调节代
码页为"所有属性"，字体为"Wingdings"，然后在"Wingdings"中插入手机按键中的图
案，将已整理好的字符放置在手机相应的位置，如图 11-89 所示。

图 11-88

图 11-89

步骤 03 给绘制完成的手机添加一个矩形背景，并填充灰色渐变，这样手机就绘制完成了，如图
11-90 所示。

图 11-90

11.4　数　码　照　相　机

最终效果图如下：

11.4.1　机身的绘制

步骤 01 在工具栏中选择"矩形"工具□，绘制出一个长方形轮廓，在属性栏中将矩形调节为圆角，并将矩形转曲，然后用"形状"工具▷，调节端点位置，绘制出透视的效果，在工具栏中选择"填充"◇中的"渐变填充"工具■，给矩形填充灰色渐变，如图 11-91 所示。

步骤 02 在工具栏中选择"贝塞尔"工具▷，绘制出相机的侧面，然后在工具栏中选择"填充"◇中的"渐变填充"工具■，填充灰色渐变，如图 11-92 所示。

图 11-91

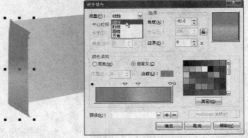

图 11-92

步骤 03 将背面的圆角矩形选中，拖曳复制一个到前面，在"调色盘"中填充白色，如图 11-93 所示。

步骤 04 再复制一个白色矩形，放在白色的上面作为相机的正面，然后填充灰色渐变，如图 11-94 所示。

图 11-93　　　　　　　　　　　　　　图 11-94

步骤 05 在工具栏中选择"贝塞尔"工具 ，绘制出相机的顶面轮廓，填充浅灰色渐变，如图 11-95 所示。

图 11-95

11.4.2　镜头的绘制

步骤 01 在工具栏中用形状"椭圆"工具 ，在相机正面绘制一个正圆，然后在"调色盘"中填充 50% 的灰色，轮廓色为白色，如图 11-96 所示。

步骤 02 选中椭圆并复制，在工具栏中选择"填充"工具 里的"渐变填充"工具 ，在弹出的"渐变填充"面板中，选择类型为"线性"填充，角度为 78.4°，并在自定义中编辑渐变颜色，填充灰色渐变，如图 11-97 所示。

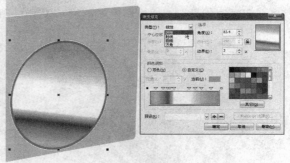

图 11-96　　　　　　　　　　　　　　图 11-97

步骤 03 将绘制出的椭圆连续复制，并缩小，叠加出镜头效果，如图 11-98 所示。

步骤 04 现在来细化镜头的镜面部分，同样复制两个椭圆，然后在"调色盘"中给椭圆分别填充为白色和黑色，如图 11-99 所示。

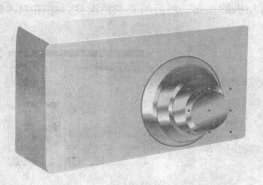

图 11-98

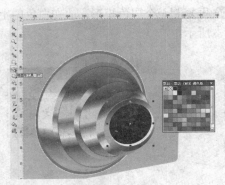

图 11-99

步骤 05 再复制一个黑色椭圆，在"调色盘"中填充灰色，然后再用"交互式透明"工具 ，椭圆拉出透明度，如图 11-100 所示。

步骤 06 在工具栏中选择"椭圆"工具 ，绘制出白色线圈，相机的镜头光线圈，在"调色盘"中将线的颜色设为白色，在将白线轮廓复制一个，并按 Shift 键缩小，如图 11-101 所示。

图 11-100

图 11-101

步骤 07 在工具栏中选择"椭圆"工具 ，绘制出高光轮廓，然后在"调色盘"中填充白色，在用"交互式透明"工具 ，将椭圆拉出透明度，如图 11-102 所示。

步骤 08 重复**步骤 07**，用"椭圆"工具 和"贝塞尔"工具 ，绘制出其他几个高光轮廓，然后在"调色盘"中填成白色和灰色，如图 11-103 所示。

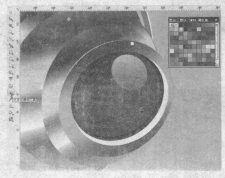

图 11-102

图 11-103

11.4.3　其他细节的绘制

步骤 **01** 在工具栏中选择"贝塞尔"工具 ，在左边绘制一个不规则图形轮廓，并用"形状"工具 ，调节外形，如图 11-104 所示。

步骤 **02** 在"调色盘"中将不规则轮廓内填充蓝色，然后选中图形再复制一个，在工具栏中选择"填充"工具 里的"渐变填充"工具 ，填充灰色线性渐变，如图 11-105 所示。

图 11-104

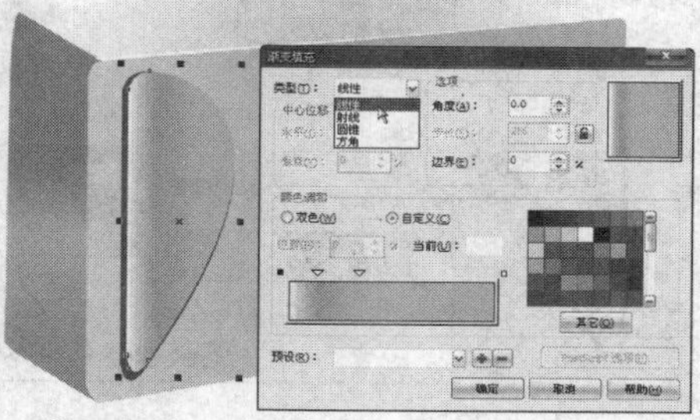

图 11-105

步骤 **03** 在工具栏中选择"贝塞尔"工具 ，在顶部绘制装饰条的轮廓，然后再用"形状"工具 调节轮廓，在"调色盘"中填充黑色，如图 11-106 所示。

步骤 **04** 将绘制出的线条向上复制一个，填充成白色，叠加在一起，如图 11-107 所示。

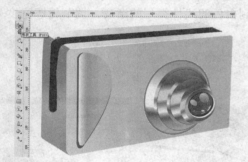

图 11-106

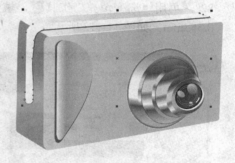

图 11-107

步骤 **05** 重复步骤 **04**，同样再复制一个装饰条，在工具中选择"填充"工具 里的"渐变填充"工具 ，填充蓝色线性渐变，如图 11-108 所示。

步骤 **06** 选择工具栏中的"椭圆"工具 ，在左上角绘制出一个椭圆轮廓，并且在右边"调色盘"中填充白色，如图 11-109 所示。

图 11-108

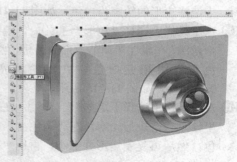

图 11-109

步骤 07 选中椭圆并复制一个，按 Shift 键缩小一点，然后用灰色到白色圆锥渐变，将填充后的椭圆复制一个，按 Shift 键缩小一点，并向上移动一些，和下面的层叠出按钮效果，如图 11-110 所示。

步骤 08 再复制一个椭圆，按 Shift 键向内缩小，在工具栏中选择"填充"工具 ，填充白色到灰色的线性类型的渐变，如图 11-111 所示。

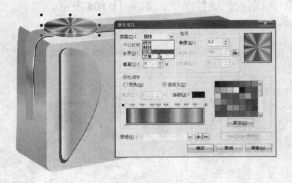

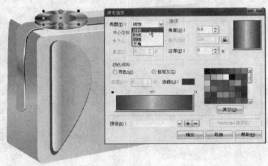

图 11-110　　　　　　　　　　　　　　　　图 11-111

步骤 09 再复制一个椭圆，按 Shift 键缩小一点，在工具栏中选择"填充"工具 ，填充白色到灰色的线性类型的渐变，如图 11-112 所示。

步骤 10 在工具栏中选择"矩形"工具 ，绘制一个矩形轮廓，在属性栏中调节矩形四个圆角为 82°，再用"渐变填充"工具 ，填充灰色到白色的线性类型的渐变，调节轮廓宽度为 0.353mm，如图 11-113 所示。

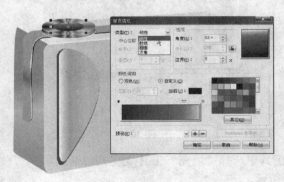

图 11-112　　　　　　　　　　　　　　　　图 11-113

步骤 11 复制一个圆角矩形并缩小一点，在"调色盘"中选择矩形的轮廓为白色，如图 11-114 所示。

步骤 12 在工具栏中选择"矩形"工具 ，绘制一个矩形轮廓，在属性栏调节矩形的圆角，然后在"调色盘"中填充白色，并将轮廓宽度设为 0.353mm，如图 11-115 所示。

步骤 13 在工具栏中选择"矩形"工具 ，在圆角矩形里绘制一个矩形轮廓，在"调色盘"中填充黑色，然后再复制矩形并缩小，再用"交互式透明"工具 ，将复制的矩形拉出透明度，如图 11-116 所示。

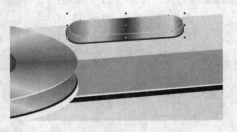

图 11-114

图 11-115

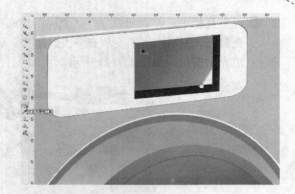

图 11-116

步骤 ⑭ 在工具栏中选择"贝塞尔"工具 ，绘制右下角高光轮廓，在"调色盘"中填充白色，然后再用"椭圆"工具 ，绘制局部高光轮廓，在"调色盘"中填充灰色，再用"交互式透明"工具拖出透明度，如图 11-117 所示。

步骤 ⑮ 用"挑选"工具 ，选中前面的镜头，然后拖曳复制到上面白色圆角矩形内，然后按 Shift 键缩小，如图 11-118 所示。

图 11-117

图 11-118

步骤 ⑯ 在工具栏中选择"矩形"工具 ，绘制矩形轮廓，用"形状"工具 ，调节矩形的圆角，双击矩形旋转一个角度，然后再用"填充"工具 ，填充灰色到白色的线性渐变，如图 11-119 所示。

步骤 ⑰ 在工具栏中选择"挑选"工具 ，选中矩形复制并缩小，在"调色盘"中填充黑色，然后再复制一个矩形缩小，在用"填充"工具 ，填充黑色灰色重复的线性类型的渐变，如图 11-120 所示。

图 11-119

图 11-120

步骤⑱ 在工具栏中选择"贝塞尔"工具 ，绘制彩色色带的轮廓，在"调色盘"中给轮廓线填充白色，然后在"渐变填充"工具 中，编辑红色到绿色到黄色到蓝色的线性类型渐变，填充到图形，如图 11-121 所示。

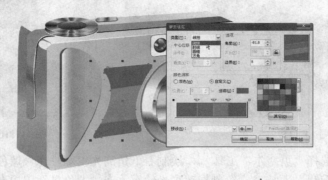

图 11-121

步骤⑲ 在工具栏中选择"矩形"工具 ，绘制电池轮廓，并在属性栏上调节圆角，然后在"调色盘"中填充白色，如图 11-122 所示。

图 11-122

步骤⑳ 在工具栏中选择"文本"工具 字，输入照相机上的文字，并在属性栏中调节文字的大小和字体，然后在"调色盘"中分别填充不同的颜色，绘制出照相机上的文字，如图 11-123 所示。

图 11-123

步骤 ㉑ 在工具栏中选择"椭圆"工具 🔘，绘制椭圆轮廓做螺丝扣轮廓，在属性栏中的"轮廓宽度"中选择宽度为 0.353mm，将图形内填充灰色到深灰色的线性渐变，在工具栏中选择"贝塞尔"工具 📈，绘制螺丝刀口轮廓，然后在"调色盘"中填充深灰色，如图 11-124 所示。

步骤 ㉒ 在工具栏中选择"挑选"工具 ▤，将绘制好的螺丝钉群组，然后复制到在照相机顶面和侧面，如图 11-125 所示。

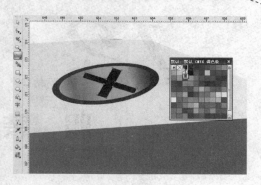

图 11-124

图 11-125

步骤 ㉓ 在工具栏中选择"贝塞尔"工具 📈，绘制出影子的轮廓，并填充灰色，然后在工具栏中选择"矩形"工具 🔲，绘制矩形并填充灰色渐变作为背景，这样绘制出了最终效果图，如图 11-126 所示。

图 11-126

1
2
3
4
5
6
7
8
9
10
11
12
13
14
15
16

第12章

服 装 设 计

📖 本章导读

CorelDRAW 也可以应用于时装设计领域，CorelDRAW 完善的绘图功能可以绘制不同款式、不同风格的服装效果，准确地表现出时装以及时装效果图，本章通过一些服装设计表现的过程，详尽介绍了 CorelDRAW 在服装设计领域的应用，包括女装结构设计、男装结构设计、人体绘制、服装效果图和时装插画设计。在绘制过程中，注意服装设计的方法和效果的表现。

📌 知识要点

不同服装有不同的特点，准确把握不同服装的特点和风格尤为重要。在绘制服装效果时，要注意时装绘制的方法、纹理布料的填充绘制方法和最终效果的表现，同时也要注意时装模特的画法和表现，时装模特和衣服间的关系以及整体效果的表现。本章几个服装设计实例各有不同，在绘制时绘图思路要清晰，注意绘图步骤的条理性，整体效果的完整性。

12.1 男 士 T 恤

最终效果图如下：

步骤 **01** 在工具栏中选择"贝塞尔"工具，用折线绘制衣服的整体轮廓，然后使用"填充"工具中的"均匀填充"工具，填充色值为 C：0、M：60、Y：60、K：40 的褐色，如图 12-1 所示。

步骤 **02** 在工具栏中选择"贝塞尔"工具，绘制领子的轮廓，然后用"均匀填充"工具，填充色值为 C：0、M：0、Y：20、K：0 的黄色，在"调色板"中将轮廓线填充

图 12-1

70%的黑色，在属性栏中将轮廓线粗细为 0.5mm，如图 12-2 所示。

步骤 **03** 在工具栏中选择"贝塞尔"工具，绘制出袖子的轮廓，然后填充色值为 C：0、M：0、

Y：20、K：0的黄色，将绘制好的袖子复制到右边，然后水平镜像，并对齐，如图 12-3 所示。

图 12-2   图 12-3

步骤04 在工具栏中选择"贝塞尔"工具，绘制袖子上的条纹轮廓，然后填充色值为 C：0、M：60、Y：80、K：20 的橘黄色，并取消轮廓，将绘制好的条纹色带复制到右边，然后水平镜像并对齐，如图 12-4 所示。

步骤05 在工具栏中选择"矩形"工具，绘制出领口的轮廓，然后填充色值为 C：0、M：0、Y：20、K：0 的黄色，并放在衣领的下面并取消轮廓，如图 12-5 所示。

图 12-4   图 12-5

步骤06 在工具栏中选择"椭圆"工具，按下键盘上 Ctrl 键，绘制一个小圆形，作为纽扣的轮廓，然后在"调色板"中填充颜色为黄色，并向下复制一个，如图 12-6 所示。

步骤07 在工具栏中选择"贝塞尔"工具，绘制衣服上的条纹轮廓，并向下依次复制，并用"形状"工具，调节轮廓的形状，然后在"调色板"中分别填充淡黄色、砖红色、深黄色，取消轮廓，绘制出一件 T 恤的效果，如图 12-7 所示。

图 12-6   图 12-7

步骤 08 将绘制好的衣服复制两份到旁边，然后将复制的两件衣服在"调色板"中更换颜色，绘制出不同颜色的 T 恤，绘制出最终效果图，如图 12-8 所示。

图 12-8

12.2 女 士 风 衣

最终效果图如下：

12.2.1 外形的绘制

步骤 01 在工具栏中选择"贝塞尔"工具，绘制出大衣的基本轮廓，然后在"调色板"中填充浅咖啡色，如图 12-9 所示。

步骤 02 在工具栏中选择"贝塞尔"工具，绘制出大衣领子的轮廓，然后再用"填充"工具中的"均匀填充"工具，填充色值为 C：8、M：68、Y：94、K：34 褐色，如图 12-10 所示。

图 12-9

图 12-10

步骤 03 在工具栏中选择"贝塞尔"工具 ，绘制出大衣领口的轮廓，然后在"调色板"中填充颜色为宝石红，如图 12-11 所示。

步骤 04 在工具栏中选择"贝塞尔"工具 ，绘制出袖子和衣服的裁切线，如图 12-12 所示。

步骤 05 在工具栏中选择"贝塞尔"工具 ，绘制出大衣敞口的直线，在属性栏中将轮廓加粗到 0.5mm，其中一条曲线样式更换为虚线，如图 12-13 所示。

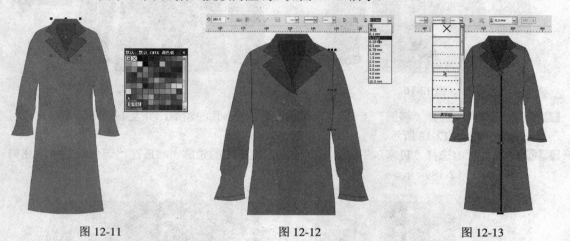

图 12-11 　　　　　　　　图 12-12 　　　　　　　　图 12-13

12.2.2　纽扣和腰带的绘制

步骤 01 在工具栏中选择"贝塞尔"工具 ，绘制出大衣底线的曲线，然后在属性栏中将曲线的粗细调节为 0.25mm，在将曲线样式更换为虚线，如图 12-14 所示。

步骤 02 在工具栏中选择"椭圆"工具 ，绘制出纽扣的轮廓，然后再用"填充"工具 中的"渐变填充"工具 ，在弹出的"渐变填充"面板中设类型为"射线"、水平为 28%、垂直为 32%，填充到圆形，作为纽扣，如图 12-15 所示。

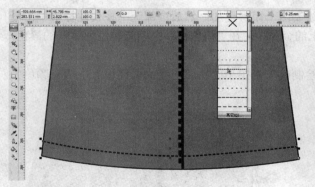

图 12-14

图 12-15

步骤 03 选中绘制好的纽扣，拖动鼠标右键将绘制好的纽扣垂直向下复制一个，然后按 Ctrl+D 键，连续复制几个纽扣，如图 12-16 所示。

步骤 04 在工具栏中选择"贝塞尔"工具 ，绘制出腰带的轮廓，然后在"调色板"中填充深栗色，如图 12-17 所示。

图 12-16　　　　　　　　　　　　　　　图 12-17

步骤 05 在工具栏中选择"椭圆"工具 ，绘制出腰带上小孔的轮廓，并复制两个，不填充任何颜色，如图 12-18 所示。

步骤 06 在工具栏中选择"贝塞尔"工具 ，绘制出腰带扣的轮廓，然后在"调色板"中填充褐色，如图 12-19 所示。

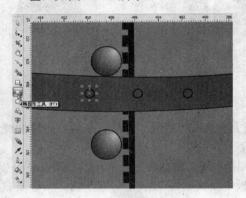
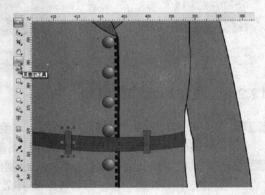

图 12-18　　　　　　　　　　　　　　　图 12-19

步骤 07 在工具栏中选择"矩形"工具 ，绘制两个矩形叠加，然后全部选中在属性栏中单击修剪 ，将两个矩形修剪，作为腰带上的金属扣，在"调色板"中填充颜色为 10% 的黑色，如图 12-20 所示。

步骤 08 在工具栏中选择"矩形"工具 ，绘制出皮带扣子的轮廓，在"调色板"中填充颜色为 10% 的黑色，如图 12-21 所示。

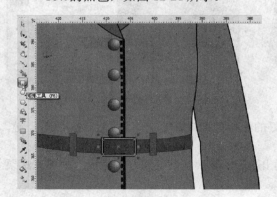
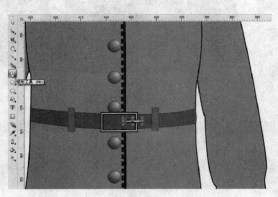

图 12-20　　　　　　　　　　　　　　　图 12-21

步骤 09 在工具栏中选择"贝塞尔"工具，绘制出左边口袋的轮廓，然后复制一个并缩小，选择大的口袋轮廓，填充色值为 C：8、M：68、Y：94、K：34 的褐色，将小口袋轮廓选中，然后在属性工具栏中设置为虚线，将绘制好的口袋轮廓群组，并复制到右边，并在属性工具栏中做"水平镜像"，如图 12-22 所示。

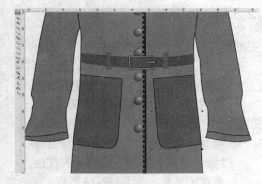

图 12-22

步骤 10 在工具栏中选择"贝塞尔"工具，绘制袖口丝带的轮廓，然后填充色值为 C：8、M：68、Y：94、K：34 的褐色，将绘制好的袖口群组，并复制到右边，然后在属性工具栏中做"水平镜像"，如图 12-23 所示。

步骤 11 按下键盘上的 F4 键，将整个绘制好的外衣显示出来。这样就完成了外衣的绘制。使用同样的方法也可以绘制不同款式的风衣，如图 12-24 所示。

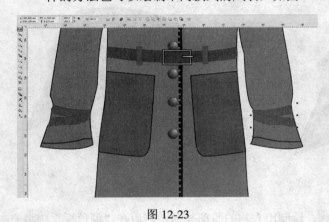

图 12-23

图 12-24

12.3 女孩服饰效果

最终效果图如下：

12.3.1 女孩 1

步骤 **01** 在工具栏中选择"贝塞尔"工具，绘制出人物的帽子轮廓，然后在"调色板"中填充不同程度的绿色，并取消轮廓，如图 12-25 所示。

步骤 **02** 在工具栏中选择"贝塞尔"工具，绘制出帽子上红花的轮廓，然后在"调色板"中填充不同程度的红色，并取消轮廓，如图 12-26 所示。

步骤 **03** 在工具栏中选择"贝塞尔"工具，绘制出人物的头和脖子轮廓，然后

图 12-25

在"调色板"中填充米黄色，并取消轮廓，如图 12-27 所示。

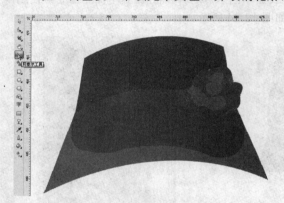

图 12-26

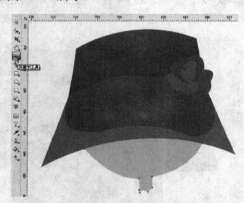

图 12-27

步骤 **04** 在工具栏中选择"贝塞尔"工具，绘制出人物的脸部亮面，然后在"调色板"中填充淡黄色，并取消轮廓，如图 12-28 所示。

步骤 **05** 在工具栏中选择"贝塞尔"工具，绘制出人物上唇和下唇的轮廓，然后在"调色板"中将上唇填充褐色、下唇填充橘黄色，并取消轮廓，如图 12-29 所示。

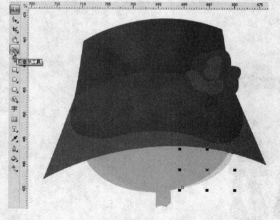

图 12-28

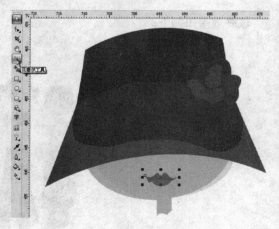

图 12-29

步骤 06 在工具栏中选择"椭圆"工具 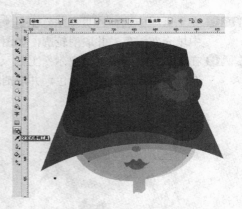，绘制出人物鼻子轮廓，然后在"调色板"中填充浅褐色，并取消轮廓。在工具栏中选择"贝塞尔"工具 ，绘制出人物帽沿的阴影轮廓，在"调色板"中填充粉红色，并取消轮廓，然后用"交互式透明"工具 ，在属性栏中调节透明度类型为"标准"、透明度操作为"正常"、开始透明为 70，如图 12-30 所示。

步骤 07 在工具栏中选择"贝塞尔"工具 ，绘制出人物的脖子上的领结轮廓，然后在"调色板"中设填充淡蓝色，并取消轮廓，如图 12-31 所示。

图 12-30

步骤 08 选择帽子上的红花，先在属性工具栏中群组，然后复制一个到领结处，双击左键对象，向左边旋转，如图 12-32 所示。

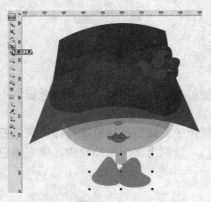

图 12-31

图 12-32

步骤 09 在工具栏中选择"贝塞尔"工具 ，绘制出人物的身体轮廓，然后在"调色板"中填充黄色，并取消轮廓，如图 12-33 所示。

步骤 10 在工具栏中选择"贝塞尔"工具 ，绘制出人物的胳膊轮廓，然后在"调色板"中填充土黄色，并取消轮廓，如图 12-34 所示。

图 12-33

图 12-34

1
2
3
4
5
6
7
8
9
10
11
12
13
14
15
16

步骤⑪ 在工具栏中选择"贝塞尔"工具，绘制出人物上衣的褶皱处轮廓，然后在"调色板"中填充灰绿色，并取消轮廓，如图 12-35 所示。

步骤⑫ 在工具栏中选择"贝塞尔"工具和"椭圆"工具，绘制出衣服上的斑点轮廓，然后在"调色板"中填充绿色，并取消轮廓，如图 12-36 所示。

图 12-35

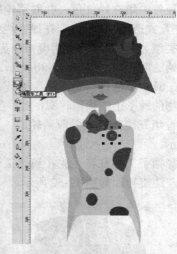

图 12-36

步骤⑬ 在工具栏中选择"贝塞尔"工具，绘制出人物的裙子轮廓，然后在"调色板"中填充绿色，并取消轮廓，如图 12-37 所示。

步骤⑭ 在工具栏中选择"贝塞尔"工具，绘制出人物裙子的装饰色块轮廓，在"调色板"填充红色，并取消轮廓，然后再用"椭圆"工具，绘制上面的纽扣轮廓，填充绿色，如图 12-38 所示。

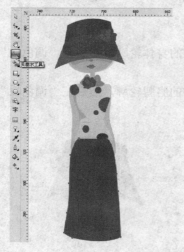

图 12-37

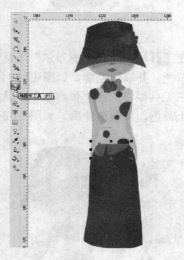

图 12-38

步骤⑮ 在工具栏中选择"贝塞尔"工具，绘制出手提包的轮廓，然后在"调色板"中填充不同程度的红色，并取消轮廓，如图 12-39 所示。

步骤⑯ 在工具栏中选择"贝塞尔"工具，绘制出人物的裤子的轮廓，然后在"调色板"中填充不同程度的蓝色，如图 12-40 所示。

步骤⑰ 在工具栏中选择"贝塞尔"工具 ，绘制出人物鞋子的轮廓，然后在"调色板"中将鞋帮填充黑色、鞋底填充淡黄色，并取消轮廓，绘制出第一个人的最终效果，如图 12-41 所示。

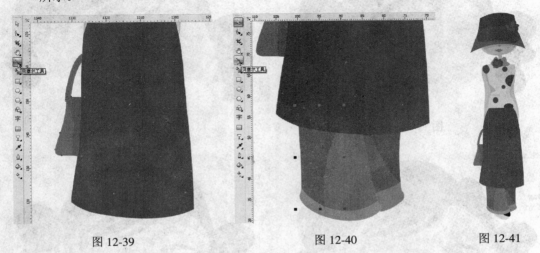

图 12-39　　　　　　　　　　图 12-40　　　　　　　　　　图 12-41

12.3.2　女孩 2

步骤① 在工具栏中选择"贝塞尔"工具 ，绘制出人物的头的轮廓，然后在"调色板"中填充米黄色，并取消轮廓，如图 12-42 所示。

步骤② 在工具栏中选择"贝塞尔"工具 ，绘制出人物的头发轮廓，并用"形状"工具 ，调节轮廓形，然后在"调色板"中填充褐色，并取消轮廓，如图 12-43 所示。

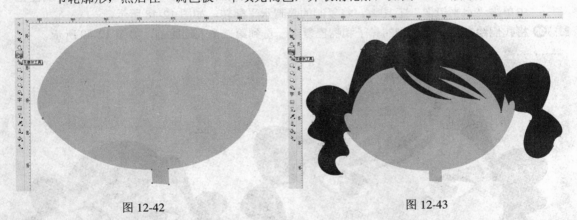

图 12-42　　　　　　　　　　　　　　　图 12-43

步骤③ 在工具栏中选择"贝塞尔"工具 ，绘制出人物的脸部高光的轮廓，然后在"调色板"中填充淡黄色，并取消轮廓，如图 12-44 所示。

步骤④ 在工具栏中选择"贝塞尔"工具 ，绘制出人物的眉毛轮廓，然后在"调色板"中填充深黄色，并取消轮廓，如图 12-45 所示。

步骤⑤ 在工具栏中选择"贝塞尔"工具 和"椭圆"工具 ，绘制出人物的眼睛的轮廓，然后在"调色板"填充不同的颜色，如图 12-46 所示。

步骤⑥ 在工具栏中选择"椭圆"工具 ，绘制出瞳孔和眼睛高光的轮廓，然后在"调色板"中将瞳孔填充黑色、高光填充白色和淡黄色，并取消轮廓，如图 12-47 所示。

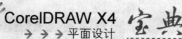
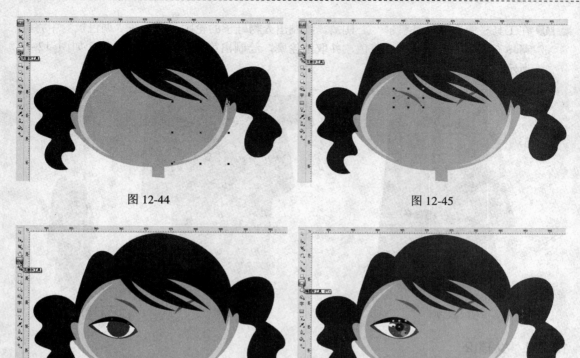

图 12-44   图 12-45

图 12-46   图 12-47

步骤 07 选中绘制好的眼睛，在属性工具栏中将眼睛群组，然后复制一个到右边，然后在属性栏中单击"水平镜像"工具 🔲，将复制的眼睛水平翻转，如图 12-48 所示。

步骤 08 将我们绘制第一个人物的鼻子和嘴巴复制一份到第二个人物脸部，如图 12-49 所示。

图 12-48   图 12-49

步骤 09 在工具栏中选择"贝塞尔"工具 🔲，绘制出整个衣服的轮廓和两只胳膊的轮廓，然后在"调色板"中填充橘黄色，并取消轮廓，如图 12-50 所示。

步骤 10 在工具栏中选择"贝塞尔"工具 🔲，绘制出衣服上的色带的轮廓，然后在"调色板"中填充淡黄色，并取消轮廓，如图 12-51 所示。

图 12-50

图 12-51

步骤⑪ 在工具栏中选择"贝塞尔"工具 ，绘制出衣领和胸前的图案，然后在"调色板"中分别填充大红和深红色，并取消轮廓，如图 12-52 所示。

步骤⑫ 工具栏中选择"贝塞尔"工具 ，绘制出两个胳膊上的阴影，在"调色板"中填充淡红色，然后再用"交互式透明"工具 ，设透明度类型为"标准"，开始透明度为"45"，如图 12-53 所示。

图 12-52

图 12-53

步骤⑬ 在工具栏中选择"贝塞尔"工具 ，绘制出人物的裤子的轮廓，然后在"调色板"中填充草绿色，并取消轮廓，如图 12-54 所示。

步骤⑭ 在工具栏中选择"贝塞尔"工具 ，绘制出人物裤子上的亮面，然后在"调色板"中填充淡蓝色，并取消轮廓，如图 12-55 所示。

图 12-54

图 12-55

步骤⑮ 在工具栏中选择"贝塞尔"工具，绘制出人物裤子上的口袋线和拉链线，然后在"调色板"中将轮廓线填充为淡蓝色，并设轮廓为 2.8mm，如图 12-56 所示。

步骤⑯ 在工具栏中选择"贝塞尔"工具，绘制出人物的鞋子的轮廓，然后在"调色板"中将鞋面填充深红色、鞋底填充淡黄色，并取消轮廓，绘制出第二人物的最终效果，如图 12-57 所示。

图 12-56

图 12-57

12.3.3　女孩 3

步骤① 在工具栏中选择"贝塞尔"工具，绘制出人物的头发轮廓，并用"形状"工具，调节外形，然后在"调色板"中填充黄色，并取消轮廓，如图 12-58 所示。

步骤 02 在工具栏中选择"贝塞尔"工具 ，绘制出人物的头和脖子轮廓，然后在"调色板"中填充米黄色，并取消轮廓，如图 12-59 所示。

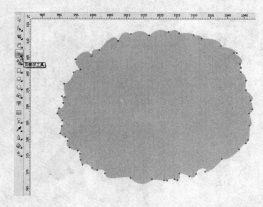

图 12-58

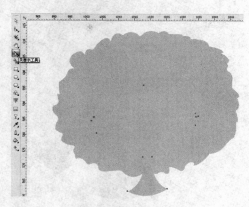

图 12-59

步骤 03 在工具栏中选择"贝塞尔"工具 ，绘制出人物的面部高光轮廓，然后在"调色板"中填充微黄色，并取消轮廓，如图 12-60 所示。

步骤 04 在工具栏中选择"贝塞尔"工具 ，绘制出人物头上的发带轮廓，然后在"调色板"中填充粉红色，并取消轮廓，如图 12-61 所示。

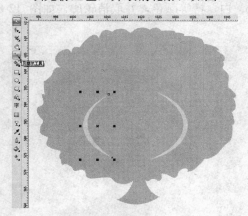

图 12-60

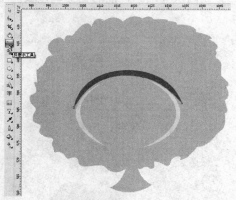

图 12-61

步骤 05 将刚绘制好的第二人物的五官复制一份到现在绘制的人物脸部，然后在"调色板"中将嘴唇的颜色更换为玫红色，如图 12-62 所示。

步骤 06 在工具栏中选择"贝塞尔"工具 ，绘制出人物的衣服的轮廓，然后在"调色板"中将衣服填充淡蓝色、袖口填充绿色，并取消轮廓，如图 12-63 所示。

步骤 07 在工具栏中选择"贝塞尔"工具 ，绘制出人物的右胳膊轮廓，然后在"调色板"中填充米黄色，并取消轮廓，如图 12-64 所示。

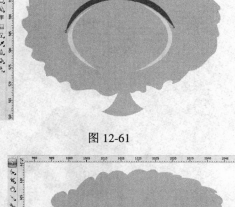

图 12-62

图 12-63

图 12-64

步骤 **08** 在工具栏中选择"贝塞尔"工具 ，绘制出人物衣服上的阴影处，然后在"调色板"中填充深蓝色，并取消轮廓，如图 12-65 所示。

步骤 **09** 在工具栏中选择"贝塞尔"工具 ，绘制出人物衣服上的装饰叶子的轮廓，然后连续复制两次并缩小，然后在"调色板"中填充绿、白、橙等颜色，并取消轮廓，如图 12-66 所示。

图 12-65

图 12-66

步骤 **10** 在工具栏中选择"椭圆"工具 ，确定一个中心点绘制出多个椭圆叠加出装饰品轮廓，然后在"调色板"中将每个椭圆内填充不同的颜色，并取消轮廓，如图 12-67 所示。

步骤 **11** 将绘制出的圆形装饰，连续复制到其他地方，如图 12-68 所示。

步骤 **12** 在工具栏中选择"贝塞尔"工具 ，绘制出人物的裙子轮廓，然后在"调色板"中填充橘红色、裙子底边填充砖红色，并取消轮廓，如图 12-69 所示。

步骤 **13** 在工具栏中选择"贝塞尔"工具 ，绘制出人物裙子上的褶皱处和阴影轮廓，然后在"调色板"中将褶皱填充为深红色、阴影填充黑色，并取消轮廓，如图 12-70 所示。

图 12-67   图 12-68

图 12-69   图 12-70

步骤⑭ 在工具栏中选择"贝塞尔"工具 ，绘制出人物的裤子和裤管的轮廓，然后在"调色板"中分别填充蓝色和淡蓝色，并取消轮廓，如图 12-71 所示。

步骤⑮ 在工具栏中选择"贝塞尔"工具 ，绘制出人物裤子上的阴影轮廓，然后在"调色板"中填充不同程度的深蓝色，并取消轮廓，如图 12-72 所示。

图 12-71   图 12-72

步骤⑯ 在工具栏中选择"贝塞尔"工具，绘制出人物的鞋子轮廓，然后在"调色板"中将鞋面填充黑色、鞋底填充淡黄色，并取消轮廓，绘制出第三个人物的效果，如图 12-73 所示。

步骤⑰ 将绘制好的三个女孩放到一起，排列出三人组合的效果，然后在工具栏中选择"矩形"工具，绘制出大矩形背景，并选择"填充"工具中的"图样填充"，在弹出的"图样填充"面板中，选择花纹图样，并选择颜色为黄色，将背景放置在最底层，这样完成了最终效果的绘制，如图 12-74 所示。

图 12-73

图 12-74

12.4　成熟女性时装效果

最终效果图如下：

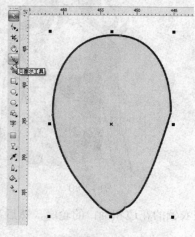

12.4.1　模特 1

步骤 **01** 在工具栏中选择"贝塞尔"工具，绘制出人物的头部轮廓，在"调色板"中将图形内部填充肉色、轮廓线填充褐色，然后在属性栏中将轮廓粗细调节为 0.25mm，如图 12-75 所示。

步骤 **02** 在工具栏中选择"贝塞尔"工具，绘制出人物身体的轮廓，然后用"形状"工具调节外形，在"调色板"中将图形内部填充肉色，如图 12-76 所示。

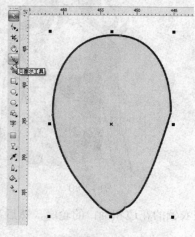
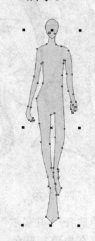

图 12-75　　　　　　　　　　　　　　　图 12-76

步骤 **03** 在工具栏中选择"贝塞尔"工具，绘制出人物的头发轮廓，并用"形状"工具调节外形，在"调色板"中填充橘黄色，然后将轮廓加粗 0.25mm，给轮廓填充褐色，如图 12-77 所示。

步骤 **04** 在工具栏中选择"贝塞尔"工具，绘制出人物的眉毛和眼睛的轮廓，然后在"调色板"中填充黑色和黄色，如图 12-78 所示。

图 12-77　　　　　　　　　　　　　　　图 12-78

步骤 **05** 在工具栏中选择"贝塞尔"工具，绘制出模特的鼻子和嘴巴轮廓，然后在"调色板"中填充粉红色，在属性栏中将轮廓线加粗，如图 12-79 所示。

步骤 06 在工具栏中选择"贝塞尔"工具，绘制出人物的内衣和外衣轮廓，然后在"调色板"中填充白色、蓝色和浅紫色，如图 12-80 所示。

图 12-79   图 12-80

步骤 07 在工具栏中选择"贝塞尔"工具，绘制出衣服衣领的花边和袖口的轮廓，然后在"调色板"中填充白色和蓝色，如图 12-81 所示。

步骤 08 在工具栏中选择"贝塞尔"工具，继续绘制衣服丝带的轮廓，然后在"调色板"中填充蓝色，如图 12-82 所示。

图 12-81   图 12-82

步骤 09 在工具栏中选择"贝塞尔"工具，绘制衣服上的褶皱曲线，然后在属性栏中将褶皱线加粗 0.2mm，并将轮廓填充深紫色，如图 12-83 所示。

步骤 10 在工具栏中选择"贝塞尔"工具，绘制出裙子的轮廓和裙子褶皱的曲线，然后用填充中的"图样填充"工具，在裙子轮廓内填充花的图案，如图 12-84 所示。

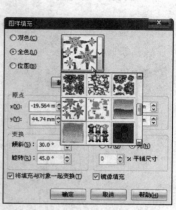

图 12-83　　　　　　　　　　　　　　　　　　图 12-84

步骤⑪ 在工具栏中选择"贝塞尔"工具 ，绘制鞋子轮廓，然后在"调色盘"中填充深咖啡色并将轮廓取消，如图 12-85 所示。

步骤⑫ 在工具栏中选择"贝塞尔"工具 ，绘制出鞋子上的玫瑰花轮廓，然后在"调色盘"中给玫瑰花填充红色，花心填充黄色，并调节轮廓的颜色和轮廓的宽度，如图 12-86 所示。

步骤⑬ 将绘制好的玫瑰花进行复制，排列在鞋子上，将其中几个缩小，第一个模特就绘制完成了，如图 12-87 所示。

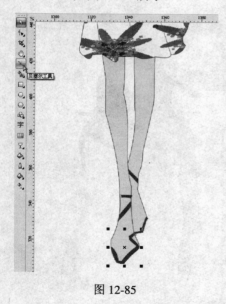

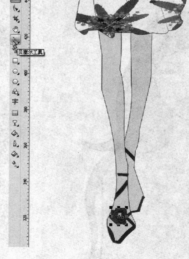

图 12-85　　　　　　　　　　　图 12-86　　　　　　　　图 12-87

12.4.2　模特 2

步骤① 现在开始绘制第二个人物，将第一模特的身体形状复制到右侧，然后用"形状"工具 ，调节外形，然后在"调色板"中填充肉色，并在属性栏中将轮廓加粗 0.353mm，如图 12-88 所示。

步骤 **02** 在工具栏中选择"贝塞尔"工具 ，绘制人物的头发轮廓，然后在"调色板"中填充橘
黄色，在属性栏中将头发的轮廓加粗 0.353mm，如图 12-89 所示。

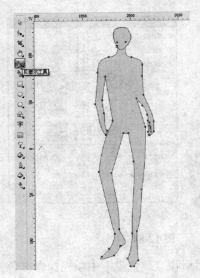

图 12-88

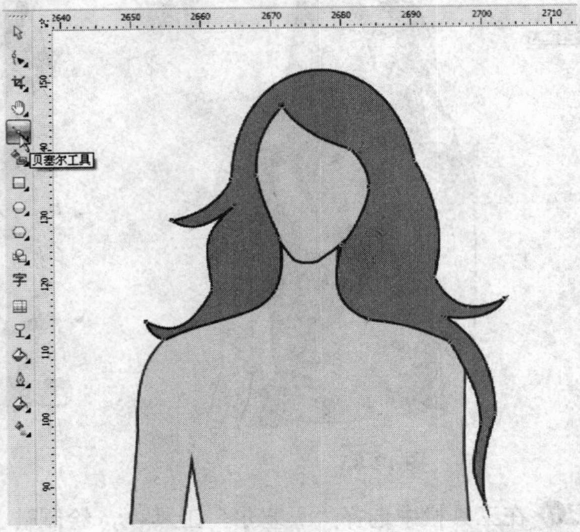

图 12-89

步骤 **03** 在工具栏中选择"贝塞尔"工具 ，绘制出人物的脸部的五官，然后在"调色盘"中填
充不同的颜色，如图 12-90 所示。

步骤 **04** 在工具栏中选择"贝塞尔"工具 ，绘制出衣服底色的轮廓，然后在"调色板"中给衣
服填充白色，并将轮廓线取消，如图 12-91 所示。

图 12-90

图 12-91

步骤 **05** 在工具栏中选择"贝塞尔"工具 ，绘制衣服的花纹轮廓，然后在"调色盘"中填充不
同的颜色，如图 12-92 所示。

步骤 **06** 在工具栏中选择"贝塞尔"工具 ，绘制出模特的锁骨和脖子的丝巾轮廓，在"调色盘"
中给丝巾添加不同的颜色，如图 12-93 所示。

图 12-92   图 12-93

步骤 07 在工具栏中选择"矩形"工具 🔲，绘制出衣服的皮带头的轮廓，然后在"调色盘"中填充颜色为粉色，在属性栏将轮廓加粗 0.3mm，并填充颜色，如图 12-94 所示。

步骤 08 在工具栏中选择"贝塞尔"工具 🖊️，给人物绘制裤子轮廓，然后在"调色盘"中给裤子填充白色，取消轮廓，如图 12-95 所示。

步骤 09 在工具栏中选择"贝塞尔"工具 🖊️，绘制出人物的鞋子轮廓，然后在"调色盘"中填充颜色为粉色，并在属性栏的右下角将轮廓加粗 0.3mm，绘制出第二个模特的效果，如图 12-96 所示。

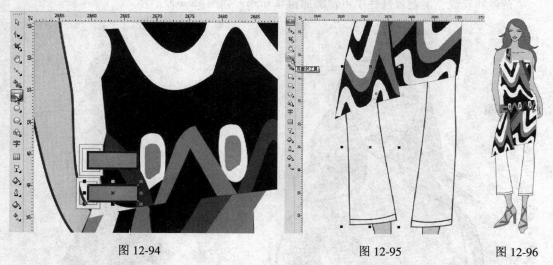

图 12-94   图 12-95   图 12-96

12.4.3 模特 3

步骤 01 将绘制的第一个模特身体轮廓复制一个，然后用"形状"工具 🖊️，调节外形，如图 12-97 所示。

步骤 02 在工具栏中用"贝塞尔"工具，先绘制出人物的耳朵的轮廓，在属性栏中将轮廓加粗 0.3mm，并且填充肉色，放置到头部的后面，然后绘制出头发轮廓，并用"形状"工具 🖊️，调节外形，然后填充橘黄色，在属性栏中将头发的轮廓线加粗 0.3mm，如图 12-98 所示。

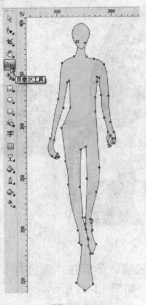
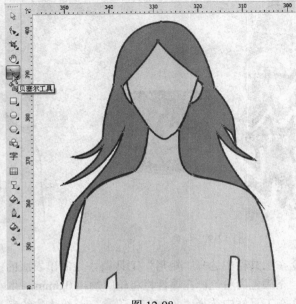

图 12-97　　　　　　　　　　　　　图 12-98

步骤 **03** 在工具栏中选择"贝塞尔"工具，绘制出人物的五官轮廓，然后在"调色板"中填充不同的颜色，如图 12-99 所示。

步骤 **04** 在工具栏中选择"贝塞尔"工具，绘制模特的衣服的轮廓，然后在"调色盘"中填充蓝色和粉红色，在属性栏中将轮廓加粗 0.3mm，如图 12-100 所示。

图 12-99　　　　　　　　　　　　　图 12-100

步骤 **05** 在工具栏中选择"贝塞尔"工具，绘制出衣服上的花边轮廓，然后在"调色盘"中填充为褐色，并取消轮廓，如图 12-101 所示。

步骤 **06** 在工具栏中选择"贝塞尔"工具，绘制出衣服上的高光和暗面褶皱轮廓，然后在"调色板"中填充深蓝色和淡蓝色，并将轮廓线取消，如图 12-102 所示。

图 12-101　　　　　　　　　　　　　　　图 12-102

步骤 07 在工具栏中选择"贝塞尔"工具  和"椭圆"工具 ，绘制出一朵花轮廓，然后在"调色板"中将花朵填充淡蓝色、花蕊填充深蓝色，并取消轮廓，如图 12-103 所示。

步骤 08 选中花朵，并将花朵群组，将绘制的花朵在裙子上进行连续复制，并将花朵进行大小缩放调节，如图 12-104 所示。

图 12-103

图 12-104

步骤 09 在工具栏中选择"贝塞尔"工具 ，绘制鞋子的轮廓，然后在"调色盘"中填充不同程度的橘黄色，并将轮廓取消，如图 12-105 所示。

步骤 10 在工具栏中选择"贝塞尔"工具 ，绘制鞋带，然后在"调色板"中填充颜色，将轮廓加粗 0.3mm 并给轮廓填充颜色，绘制出第三个模特的效果，如图 12-106 所示。

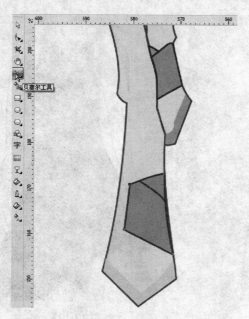

图 12-105 图 12-106

 将绘制好的三个人物排列在一起，然后在工具栏中选择"矩形"工具，绘制一个矩形，并选择"填充"工具 中的"图样填充"工具 ，在弹出的"图样填充"面板中，选择直线图样，并选择颜色为玫红色，将矩形填充，并放置在最底层，这样就完成了人物组合时装的绘制，如图 12-107 所示。

图 12-107

第13章

动 漫 设 计

本章导读

CorelDRAW X4 完善的绘图功能，也可以应用在卡通动漫设计领域，因为卡通图形本身的一些特点，如线条简单、色彩明快、需要有大量的重复等，恰好符合了矢量图形的特点，所以使用 CorelDRAW 绘制卡通图形是十分方便的。本章精选大量生动典型的案例的学习使用 CorelDRAW X4 绘制动漫卡通角色，来提高学习的兴趣，并熟练掌握 CorelDRAW 绘制卡通图形的基本方法，使学习软件变成一件开心快乐的事情。

知识要点

在绘制漫画造型时，一般是先用贝塞尔曲线工具，勾勒出对象的大体轮廓，然后再用形状工具调节轮廓形状，最后填充颜色，在绘制过程中注意把握不同动物的外形特点，注意不同对象之间的层次关系。

13.1 小 熊 的 脑 袋

最终效果图如下：

步骤 **01** 在工具栏中选择"椭圆"工具 ，绘制一个椭圆轮廓，在"属性栏"中选择"转换为曲线"工具 ，使椭圆转换为曲线，然后用"形状"工具 ，调节轮廓，如图 13-1 所示。

步骤 **02** 在工具栏中选择"轮廓"工具 ，调节轮廓的宽度为 2.822mm，然后在工具栏中选择"填充"工具 中的"均匀填充"工具 ，设置填充颜色色值为 C：15 M：6 Y：6 K：0，如图 13-2 所示。

步骤 **03** 在工具栏中选择"椭圆"工具 ，绘制脸部轮廓，在"属性栏"中选择"转换为曲线"工具 ，使椭圆转换为曲线，然后用"形状"工具 ，调节轮廓，如图 13-3 所示。

步骤 **04** 选中绘制出的脸部轮廓，在"调色盘"中填充白色，并取消轮廓，如图 13-4 所示。

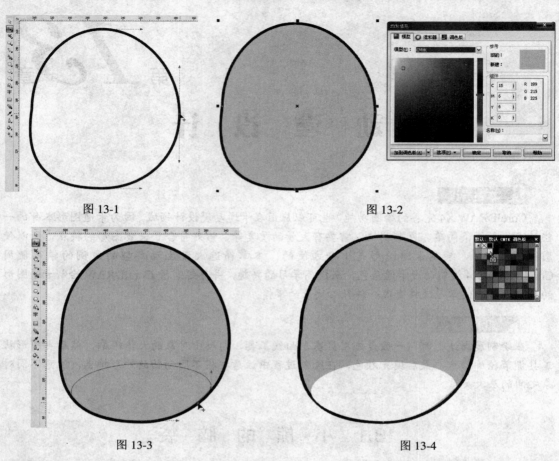

图 13-1　　　　　　　　　　　　　　　　　图 13-2

图 13-3　　　　　　　　　　　　　　　　　图 13-4

步骤 05 在工具栏中选择"椭圆"工具 ◯，绘制椭圆并复制，分别作为小熊的嘴巴、鼻子和眼睛，然后在"调色盘"中填充黑色，如图 13-5 所示。

步骤 06 在工具栏中选择"贝塞尔"工具 ◯，绘制出小熊的人中，并用"形状"工具 ◯，调节外形，然后在"调色盘"中填充黑色，移动到鼻梁的位置，如图 13-6 所示。

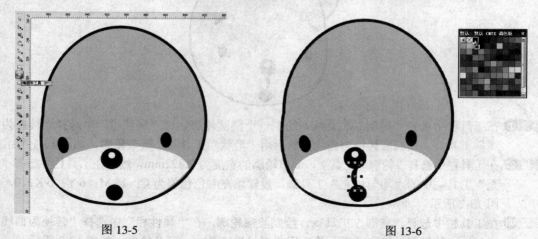

图 13-5　　　　　　　　　　　　　　　　　图 13-6

步骤 07 在工具栏中选择"矩形"工具 ◻，绘制矩形，然后在属性栏中调节 4 个角的圆角为 100，在"调色盘"中填充黑色，然后再双击矩形旋转角度，作为小熊的眉毛，将矩形复制一个到右侧,如图 13-7 所示。

步骤 08 在工具栏中选择"椭圆"工具 ⬭,绘制小熊的耳朵轮廓,然后在工具栏中选择"填充"工具 🖌 中的"均匀填充"工具 ▇,填充颜色值为:C:15、M:6、Y:6、K:0 的蓝色,选中耳朵放置在头部的后面,并复制一个到右侧,这样就完成了小熊头部的绘制,如图 13-8 所示。

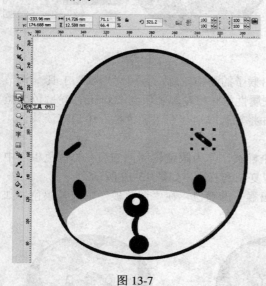

图 13-7

图 13-8

13.2 小 猴 子

最终效果图如下:

13.2.1 头部的绘制

步骤 01 在工具栏中选择"椭圆"工具 ⬭,绘制出一个椭圆,然后在属性栏中将轮廓加粗到 2.0mm,在"调色盘"中将椭圆内部填充为深红色,轮廓色为黑色,如图 13-9 所示。

步骤 02 选中绘制出的椭圆,按下数字键盘上的"+"号,复制一个,并用"挑选"工具 ⬚,按下键盘 Shift 键,向内缩小图形,然后在"调色盘"中将椭圆内部填充为土红色,并取消轮廓色,如图 13-10 所示。

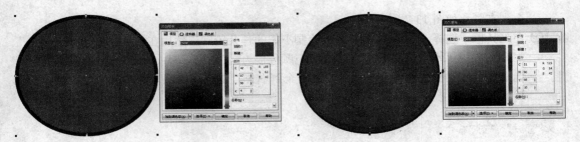

图 13-9   图 13-10

步骤 03 在工具栏中选择"贝塞尔"工具 📝，绘制出猴子的面部轮廓，并用"形状"工具 📐 调节
外形，然后在"调色盘"中填充米黄色，在属性栏中将轮廓加粗到 2.0mm，轮廓色为黑
色。将绘制好的面部复制，并向内缩小，并将轮廓取消，在"调色盘"中填充淡黄色，
如图 13-11 所示。

步骤 04 在工具栏中选择"椭圆"工具 ⚪，绘制两个椭圆，作为眼睛轮廓，然后在"调色板"中
分别填充黑色和白色，然后将绘制好的眼睛复制到右边，如图 13-12 所示。

步骤 05 在工具栏中选择"贝塞尔"工具 📝，绘制出猴子的嘴巴，在"调色板"中选择黑色，如
图 13-13 所示。

图 13-11   图 13-12   图 13-13

步骤 06 在工具栏中选择"贝塞尔"工具 📝，绘制出猴子的耳朵，在属性栏中将轮廓加粗到 2.0mm，
轮廓色为黑色，然后在"调色盘"中填充深红色，将绘制好的耳朵复制一个并缩小。在
属性栏中将轮廓取消，在"调色盘"中填充土红色，如图 13-14 所示。

步骤 07 选中绘制好的耳朵，并群组。将做好的耳朵复制一个，放置在猴子脑袋的右边，并水平
镜像，如图 13-15 所示。

图 13-14   图 13-15

13.2.2 身体的绘制

步骤 01 在工具栏中选择"椭圆"工具 ⚪，绘制出一个椭圆，作为猴子的身体。然后在"调色盘"
中填充深红色，在属性栏中将轮廓加粗到 2.0mm，轮廓色为黑色，如图 13-16 所示。

步骤 **02** 选中绘制出的猴子的身体椭圆，连续复制两个，并依次缩小。然后在"调色盘"中填充米黄色和浅黄色，并在"调色盘"中取消轮廓色，如图 13-17 所示。

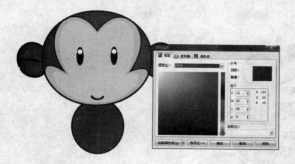

图 13-16

图 13-17

步骤 **03** 在工具栏中选择"贝塞尔曲线"工具 ，绘制出猴子的一个胳膊，然后在"调色盘"中填充深红色，在属性栏中将轮廓加粗到 2.0mm，轮廓色为黑色。将绘制好的胳膊复制并缩小，在属性栏中将轮廓取消，在"调色盘"中填充土红色，如图 13-18 所示。

步骤 **04** 选中做好的胳膊并群组，将做好的胳膊复制一个，放在身体的右边，并在属性栏中做"水平镜像" ，如图 13-19 所示。

图 13-18

图 13-19

步骤 **05** 选中绘制好的胳膊向下复制，作为猴子的腿。用"挑选"工具 ，双击腿，然后旋转到垂直，将垂直的腿在旁边复制一个，使其完整，如图 13-20 所示。

步骤 **06** 在工具栏中选择"贝塞尔曲线"工具 ，绘制出一个猴子的尾巴，并用"形状"工具 调节外形，然后在"调色盘"中填充深红色，在属性栏中将轮廓加粗到 2.0mm，轮廓色为黑色，这样就完成了小猴子的绘制，如图 13-21 所示。

图 13-20

图 13-21

13.3 吃 饭 的 小 熊

最终效果图如下：

13.3.1 头部的绘制

步骤 01 选择工具栏中的"椭圆"工具 ◎ ，绘制一个椭圆，单击鼠标右键将椭圆转换为曲线，然后使用"形状"工具 ☞ ，调整节点椭圆外形，如图 13-22 所示。

步骤 02 选中椭圆，在属性栏中将轮廓宽度设为 2.822mm，在"调色盘"中填充颜色为土黄色，如图 13-23 所示。

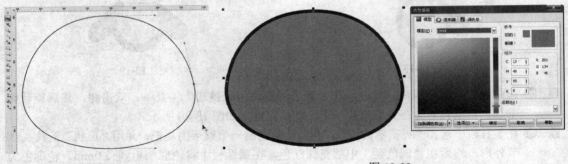

图 13-22   图 13-23

步骤 03 使用工具栏中的"椭圆"工具 ◎ ，在大椭圆内绘制一个小椭圆，单击右键转换为曲线，使用"形状"工具 ☞ ，调整节点，在属性栏中设置轮廓宽度为 1.7mm，在"调色盘"中填充颜色为淡黄色，如图 13-24 所示。

步骤 04 使用工具栏中的"椭圆"工具 ◎ ，绘制两个椭圆轮廓，在"调色盘"中填充颜色为黑色，作为小熊的眼睛，如图 13-25 所示。

步骤 05 选择工具栏中的"艺术笔"工具 ☜ ，在属性栏中设置笔的宽度为 2.5mm，选择"预设"笔触 ⋈ ，绘制出胡须，在"调色盘"中填充黑色，如图 13-26 所示。

步骤 06 选中绘制出的胡须并群组，然后复制到脸部的右侧，并在属性栏中做"水平镜像"按钮 ⋈ ，如图 13-27 所示。

步骤 07 使用工具栏中的"贝塞尔"工具 ☜ ，绘制出鼻子的轮廓，然后使用"椭圆"工具 ◎ ，绘制出鼻子的高光和嘴巴。在"调色盘"中分别填充颜色为黑色和白色，如图 13-28 所示。

步骤 08 选择工具栏中的"椭圆"工具 ⬭，按住 Ctrl 键，绘制一个正圆，在属性栏中设置线宽为 2.822mm，在"调色盘"中填充颜色为土黄色。将绘制出的正圆复制一个并缩小。轮廓宽度为 2.822mm，填充颜色为粉色，选中两个圆形，使用快捷键 Ctrl+G 将两个圆群组，放在头部的后面，作为小熊的耳朵。选中耳朵复制到右侧，并在属性栏中做"水平镜像" ⬚，如图 13-29 所示。

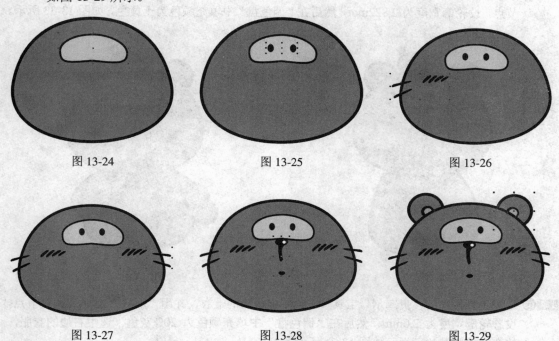

图 13-24   图 13-25   图 13-26

图 13-27   图 13-28   图 13-29

步骤 09 选择工具栏中的"贝塞尔"工具 ✎，在小熊头顶部绘制叶子的形状，并使用"形状"工具 ⬚，调整节点，如图 13-30 所示。

步骤 10 选中树叶，在属性栏中设置轮廓宽度为 1.8mm，在"调色盘"中分别填充蓝绿色和青蓝色。使用工具栏中的"贝塞尔"工具 ✎，绘制几条叶脉，设轮廓宽度为 1.411mm，选中整个树叶的形状并群组，移动到小熊的脑袋上，如图 13-31 所示。

图 13-30

图 13-31

13.3.2 身体的绘制

步骤 01 使用工具栏中的"贝塞尔"工具，绘制小熊的肚子轮廓，并用"形状"工具调整节点。在属性栏中设置轮廓宽度为 2.822mm，然后在"调色盘"中填充颜色为土黄色，如图 13-32 所示。

步骤 02 使用工具栏中的"贝塞尔"工具，绘制出两只胳膊轮廓，并使用"形状"工具调整节点，设轮廓宽度为 2.822mm，然后在"调色盘"中填充颜色为土黄色，如图 13-33 所示。

图 13-32

图 13-33

步骤 03 选择工具栏中的"贝塞尔"工具，绘制出小熊的上衣，并用"形状"工具调整节点，设置轮廓宽度为 2.0mm，然后在"调色盘"中填充颜色为 20%灰色。选中右边的衣服，放在右边胳膊的下面，如图 13-34 所示。

步骤 04 选择工具栏中的"椭圆"工具，绘制一个椭圆轮廓，在"属性栏"中的"轮廓宽度"输入为 2.822mm，然后在"调色盘"中填充颜色为土黄色，选中绘制出的椭圆，按下数字键盘上"+"号，复制一个并缩小，然后在"调色盘"中填充颜色为粉色，绘制出小熊右边的脚，如图 13-35 所示。

图 13-34

图 13-35

步骤 **05** 选择工具栏中的"椭圆"工具 ◎，绘制一个椭圆轮廓，作为小熊的尾巴，单击鼠标右键转换为曲线，并使用"形状"工具 ◊ 调整节点，在属性栏中设置线宽为 2.822mm，然后在"调色盘"中填充颜色为土黄色，如图 13-36 所示。

图 13-36

13.3.3 小碗的绘制

步骤 **01** 选择工具栏中的"椭圆"工具 ◎，绘制一个椭圆轮廓，单击右键转换为曲线，并使用"形状"工具 ◊ 调整节点，然后在属性栏设置线宽为 2.822mm，在"调色盘"中填充颜色为红色，作为小熊的饭碗，如图 13-37 所示。

步骤 **02** 选择工具栏中的"贝塞尔"工具 ◊，绘制出碗的轮廓边，然后在属性栏中设置线宽，如图 13-38 所示。

图 13-37

图 13-38

步骤 **03** 选择工具栏中的"贝塞尔"工具 ◊，绘制出小熊碗中的饭，并在属性栏中设置线宽，然后在"调色盘"中填充橙色，如图 13-39 所示。

步骤 **04** 选择工具栏中的"贝塞尔"工具 ◊ 和"椭圆"工具 ◎，绘制出小熊的筷子，并在属性栏中设置线宽，然后在"调色盘"中填充颜色绿色，这样就完成了小熊的绘制，如图 13-40 所示。

图 13-39　　　　　　　　　　　　　　　　图 13-40

13.4　小　蜜　蜂

最终效果图如下：

13.4.1　头部的绘制

步骤 01　在工具栏中选择"贝塞尔"工具 ，绘制出小蜜蜂的头部，然后在"调色盘"中给小蜜蜂的头部填充黄色，在属性栏中将轮廓设置 1.0mm，轮廓色为黑色，如图 13-41 所示。

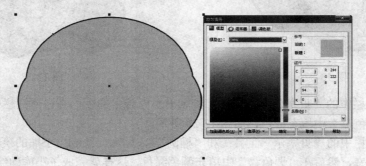

图 13-41

步骤 02　在工具栏中选择"贝塞尔"工具 🖊，绘制出小蜜蜂的头上的形状，然后在"调色盘"中填充为黑色，如图 13-42 所示。

步骤 03　在工具栏中选择"贝塞尔"工具 🖊，绘制出小蜜蜂的触角，并用"形状"工具 🖊 调节轮廓，然后在"调色盘"中填充为黑色，如图 13-43 所示。

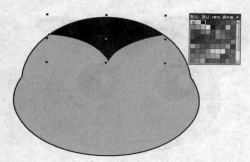

图 13-42　　　　　　　　　　　　　　图 13-43

步骤 04　在工具栏中选择"椭圆"工具 ⬭，绘制小蜜蜂的触角，然后在"调色盘"中填充为黄色并将轮廓取消，将绘制完成的触角群组，并拖曳复制到右边，并在属性栏中做"水平镜像"🔄，如图 13-44 所示。

步骤 05　在工具栏中选择"贝塞尔"工具 🖊，绘制小蜜蜂脸部的暗面，然后在"调色盘"中填充橘黄色并将轮廓取消，如图 13-45 所示。

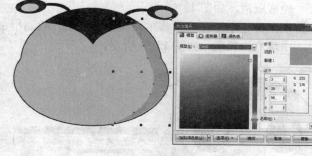

图 13-44　　　　　　　　　　　　　　图 13-45

步骤 06　在工具栏中选择"椭圆"工具 ⬭，按住 Ctrl 键绘制正圆，然后在"调色盘"中填充橘黄色并将轮廓取消，如图 13-46 所示。

步骤 07　选中绘制好的正圆，然后复制并缩小，并依次填充白色、黑色和灰色，绘制出蜜蜂的眼睛，如图 13-47 所示。

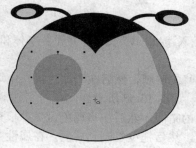

图 13-46　　　　　　　　　　　　　　图 13-47

步骤 08 将绘制完成的眼睛复制到右边，在属性栏中将复制的眼睛"水平镜像" ，如图 13-48 所示。

步骤 09 在工具栏中选择"贝塞尔"工具 ，绘制出小蜜蜂的嘴巴，在属性栏中将嘴巴的轮廓设置到 1.0mm，轮廓色为黑色，如图 13-49 所示。

图 13-48

图 13-49

13.4.2 上身的绘制

步骤 01 在工具栏中选择"椭圆"工具 ，绘制一个椭圆，作为小蜜蜂的身体，然后单击右键"转换为曲线"，并用"形状"工具 ，将转换的圆进行调节，然后在"调色盘"中填充黄色，接着使用"贝塞尔"工具 ，绘制出身体的暗面，然后在"调色盘"中填充橘黄色并将轮廓取消，如图 13-50 所示。

步骤 02 在工具栏中选择"贝塞尔曲线"工具 ，绘制出小蜜蜂身上的纹理，然后在"调色盘"中填充为黑色，如图 13-51 所示。

图 13-50   图 13-51

步骤 03 在工具栏中选择"文字"工具 ，在小蜜蜂身上输入"Alipay"文字，并设置字体和大小，如图 13-52 所示。

步骤 04 在工具栏中选择"贝塞尔"工具 ，绘制出小蜜蜂的胳膊，然后在"调色盘"中填充黄色，在属性中将轮廓设为 0.5mm，轮廓色为黑色，如图 13-53 所示。

步骤 05 在工具栏中选择"贝塞尔"工具 ，绘制出胳膊的暗面，然后在"调色盘"中填充橘黄色并将轮廓取消，将绘制完成的胳膊选中并群组，然后拖曳复制到右侧，在属性中将复制的手进行"水平镜像" ，如图 13-54 所示。

<table>
<tr><td>图 13-52</td><td>图 13-53</td><td>图 13-54</td></tr>
</table>

13.4.3　翅膀的绘制

步骤 01 在工具栏中选择"贝塞尔"工具，绘制出小蜜蜂的翅膀轮廓，在"调色盘"中填充为白色并在属性栏将轮廓设置 1.0mm，轮廓色为黑色，放置在最底层，如图 13-55 所示。

步骤 02 在工具栏中选择"贝塞尔"工具，继续绘制小蜜蜂的翅膀，然后在"调色盘"中填充为蓝色和深蓝色，并将轮廓取消，如图 13-56 所示。

步骤 03 将绘制完成的翅膀选中，并拖曳复制到右侧，然后在属性中做"水平镜像"，如图 13-57 所示。

<table>
<tr><td>图 13-55</td><td>图 13-56</td><td>图 13-57</td></tr>
</table>

13.4.4　下身的绘制

步骤 01 在工具栏中选择"贝塞尔"工具，绘制小蜜蜂的尾巴，然后在"调色盘"中填充为白色和黑色，如图 13-58 所示。

步骤 02 在工具栏中选择"贝塞尔"工具，绘制出小蜜蜂的脚，并用"形状"工具调节外形，然后在"调色盘"中将绘制的脚丫填充为白色和黑色，如图 13-59 所示。

步骤 03 将绘制完成的脚选中并群组，然后拖曳复制到右侧，在属性栏中做"水平镜像"，如图 13-60 所示。

步骤 04 选择"文件"菜单栏中的"导出"命令，在弹出的对话框中选择输出的路径以及输出的文件大小、分辨率和色彩模式，输出最终效果图，如图 13-61 所示。

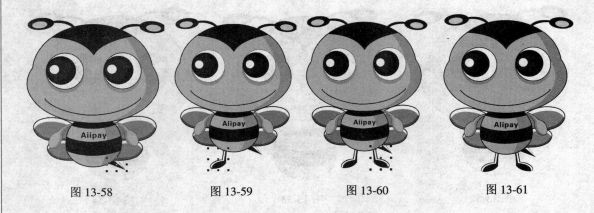

图 13-58   图 13-59   图 13-60   图 13-61

13.5 戴眼镜的小狗

最终效果图如下：

13.5.1 头部的绘制

步骤 **01** 在工具栏中选择"贝塞尔"工具 ，绘制出狗的帽子，并用"形状"工具 调节外形，然后在"调色盘"中填充红色，在属性栏中将轮廓加粗到 1.0mm，轮廓色为深咖啡色，如图 13-62 所示。

步骤 **02** 在工具栏中选择"贝塞尔"工具 ，绘制出帽子的褶皱和阴影，然后在"调色盘"中填充深咖啡色，如图 13-63 所示。

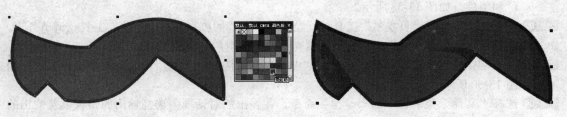

图 13-62   图 13-63

步骤 **03** 在工具栏中选择"贝塞尔"工具 ，绘制出小狗的头轮廓，并用"形状"工具 调节外形，然后在"调色盘"中填充中黄色，在属性栏中将轮廓加粗到 1.0mm，轮廓色为深咖啡色，如图 13-64 所示。

步骤 **04** 在工具栏中选择"贝塞尔"工具 ，绘制出小狗头部的阴影部分，在"调色盘"中填充橘黄色，如图 13-65 所示。

图 13-64

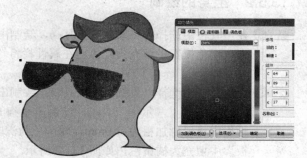

图 13-65

步骤 **05** 在工具栏中选择"贝塞尔"工具 ，绘制出小狗的眉毛，在属性栏中将轮廓加粗到 1.0mm，轮廓色为深咖啡色，如图 13-66 所示。

步骤 **06** 在工具栏中选择"贝塞尔"工具 ，绘制出小狗的眼镜，并用"形状"工具 调节外形，然后在"调色盘"中填充深红色，在属性栏中将轮廓加粗到 1.0mm，轮廓色为深咖啡色，如图 13-67 所示。

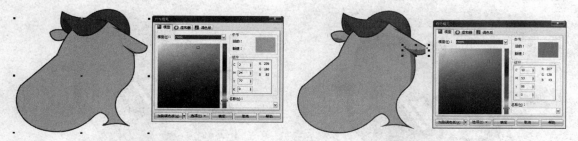

图 13-66

图 13-67

步骤 **07** 在工具栏中选择"贝塞尔"工具 ，绘制出小狗眼镜反光，在"调色板"中填充为白色，并选中整个眼镜并群组，然后再绘制出眼镜阴影轮廓，并填充橘黄色，如图 13-68 所示。

步骤 **08** 在工具栏中选择"贝塞尔"工具 ，绘制出小狗的鼻子，在"调色板"填充为黑色，在属性栏中将轮廓加粗到 1.0mm，轮廓色为深咖啡色，然后使用"椭圆"工具 ，绘制出小狗鼻子的高光，如图 13-69 所示。

图 13-68

图 13-69

步骤 **09** 在工具栏中选择"贝塞尔"工具 ，绘制出小狗的脸蛋轮廓，然后使用"填充"工具 中的"渐变填充"工具 ，在弹出的"渐变填充"面板中，设置橘红到黄色的渐变，填充出脸蛋，如图 13-70 所示。

步骤 **10** 在工具栏中选择"贝塞尔"工具 ，绘制出小狗的舌头和嘴巴，在"调色板"中分别填充为红色和深咖啡色，选中舌头，在属性栏中将轮廓加粗到 1.0mm，如图 13-71 所示。

图 13-70

图 13-71

13.5.2 上身的绘制

步骤 **01** 在工具栏中选择"贝塞尔"工具 ，绘制出小狗的衣服，并用"形状"工具 调节外形，在"调色板"中填充为红色，在属性栏将轮廓加粗到 1.0mm，轮廓色为深咖啡色，如图 13-72 所示。

步骤 **02** 在工具栏中选择"贝塞尔"工具 ，绘制出衣服的暗面，在"调色板"中填充为深红色，继续使用"贝塞尔"工具 ，绘制出小狗的右手，在"调色板"中填充为中黄色，在属性栏中将轮廓加粗为 1.0mm，轮廓色为深咖啡色，然后再绘制出胳膊的暗面，在"调色板"中填充为橘黄色，如图 13-73 所示。

图 13-72

图 13-73

步骤 **03** 重复步骤 **02**，绘制出小狗左边的胳膊，并放在最底层，如图 13-74 所示。

步骤 **04** 在工具栏中选择"文本"工具 ，输入大写字母"D"，并调节字体和大小，然后在"调色板"中填充为白色，如图 13-75 所示。

图 13-74

图 13-75

13.5.3　下身的绘制

步骤01 在工具栏中选择"贝塞尔"工具，绘制出小狗的肚子和双腿，并用"形状"工具调节外形，在"调色板"中填充黄色，在属性栏将轮廓加粗到 1.0mm，轮廓色为深咖啡色，如图 13-76 所示。

步骤02 在工具栏中选择"贝塞尔"工具，绘制出小狗双腿的暗面，在"调色板"中填充为橘黄色，如图 13-77 所示。

图 13-76

图 13-77

步骤03 在工具栏中选择"贝塞尔"工具，绘制出小狗鞋，在"调色板"中填充为红色，在属性栏中将轮廓加粗到 1.0mm，轮廓色为深咖啡色，如图 13-78 所示。

步骤04 在工具栏中选择"贝塞尔"工具，绘制出鞋子的暗面，在"调色板"中填充为深红色，然后再绘制出小狗的鞋带，在"调色板"中填充为白色，在属性栏将轮廓加粗到 1.0mm，轮廓色为深咖啡色，如图 13-79 所示。

图 13-78

图 13-79

步骤 **05** 在工具栏中选择"贝塞尔"工具 ，绘制出小狗的鞋底，在"调色板"中填充颜色为白色，在属性栏将轮廓加粗到 1.0mm，轮廓色为深咖啡色，然后再绘制出脚底的暗面，在"调色板"中填充为浅灰色，如图 13-80 所示。

步骤 **06** 框选绘制完成的小狗并群组。然后选择工具栏中的"交互式阴影"工具 ，给小狗拉出阴影，然后在属性栏中将"阴影羽化"调节为 0，阴影颜色为浅灰色，这样就完成了小狗的绘制，如图 13-81 所示。

图 13-80   图 13-81

13.6 自信的小老虎

最终效果图如下：

13.6.1 头部的绘制

步骤 **01** 在工具栏中选择"椭圆"工具 ，绘制椭圆作为老虎的头部轮廓，然后在属性工具栏中调节轮廓宽度为 3.0mm，在"调色盘"中将椭圆填充为白色。将绘制的椭圆复制一个，单击鼠标右键转换为曲线，然后使用"形状"工具 ，增加节点，调节外形，并填充黄色，如图 13-82 所示。

步骤 02　在工具栏中选择"椭圆"工具 ，绘制椭圆作为老虎的眼睛轮廓，在属性工具栏中调节轮廓宽度为 1.5mm，在"调色盘"中将椭圆填充为白色，继续使用"椭圆"工具 ，在眼睛内绘制椭圆，作为瞳孔和高光，在"调色盘"中将椭圆分别填充为白色和黑色，选中绘制好的眼睛并群组，拖曳复制到右侧并缩小，如图 13-83 所示。

步骤 03　在工具栏中选择"贝塞尔"工具 ，绘制鼻子的轮廓，并用"形状"工具 调节轮廓线的外形，然后在"调色盘"中填充黑颜色，使用"椭圆"工具 ，绘制一个小椭圆，作为鼻子的高光，如图 13-84 所示。

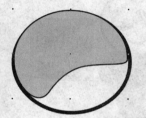　　

图 13-82　　　　　　　　　图 13-83　　　　　　　　　图 13-84

步骤 04　在工具栏中选择"贝塞尔"工具 ，绘制出嘴巴的轮廓，并用"形状"工具 调节轮廓线的外形，然后在"调色盘"中填充黑色，如图 13-85 所示。

步骤 05　在工具栏中选择"贝塞尔"工具 ，绘制出老虎的胡须，在属性栏中调节线宽，选中胡须拖曳复制到右侧并水平反转，如图 13-86 所示。

步骤 06　在工具栏中选择"贝塞尔"工具 ，绘制出月牙形的斑纹，并在老虎的脸上连续复制并旋转，然后使用"形状"工具 ，调节外形，如图 13-87 所示。

图 13-85　　　　　　　　　图 13-86　　　　　　　　　图 13-87

步骤 07　在工具栏中选择"椭圆"工具 ，绘制椭圆作为老虎的耳朵，将绘制出的椭圆复制并缩小，然后在"调色盘"中分别填充黑色和白色，将耳朵选中并群组，然后拖曳复制到右侧，并缩小，如图 13-88 所示。

步骤 08　在工具栏中选择"贝塞尔"工具 ，绘制出耳朵中间翘起的头发，然后用"形状"工具 ，调整轮廓，在"调色盘"中填充黑色，如图 13-89 所示。

图 13-88　　　　　　　　　　　　　　　　图 13-89

13.6.2 身体的绘制

步骤 01 在工具栏中选择"贝塞尔"工具，用折线勾勒出老虎身体的轮廓，如图 13-90 所示。

步骤 02 在工具栏中选择"形状"工具，对勾勒出来的轮廓进行进一步的编辑，然后在"调色盘"中填充黑色，如图 13-91 所示。

图 13-90   图 13-91

步骤 03 在工具栏中选择"贝塞尔"工具，绘制双手的轮廓，再用"形状"工具调整轮廓，然后在"调色盘"中填充黄颜色，如图 13-92 所示。

步骤 04 在工具栏中选择"贝塞尔"工具，绘制袖子的轮廓，再用"形状"工具调整轮廓，然后在"调色盘"中填充红颜色，如图 13-93 所示。

图 13-92   图 13-93

步骤 05 在工具栏中选择"贝塞尔"工具，绘制裤子的轮廓，再用"形状"工具调整轮廓，然后在"调色盘"中填充浅蓝色和蓝色，如图 13-94 所示。

步骤 06 在工具栏中选择"贝塞尔"工具，绘制鞋子的轮廓，再用"形状"工具调整轮廓，然后在"调色盘"中填充浅咖啡色，如图 13-95 所示。

步骤 07 在工具栏中选择"贝塞尔"工具，绘制小老虎尾巴花纹的轮廓，再用"形状"工具调整轮廓，在"调色盘"中填充黄颜色，按住鼠标右键拖动复制花纹，这样就完成了小老虎的绘制，如图 13-96 所示。

图 13-94　　　　　　　　　　图 13-95　　　　　　　　　　图 13-96

13.7　小　女　孩

最终效果图如下：

13.7.1　头部的绘制

步骤 **01** 在工具栏中选择"椭圆"工具 ，绘制一个椭圆，作为小女孩脸部轮廓，然后在"调色盘"中将颜色填充为橘黄色，在属性栏中将轮廓调节到 1.411mm，轮廓的颜色为咖啡色，如图 13-97 所示。

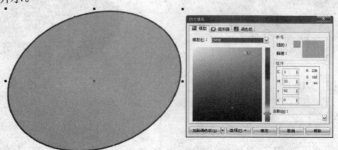

图 13-97

步骤 **02** 在工具栏中选择"贝塞尔"工具 ，绘制出头发轮廓，并用"形状"工具 调节外形，然后在"调色盘"中填充橘红色，并将轮廓取消，如图 13-98 所示。

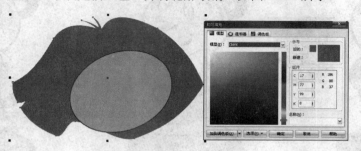

图 13-98

步骤 **03** 在工具栏中选择"贝塞尔"工具 ，绘制出头发轮廓，并用"形状"工具 调节外形，然后在"调色盘"中将绘制的头发填充为黑色，如图 13-99 所示。

图 13-99

步骤 **04** 在工具栏中选择"贝塞尔"工具 ，绘制小女孩的眼睛轮廓和眼球，然后在"调色盘"中分别填充白色和橘红色，用"椭圆"工具 ，绘制瞳孔和高光，并分别填充黑色和白色，将绘制好的眼睛选中并群组，然后复制到右边，如图 13-100 所示。

步骤 **05** 在工具栏中选择"贝塞尔"工具 ，绘制出嘴巴和鼻子，然后在"调色盘"中给嘴巴填充橘红和橘黄色，如图 13-101 所示。

图 13-100

图 13-101

13.7.2 上身的绘制

步骤 **01** 在工具栏选择"贝塞尔"工具 ，绘制出小女孩的身体，然后在"调色盘"中填充橘黄色并将轮廓取消，如图 13-102 所示。

图 13-102

步骤 02 在工具栏中选择"贝塞尔"工具，绘制小女孩的衣服轮廓，用"形状"工具调节外形，然后在"调色盘"中填充玫红色，在属性栏中调节轮廓宽度，如图 13-103 所示。

图 13-103

步骤 03 在工具栏中选择"贝塞尔"工具，绘制小女孩的手臂，然后在"调色盘"中填充肉色，在属性栏中调节轮廓宽度，将绘制好的手臂群组，并复制右侧，在属性栏中做"水平镜像"，对手稍作调节，如图 13-104 所示。

图 13-104

步骤 04 在工具栏中选"椭圆"工具，按住 Ctrl 键绘制正圆，然后在"调色盘"中填充黄色，在属性栏中将轮廓加粗并填充轮廓色咖啡色，将正圆连续复制，作为小女孩的手链，如图 13-105 所示。

图 13-105

步骤 05 在工具栏中选择"贝塞尔"工具 ，绘制书包背带轮廓，然后在"调色盘"中填充淡蓝色，并在属性栏中调节轮廓宽度，如图 13-106 所示。

图 13-106

步骤 06 在工具栏中选择"贝塞尔"工具 ，进一步绘制书包轮廓，并在"调色盘"中分别填充蓝色和浅紫色，如图 13-107 所示。

图 13-107

13.7.3 下身的绘制

步骤 01 在工具栏中选择"贝塞尔"工具 ，绘制出小女孩的裤子，然后在"调色盘"中填充橘黄色，在属性栏中调节轮廓宽度并填充轮廓色为咖啡色，如图 13-108 所示。

步骤 02 在工具栏中绘制小孩的腿，然后在"调色盘"中填充中黄色，在属性栏中将轮廓加粗，并填充颜色，如图 13-109 所示。

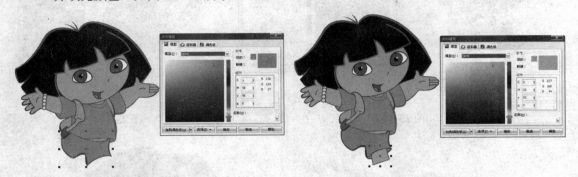

图 13-108　　　　　　　　　　　　　　　图 13-109

步骤 03 在工具栏中选择"贝塞尔"工具 ，绘制出小女孩露在鞋子外的袜子，然后在"调色盘"中填充黄色，在属性栏中将轮廓加粗并填充轮廓色为咖啡色，如图 13-110 所示。

步骤 04 在工具栏中选择"贝塞尔"工具 ，绘制出小女孩鞋子的轮廓，然后在"调色盘"中分别给鞋子填充颜色，在属性栏中调节轮廓宽度并填充颜色，如图 13-111 所示。

步骤 05 在工具栏中选择"贝塞尔"工具 ，绘制鞋底的纹理，在属性栏中将轮廓加粗 1.411mm，轮廓色为咖啡色，如图 13-112 所示。

图 13-110　　　　　　　　图 13-111　　　　　　　　图 13-112

步骤 06 在工具栏中选择"贝塞尔"工具 ，绘制出小女孩的另一条腿，然后在"调色盘"中填充橘黄色，属性栏中将轮廓进行调节并填充轮廓色，如图 13-113 所示。

步骤 07 在工具栏中选择"贝塞尔"工具 ，绘制漏在鞋子外的袜子，然后在"调色盘"填充黄色，在属性栏中将轮廓加粗并填充轮廓色，如图 13-114 所示。

步骤 08 在工具栏中选择"贝塞尔"工具 ，绘制出鞋子，在"调色盘"中填充白颜色，在属性栏中将轮廓加粗，并填充咖啡色，如图 13-115 所示。

步骤 09 选择"文件"菜单栏中的"导出"命令，在弹出的"导出"面板中，设置文件名称、路径、格式和大小，输出文件，绘制出最终效果图，如图 13-116 所示。

图 13-113

图 13-114

图 13-115

图 13-116

第**14**章

插　画　设　计

本章导读

　　CorelDRAW 的绘图功能也可以绘制插画，本章通过几个插画实例的绘制，来了解使用 CorelDRAW X4 绘制插画的过程和方法。在绘制插画时，一般是先勾勒出图形的外轮廓，然后使用填充、渐变等工具填色。在绘制过程中，注意整体风格的把握图形之间的顺序。

知识要点

　　在绘制插画的时候，要注意绘图的顺序，造型的特点、颜色的合理，以及填充、渐变填色工具的使用，还要注意图形的比例，色彩搭配的和谐，图形的层的层叠顺序，图形的整体的风格和效果。

14.1　男　孩　和　女　孩

最终效果图如下：

14.1.1　背景的绘制

步骤 01 在工具栏中选择"矩形"工具 ，绘制出一个矩形轮廓，并在属性栏中调节出圆角，然后选择"填充"工具 中的"均匀填充"工具 ，在弹出的"均匀填充"面板中，选择土黄色填充到矩形，并将轮廓取消，如图 14-1 所示。

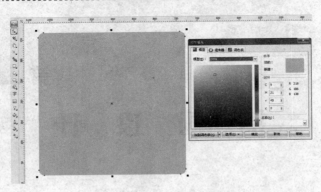

图 14-1

步骤 02 在工具栏中选择"椭圆"工具 ⊙，绘制一个圆，然后填充浅咖啡色，并将轮廓取消。选中小椭圆，使用"排列"菜单中"变换"下的"位置"，先水平方向复制出一排并群组，然后再垂直向下连续复制，绘制出背景，如图 14-2 所示。

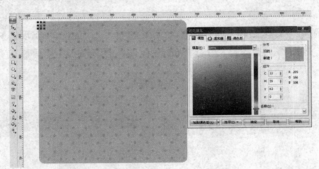

图 14-2

14.1.2 女孩的绘制

步骤 01 在工具栏中选择"贝塞尔"工具 ✏，绘制小女孩的脸轮廓，然后在"调色盘"中填充肉色，并在属性栏中将轮廓值设为 2.822mm，将轮廓的颜色设置为咖啡色，如图 14-3 所示。

步骤 02 在工具栏中选择"贝塞尔"工具 ✏，绘制头发轮廓，然后在"调色盘"中将头发填充为橘黄色，在属性栏中将轮廓设置 2.822mm，轮廓色为咖啡色，如图 14-4 所示。

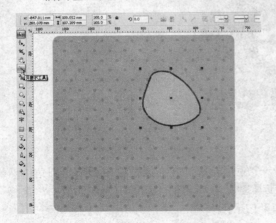

图 14-3

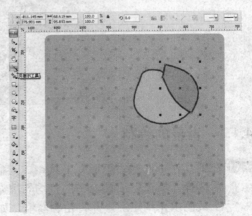

图 14-4

步骤 **03** 在工具栏中选择"贝塞尔"工具 ，绘制出头发上的亮面，然后填充为黄色并将轮廓取消，如图 14-5 所示。

步骤 **04** 在工具栏中选择"贝塞尔"工具 ，绘制出帽子轮廓，然后在"调色盘"中填充白色和黄色，并在属性栏中将轮廓加粗为 2.822mm，轮廓颜色设为咖啡色，如图 14-6 所示。

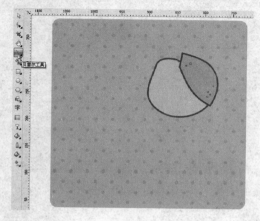

图 14-5   图 14-6

步骤 **05** 在工具栏中选择"贝塞尔"工具 ，绘制小女孩额头处的头发轮廓，然后在"调色盘"中填充橘黄色，在属性栏中奖轮廓设置为 1.411mm，轮廓颜色设为黄色，如图 14-7 所示。

步骤 **06** 在工具栏中选择"贝塞尔"工具 ，绘制出小孩的耳朵轮廓，然后在"调色盘"中填充肉色和黄色，并在属性栏中将轮廓加粗 2.822mm，轮廓色设为咖啡色，如图 14-8 所示。

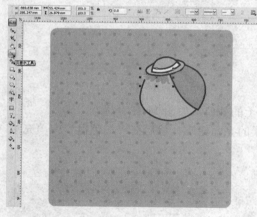
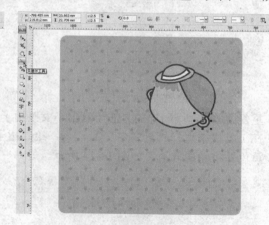

图 14-7   图 14-8

步骤 **07** 在工具栏中选择"贝塞尔"工具 ，绘制小女孩的脸部五官轮廓，然后填充为咖啡色和黄色，如图 14-9 所示。

步骤 **08** 在工具栏中选择"椭圆"工具 ，绘制红脸蛋轮廓，然后在"调色盘"中填充粉红色，如图 14-10 所示。

步骤 **09** 在工具栏中选择"贝塞尔"工具 ，绘制小女孩头发的轮廓，并用"形状"工具 调节外形，然后在"调色盘"中填充橘黄色，在属性栏中将轮廓加粗到 2.822mm，轮廓颜色设为咖啡色，如图 14-11 所示。

步骤 **10** 在工具栏中选择"贝塞尔"工具 ，绘制小女孩的裙子，然后在"调色盘"中给绘制的裙子填充黄色，并在属性栏将轮廓加粗到 2.822mm，轮廓色设色为咖啡色，如图 14-12 所示。

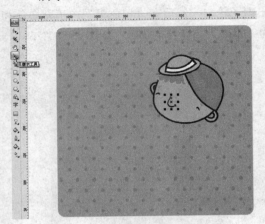

图 14-9

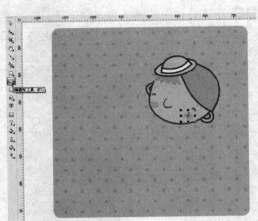

图 14-10

图 14-11

14-12

步骤⑪ 重复步骤⑩，用同样的方法绘制出小女孩裙子上的袖口，如图 14-13 所示。

步骤⑫ 在工具栏中选择"贝塞尔"工具，绘制裙子的亮面轮廓，然后在"调色盘"中填充淡黄色并将轮廓取消，如图 14-14 所示。

图 14-13

图 14-14

步骤⓭ 在工具栏中选择"贝塞尔"工具 ，绘制出小女孩的围裙，然后在"调色盘"中填充白色，在属性栏中将轮廓加粗到 2.822mm，轮廓颜色设为咖啡色，如图 14-15 所示。

步骤⓮ 在工具栏中选择"贝塞尔"工具 ，绘制围裙上的暗面轮廓，然后在"调色盘"中填充中黄色，并将轮廓取消，如图 14-16 所示。

图 14-15　　　　　　　　　　　　　　　　图 14-16

步骤⓯ 在工具栏中选择"贝塞尔"工具 ，绘制胳膊和手，然后在"调色盘"中填充肉色，在属性栏中将轮廓加粗 2.822mm，轮廓的颜色设为咖啡色，如图 14-17 所示。

步骤⓰ 在工具栏中选择"贝塞尔"工具 ，绘制出小腿和和鞋子，然后在"调色盘"中填充白色和黄色，在属性栏中将轮廓设为 2.822mm，轮廓的颜色设为咖啡色，如图 14-18 所示。

图 14-17　　　　　　　　　　　　　　　　图 14-18

步骤⓱ 将绘制好的腿选中并群组，然后拖曳复制出右脚，双击复制的右脚会出现旋转模式，然后旋转合适的角度，如图 14-19 所示。

步骤⓲ 在工具栏中选择"贝塞尔"工具 ，绘制气球棍，然后在"调色盘"中填充粉色，在属性栏中将轮廓加粗 2.822mm，轮廓的颜色设为咖啡色，如图 14-20 所示。

步骤⓳ 在工具栏中选择"贝塞尔"工具 ，在棍子内绘制装饰条，然后在"调色盘"中填充白色和红色并将轮廓取消，然后在棍子顶部绘制蝴蝶结，并在"调色盘"中填充白色，在属性栏中将轮廓设置为 2.822mm，轮廓颜色设为咖啡色，如图 14-21 所示。

步骤⓴ 在工具栏中选择"椭圆"工具 ，在蝴蝶结上绘制椭圆轮廓，并在"调色盘"中填充红色并将轮廓取消，然后将填充完成的圆进行复制。继续使用"椭圆"工具 ，按 Ctrl 键，在蝴蝶结上绘制一个正圆轮廓，然后填充红色，在属性栏中将轮廓加粗到 2.822mm，轮廓的颜色设为咖啡色，如图 14-22 所示。

图 14-19

图 14-20

图 14-21

图 14-22

步骤 **21** 在工具栏中选择"贝塞尔"工具 ，绘制气球的阴影面和亮面，然后在"调色盘"中填充不同程度的红色，并将轮廓取消。在工具栏中选择"基本形状"工具 ，在属性栏中选择心形，在气球上绘制白色心形，连续复制并旋转，如图 14-23 所示。

图 14-23

14.1.3　男孩的绘制

步骤 01　在工具栏中选择"贝塞尔"工具 ，绘制第二个人的脸和头发头的轮廓，并在属性栏中将轮廓加粗 2.822mm，然后分别填充肉色和褐色，如图 14-24 所示。

步骤 02　在工具栏中选择"贝塞尔"工具 ，绘制头发上的亮面轮廓，然后在"调色盘"填充淡褐色并将轮廓取消，继续使用"贝塞尔"工具 ，绘制男孩脸部五官轮廓，然后在"调色盘"中填充不同程度的咖啡色，如图 14-25 所示。

图 14-24　　　　　　　　　　　　　　　　　　图 14-25

步骤 03　在工具栏中选择"椭圆"工具 ，绘制脸蛋轮廓，然后在"调色盘"中填充脸蛋颜色为肉色和浅褐色，如图 14-26 所示。

步骤 04　在工具栏中选择"贝塞尔"工具 ，绘制小孩的衣服轮廓，然后在"调色盘"中给衣服填充绿色，在属性栏中将轮廓加粗 2.822mm，轮廓色设为咖啡色，如图 14-27 所示。

图 14-26　　　　　　　　　　　　　　　　　　图 14-27

步骤 05　在工具栏中选择"贝塞尔"工具 ，绘制衣服上的花纹轮廓，然后在"调色盘"中给衣服填充红色并将轮廓取消，如图 14-28 所示。

步骤 06　在工具栏中选择"贝塞尔"工具 ，绘制小孩的手轮廓，并用"形状"工具 调节外形，然后在"调色盘"中填充肉色，在属性栏中将轮廓加粗 2.822mm，轮廓的颜色设为咖啡色，如图 14-29 所示。

图 14-28

图 14-29

步骤 07 在工具栏中选择"贝塞尔"工具 ，绘制小孩的裤子轮廓，并用"形状"工具 调节外形，然后在"调色盘"中给裤子填充白色，在属性栏中将轮廓加粗到 2.822mm，轮廓颜色设为咖啡色，如图 14-30 所示。

步骤 08 在工具栏中选择"贝塞尔"工具 ，绘制鞋子的轮廓，然后在"调色盘"中填充绿色，轮廓线填充咖啡色，在属性栏中将轮廓线加粗到 2.822mm，如图 14-31 所示。

图 14-30

图 14-31

步骤 09 在工具栏中选择"贝塞尔"工具 ，两个人的阴影轮廓，然后在"调色盘"中填充土黄色，并取消轮廓，如图 14-32 所示。

步骤 10 选择菜单栏的"文件"中选择"导出"，在弹出的对话框中选择存放的位置和文件的大小，输出最终效果，如图 14-33 所示。

图 14-32

图 14-33

14.2 春 天 来 了

最终效果图如下：

14.2.1 草地天空的绘制

步骤 01 在工具栏中选择"矩形"工具，绘制一个矩形轮廓，然后在工具栏中选择"填充"工具里的"渐变填充"工具，给绘制的矩形填充蓝色渐变色，并将矩形的轮廓线取消作为背景，如图 14-34 所示。

步骤 02 在工具栏中选择"贝塞尔"工具，绘制出草地轮廓，然后在工具栏中选择"填充"工具里的"渐变填充"工具，给绘制的草地轮廓填充绿色渐变色，并将轮廓线取消，如图 14-35 所示。

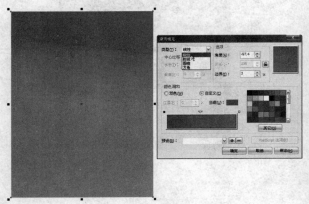

图 14-34

图 14-35

步骤 03 在工具栏中选择"贝塞尔"工具，绘制云朵形状，并用"形状"工具调节外形，在"调色盘"中任意填充一种颜色，然后再选择"交互式阴影"工具，拉出阴影，在属性栏中将阴影的颜色调节为白色，如图 14-36 所示。

步骤 04 在"排列"菜单中选择"打散阴影群组"，将阴影分解出来，如图 14-37 所示。

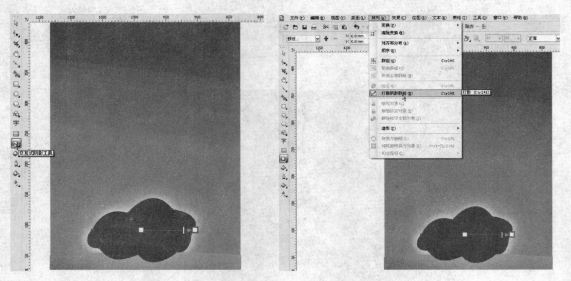

图 14-36 图 14-37

步骤 05 将拆分出来的阴影进行复制，然后调节大小，如图 14-38 所示。

步骤 06 在工具栏中选择"贝塞尔"工具，绘制云轮廓，并填充白色，然后在工具栏中选择"交互式透明"工具，给绘制的云拉出透明，并将绘制完成的云进行复制，如图 14-39 所示。

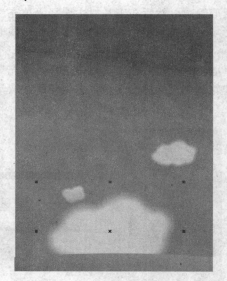

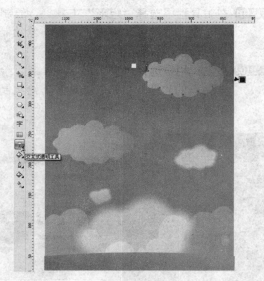

图 14-38 图 14-39

14.2.2 女孩的绘制

步骤 01 在工具栏中选择"贝塞尔"工具，绘制出小女孩的脸形轮廓，然后选择"填充"工具里的"渐变填充"工具，给脸形填充肉色渐变色，如图 14-40 所示。

步骤 02 在工具栏中选择"贝塞尔"工具，绘制出小女孩的头发轮廓，然后选择"填充"工具里的"渐变填充"工具，给头发填咖啡色渐变色，如图 14-41 所示。

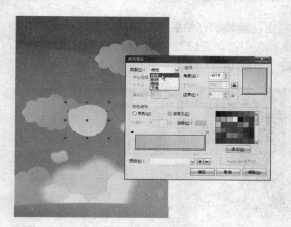

图 14-40

图 14-41

步骤 03 在工具栏中选择"椭圆"工具 ⬭ 和"贝塞尔"工具 ✎ ，绘制出眼睛和嘴巴轮廓，然后在"调色盘"中填充眼睛为黑色，在属性栏中将嘴巴的轮廓线加粗到 0.353mm，如图 14-42 所示。

步骤 04 在工具栏中选择"椭圆"工具 ⬭ ，绘制一个椭圆作为小女孩的红脸蛋轮廓，然后任意填充一种颜色，在工具栏中选择"阴影"工具 ▣ 拉出阴影，再在"排列"菜单里选择"打散阴影群组"，并将属性栏中将阴影的颜色调节为粉红色，然后将绘制的椭圆删除，在将阴影复制一个，如图 14-43 所示。

图 14-42

图 14-43

步骤 05 在工具栏中选择"贝塞尔"工具 ✎ ，绘制出小女孩的衣服轮廓，并填充黄色渐变，然后再用"基本形状"工具 ⬡ ，绘制衣服上装饰心形，并在"调色盘"中填充为红色，如图 14-44 所示。

步骤 06 在工具栏中选择"贝塞尔"工具 ✎ ，绘制腿和手轮廓，然后再用"渐变填充"工具 ▣ ，填充渐肉色变色，如图 14-45 所示。

步骤 07 在工具中选择"贝塞尔"工具 ✎ ，绘制花枝轮廓，然后在"调色盘"中给花枝填充绿色，并将轮廓取消，如图 14-46 所示。

步骤 08 在工具栏中选择"贝塞尔"工具 ，绘制出花瓣轮廓，然后给花瓣填充粉红色渐变并将轮廓取消，然后选择"排列"菜单下"变换"中的"旋转"，设置旋转角度为 35°，然后单击"应用到再制"按钮，环形复制花瓣，如图 14-47 所示。

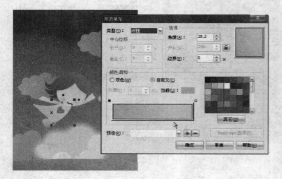

图 14-44

图 14-45

图 14-46

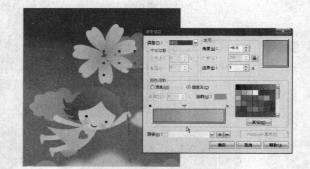

图 14-47

步骤 09 在工具栏中选择"椭圆"工具 ，绘制花心轮廓，然后选择"填充"工具 里的"渐变填充"工具 ，给花心填充黄色渐变并将轮廓取消，如图 14-48 所示。

步骤 10 选中绘制好的花并群组，将绘制好的花连续进行复制并缩小，如图 14-49 所示。

图 14-48

图 14-49

14.2.3 房子的绘制

步骤 01 在工具栏中选择"贝塞尔"工具 ，绘制出房子轮廓，然后用"渐变填充"工具 ，给房顶填充橘黄色渐变，给房子填充白色、窗户为蓝色，如图 14-50 所示。

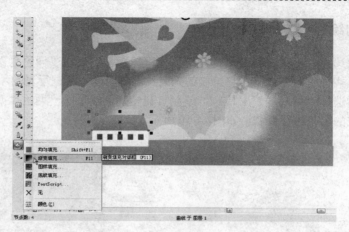

图 14-50

步骤 02 重复步骤 01，用同样的方法绘制旁边尖顶的房子，如图 14-51 所示。

步骤 03 在工具栏中选择"贝塞尔"工具 和"椭圆"工具 ，绘制小树的轮廓，然后在"调色盘"中将树冠填充绿色、树干为咖啡色，如图 14-52 所示。

图 14-51

图 14-52

步骤 04 将绘制好的小树按 Ctrl+G 键群组，然后将群组的树按 Ctrl+D 键进行连续复制，如图 14-53 所示。

步骤 05 在工具栏中用"椭圆"工具 和"贝塞尔"工具 ，绘制小花的轮廓，然后将花朵轮廓内填充红色到白色的渐变色，在"调色板"中填充绿色，选中绘制出的小花在草坪上连续复制，如图 14-54 所示。

图 14-53

图 14-54

14.2.4　光线的绘制

步骤01 在工具栏中选择"贝塞尔"工具，绘制光束轮廓，然后在"调色盘"中的填充白色，再用"交互式透明"工具，将绘制的光束拉出透明度，再进行复制，如图 14-55 所示。

步骤02 在工具栏中选择"贝塞尔"工具，绘制雪花轮廓，然后在"调色盘"中填充白色，再将绘制完成的雪花进行复制，如图 14-56 所示。

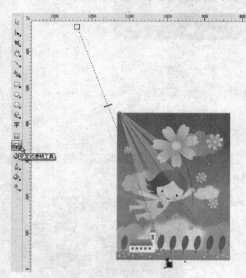

图 14-55　　　　　　　　　　　　　图 14-56

步骤03 在工具栏中选择"多边形"工具，绘制一个六边形的轮廓，然后在"调色盘"填充白色，并选择"交互式透明"工具，将绘制的多边形拉出透明度，将绘制的完成的多边形进行连续复制并缩小，如图 14-57 所示。

步骤04 选择"文件"菜单栏的中"导出"命令，在弹出的对话框中选择存放的位置和文件的大小，输出最终效果，如图 14-58 所示。

图 14-57　　　　　　　　　　　　　图 14-58

14.3 长 发 女 孩

最终效果图如下：

14.3.1 头部的绘制

步骤01 在工具栏中选择"贝塞尔"工具 ，绘制出人物的面部轮廓，然后使用工具栏中"填充"工具 中的"均匀填充"工具 ，填充 C：0、M：41、Y：48、K：0 的黄色，如图 14-59所示。

步骤02 在工具栏中选择"贝塞尔"工具 ，绘制出人物的眼框轮廓，然后在"调色板"中填充颜色为黑色，继续使用"贝塞尔"工具 ，绘制出人物的眼白的轮廓，然后"调色板"中填充白色，如图 14-60 所示。

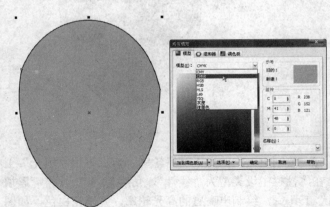

图 14-59

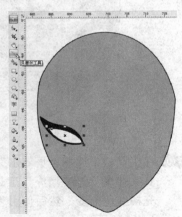

图 14-60

步骤03 在工具栏中选择"贝塞尔"工具 ，绘制出人物的蓝眼珠的轮廓，在"调色板"中填充淡蓝色，然后使用"椭圆"工具 ，绘制出瞳孔轮廓和高光的轮廓，然后在"调色板"中将瞳孔填充黑色，高光填充白色，如图 14-61 所示。

步骤 **04** 在工具栏中选择"贝塞尔"工具，绘制出人物的眼皮和眼影的轮廓，并将眼皮填充颜色为深红色，眼影填充红粉色渐变。将左边绘制好的眼睛选中，复制到右边并水平镜像，如图 14-62 所示。

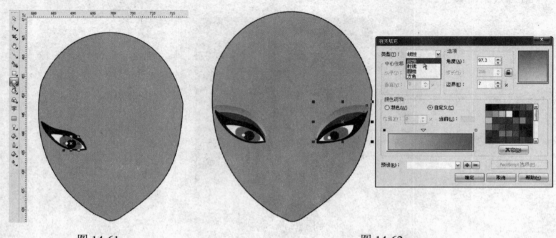

图 14-61   图 14-62

步骤 **05** 在工具栏中选择"贝塞尔"工具，绘制出人物的眉毛轮廓，在"调色板"中填充颜色为黑色，然后将眉毛复制到右边，在属性栏中将复制的眉毛水平镜像，如图 14-63 所示。

步骤 **06** 在工具栏中选择"贝塞尔"工具，绘制出人物的鼻子和嘴巴轮廓，然后在"调色板"中将鼻子填充咖啡色，嘴巴填充红褐色，牙齿填充白色，如图 14-64 所示。

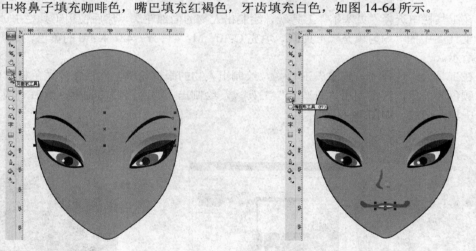

图 14-63   图 14-64

步骤 **07** 在工具栏中选择"贝塞尔"工具，绘制出人物的上下嘴唇轮廓，然后再用"填充"工具中的"渐变填充"工具，在属性栏中设类型为"线性"，角度为 90°，将嘴唇填充橘红色渐变，然后使用"椭圆"工具，绘制出嘴唇的高光轮廓，并填充白色，如图 14-65 所示。

步骤 **08** 在工具栏中选择"椭圆"工具，绘制出脸部腮红和高光区轮廓，在"调色板"中将脸蛋填充肉色、高光填充白色，在工具栏中选择"交互式透明"工具，在属性栏中透明度类型为"标准"，透明中心点为 50% 的透明度，将脸部腮红透明度降低，将脸部腮红和高光选中并群组，并拖曳复制到右边，然后在属性栏中将脸蛋水平镜像，如图 14-66 所示。

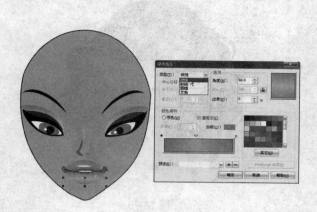

图 14-65　　　　　　　　　　图 14-66

步骤 09 在工具栏中选择"贝塞尔"工具 ，绘制出人物的头发轮廓，并用"形状"工具 调节外形，然后在"调色板"中填充颜色为黑色，如图 14-67 所示。

步骤 10 在工具栏中选择"贝塞尔"工具 ，绘制出人物的耳朵轮廓，在"调色板"中填充颜色为肉色和淡褐色，将会好的耳朵群组，并拖曳复制到右边，然后在属性栏中将复制的耳朵水平镜像，如图 14-68 所示。

图 14-67　　　　　　　　　　图 14-68

14.3.2　身体的绘制

步骤 01 在工具栏中选择"贝塞尔"工具 ，绘制出人物的上半身轮廓，然后在"调色板"中填充颜色为肉色，如图 14-69 所示。

步骤 02 在工具栏中选择"贝塞尔"工具 ，绘制出人物的腋窝和锁骨，然后在"调色板"中填充颜色为土红色和咖啡色，如图 14-70 所示。

步骤 03 在工具栏中选择"贝塞尔"工具 ，绘制出人物的红裙子轮廓，然后在"调色板"中填充红色，如图 14-71 所示。

步骤 04 在工具栏中选择"贝塞尔"工具 ，绘制出人物红裙子上的褶皱轮廓，然后在"调色板"中填充深红色，如图 14-72 所示。

图 14-69

图 14-70

图 14-71

图 14-72

步骤 05 在工具栏中选择"椭圆"工具 ⬭，在裙子上绘制出珍珠圆点，然后填充白色，并在裙子上连续复制，如图 14-73 所示。

步骤 06 在工具栏中选择"贝塞尔"工具 ✎，绘制出人物项链轮廓，然后在属性栏将轮廓加粗到1.5mm，在"调色板"中将轮廓线填充为黑色，选中项链，在属性栏中的轮廓样式选择器中选择样式为点状虚线，如图 14-74 所示。

图 14-73

图 14-74

步骤 **07** 在工具栏中选择"贝塞尔"工具，绘制出人物披肩轮廓，在"调色板"中设颜色为浅红色，然后复制一份并缩小，在"调色板"中填充颜色为白色，如图 14-75 所示。

步骤 **08** 在工具栏中选择"贝塞尔"工具，绘制出人物披肩的褶皱轮廓然后，然后在"调色板"中填充颜色为灰色，用同样的方法绘制出右边披肩，如图 14-76 所示。

图 14-75　　　　　　　　　　　　　　　图 14-76

14.3.3　胳膊的绘制

步骤 **01** 在工具栏中选择"贝塞尔"工具，绘制出人物的胳膊轮廓，然后在"调色板"中填充颜色为肉色，并取消轮廓，如图 14-77 所示。

步骤 **02** 在工具栏中选择"贝塞尔"工具，绘制出人物的手套轮廓，并用"形状"工具调节外形，然后填充白色、轮廓线填充灰色，将绘制好的手套复制到右侧，并做水平反转，如图 14-78 所示。

图 14-77　　　　　　　　　　　　　　　图 14-78

步骤 **03** 在工具栏中选择"贝塞尔"工具 ，绘制出人物脖子上发光球，并在"调色板"中填充淡黄色，然后在工具栏中选择"交互式透明"工具 ，在属性栏中设透明度类型为"标准"，调节透明度为50%的透明度，降低球体透明度，如图14-79所示。

步骤 **04** 在工具栏中选择"椭圆"工具 ，绘制出发光体的轮廓，然后再用"填充"工具 中的"渐变填充"工具 ，将轮廓内填充橘黄色到黄色的射线渐变，如图14-80所示。

图 14-79

图 14-80

步骤 **05** 在工具栏中选择"交互式透明"工具 ，在属性栏中设透明度类型为"标准"，开始透明度为90%的透明度，然后复制并缩小，如图14-81所示。

步骤 **06** 在工具栏中选择"椭圆"工具 ，绘制出发光体周围的小圆点轮廓，然后在"调色板"填充颜色为灰色，连续复制并摆放合适，如图14-82所示。

图 14-81

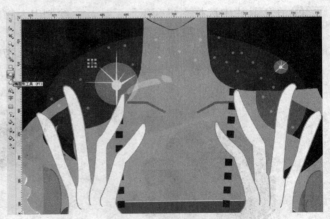

图 14-82

步骤 **07** 在工具栏中选择"椭圆"工具 ，绘制出发光球轮廓，在属性栏将轮廓加粗到0.5mm，在"调色板"中将轮廓线填充为白色，然后复制并缩小，降低透明度，如图14-83所示。

步骤 **08** 在工具栏中选择"基本形状"工具 ，在属性栏中将形状选择为心形轮廓，然后将心形轮廓内填充白色到红色的渐变，如图14-84所示。

步骤 **09** 在工具栏中选择"贝塞尔"工具 ，绘制出曲线做双手指缝，并在"调色板"中将轮廓线填充灰色，然后使用"椭圆"工具 ，绘制出人物的戒指轮廓，再用"填充"工具 中的"渐变填充"工具 ，将轮廓内填充白色到红色的渐变，如图14-85所示。

步骤⑩ 在工具栏中选择"贝塞尔"工具，在手套口处绘制出两条曲线，然后在属性栏中将轮廓加粗到 0.2mm，在"调色板"中填充颜色为灰色，选中曲线，在属性栏中设轮廓样式选择器为虚线，将绘制好的曲线群组，再复制一份曲线，放置在右边，并在属性栏中将曲线水平镜像，如图 14-86 所示。

图 14-83

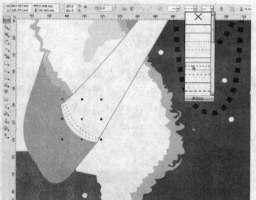

图 14-84

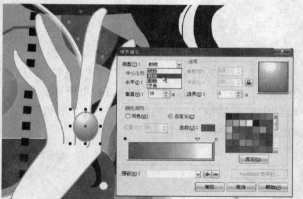

图 14-85

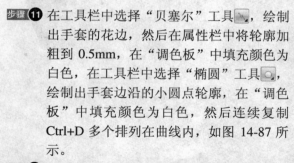

图 14-86

步骤⑪ 在工具栏中选择"贝塞尔"工具，绘制出手套的花边，然后在属性栏中将轮廓加粗到 0.5mm，在"调色板"中填充颜色为白色，在工具栏中选择"椭圆"工具，绘制出手套边沿的小圆点轮廓，在"调色板"中填充颜色为白色，然后连续复制 Ctrl+D 多个排列在曲线内，如图 14-87 所示。

步骤⑫ 选中绘制出的花边轮廓并群组，然后再用"交互式透明"工具，在属性栏中设透明度类型为"标准"，开始透明度为 50% 的透明度，将手套的花边选中，然后拖曳复制到右边，然后在属性栏中将复制的花边"水

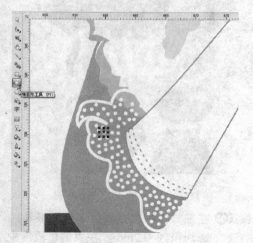

图 14-87

平镜像" 🖼️，如图 14-88 所示。

步骤13 在工具栏中选择"贝塞尔"工具 ✏️，绘制出人物的手镯，然后在"调色板"中填充颜色为金黄色，并向下连续复制，如图 14-89 所示。

图 14-88

图 14-89

14.3.4 猫的绘制

步骤01 在工具栏中选择"贝塞尔"工具 ✏️，绘制出人物身后的猫身轮廓，并用"形状"工具调节外形，然后在"调色板"中设颜色为灰色，并放置在最底层，如图 14-90 所示。

步骤02 在工具栏中选择"贝塞尔"工具 ✏️，绘制出猫耳朵和脸部毛的轮廓，并用"形状"工具调节外形，然后分别填充浅红色和浅褐色，如图 14-91 所示。

图 14-90

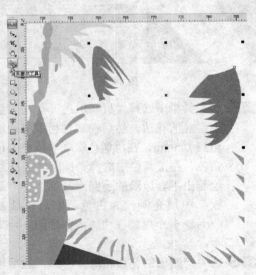

图 14-91

步骤03 在工具栏中选择"贝塞尔"工具 ✏️，绘制出猫的右耳的轮廓曲线，然后在属性栏中将轮廓加粗到 0.2mm，在"调色板"中填充浅灰色，继续使用"贝塞尔"工具 ✏️，绘制出猫头上的毛的轮廓，然后在"调色板"中填充颜色为灰色，如图 14-92 所示。

步骤 04 在工具栏中选择"贝塞尔"工具，绘制出猫的眼睛轮廓，然后分别填充咖啡色和碧绿色颜色射线渐变，如图 14-93 所示。

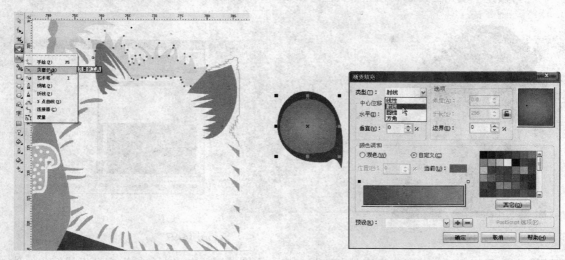

图 14-92　　　　　　　　　　　　　　　　　　图 14-93

步骤 05 在工具栏中选择"椭圆"工具，绘制出猫眼的高光区轮廓，然后在"调色板"中填充颜色为白色，然后用"贝塞尔"工具，绘制出猫眼的瞳孔轮廓，然后填充蓝色的射线型的渐变，将绘制好的猫的眼睛，复制一个放置在右边，然后在属性栏中水平镜像，如图 14-94 所示。

步骤 06 在工具栏中选择"贝塞尔"工具，绘制出猫的鼻子和嘴巴轮廓，然后在轮廓内填充红色的渐变，如图 14-95 所示。

图 14-94　　　　　　　　　　　　　　　　　　图 14-95

14.3.5　背景的绘制

步骤 01 在工具栏中选择"贝塞尔"工具，分别勾勒出人物头发和猫身轮廓，然后分别填充淡红和橘红，如图 14-96 所示。

步骤 **02** 在工具栏中选择"矩形"工具 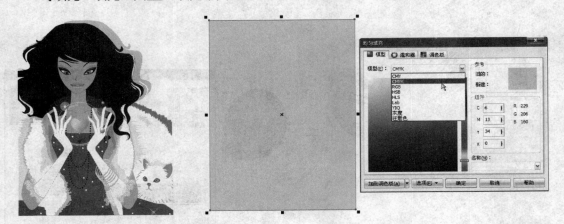，绘制出一个矩形轮廓，然后再用"填充" 中的"均匀填充"填充工具 ，填充中黄色，如图 14-97 所示。

图 14-96　　　　　　　　　　　　　　　　　　图 14-97

步骤 **03** 在工具栏中选择"椭圆"工具 ，绘制出一个圆轮廓，在"调色板"中填充浅红色，然后再复制多个椭圆排列整齐，将绘制好的所有椭圆选中，在菜单栏中的图框精确剪裁中的"放置在容器中"，将所有椭圆放置前面绘制好的矩形中，如图 14-98 所示。

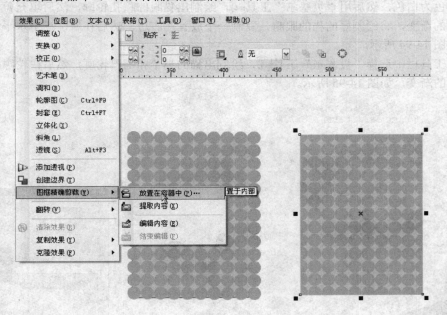

图 14-98

步骤 **04** 在工具栏中选择"贝塞尔"工具 ，绘制一根直线，在属性栏中将轮廓加粗到 0.75mm，在"调色板"中填充直线颜色为咖啡色，选中直线，在属性栏中将轮廓样式选择器设为虚线，后连续复制 8 根，选中绘制好的背景，放在人物的后面，如图 14-99 所示。

步骤 **05** 在工具栏中选择"椭圆"工具 ，绘制出一个圆轮廓，然后再用"填充"工具 中的"渐变填充"工具 ，在轮廓内填充白色到黄色射线渐变，在连续复制多个椭圆，将其中一些椭圆缩小，如图 14-100 所示。

图 14-99

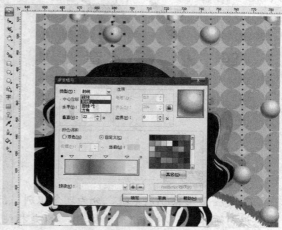

图 14-100

步骤 06 重复**步骤 05**，绘制出红色球，并在背景复制，如图 14-101 所示。

步骤 07 在工具栏中选择"贝塞尔"工具 ，绘制出一个星星轮廓，然后在"调色板"中设颜色为白色，并连续将星星复制多个，其中一些缩小，绘制出最终效果图，如图 14-102 所示。

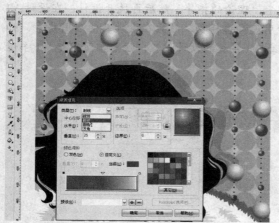

图 14-101

图 14-102

第15章

CI 设 计

本章导读

CI 是企业形象识别系统，分为理念识别、行为识别和视觉识别三个部分。理念识别是 MI，视觉识别简称 VI，行为识别简称 BI，VI 是指纯属视觉信息传递的各种形式的统一，是具体化、视觉化的传递形式，也是 CI 中系列项目最多、层面最广、效果最直接的向社会传递信息的部分，具体执行行为于操作中的规范化、协调化、以便经营管理的统一化。CI 设计是一门专业的学科，专业的 VI 视觉识别系统一般都是使用 CorelDRAW 软件来设计。

知识要点

CI 设计是一个整体，在学习时应先有核心理念、理论的指导，然后再展开设计。在设计 VI 时，先设计出核心的四要素：标志、专用字、专用色和吉祥物，然后在设计其他应用要素，如办公要素、户外广告等几大类别。本章介绍了整套 VI 系统的设计过程，注意学习完整 VI 手册的设计要点。

15.1 VI 手册——核心要素设计

15.1.1 标志设计

最终效果图如下：

步骤 01 在工具栏中选择"多边形"工具 ，绘制一个五边形轮廓，然后在属性栏中将五边形的轮廓加粗到 2mm，如图 15-1 所示。

步骤 02 在"排列"菜单栏中选择"将轮廓转换为对象"命令，将五边形转换为对象，再用工具栏中的"形状"工具 ，将五边形的边调节圆滑，然后用"填充"工具 中的"均匀填充"工具 ，将调节好的五边形内填充 R：230、G：0、B：0 的红色，如图 15-2 所示。

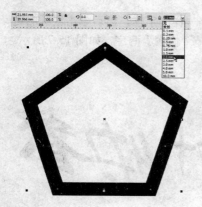

图 15-1

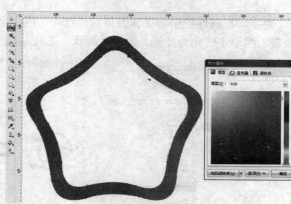

图 15-2

步骤 03 在工具栏中选择"贝塞尔"工具，绘制一个枫叶的基本轮廓，再用"形状"工具调节轮廓，如图 15-3 所示。

步骤 04 在工具栏中选择"滴管"工具，吸取五边形的红色，然后再用"颜料桶"工具填充枫叶的轮廓内，并取消轮廓色，如图 15-4 所示。

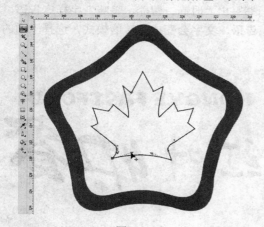

图 15-3

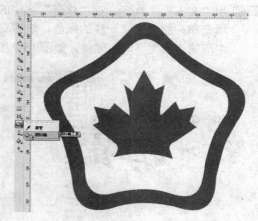

图 15-4

步骤 05 在工具栏中选择"矩形"工具，绘制枫叶的把子轮廓，然后用填充枫叶的方法填充枫叶把子的颜色。选中整个标志图形，然后在属性栏中群组，绘制完成标志的制作，如图 15-5 所示。

15.1.2　专用字设计

步骤 01 在工具栏中选择"文本"工具，书写出"红叶"两个字，然后在属性栏中调节文字的字体为方正新舒体简体，大小为50pt，如图 15-6 所示。

步骤 02 用"文本"工具，在红叶后面在书写出

图 15-5

"快餐"两字，在属性栏中将字体调节和"红叶"两个字一样的字体，然后单击鼠标右键将"快餐"两个字转化为曲线，再用"形状"工具 调节"快餐"两字，如图15-7所示。

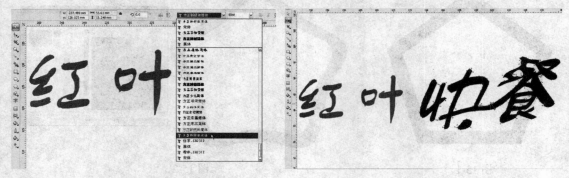

图15-6   图15-7

步骤03 按 Caps Lock 键，将文字输入法切换成大写，再用"文本"工具 书写出"红叶快餐"的英文，然后在属性栏中将字体调节为"方正胖娃简体"，用"填充"工具 中的"均匀填充"工具 ，将字体颜色换为 C：100、Y：100 的绿色，如图15-8所示。

步骤04 用"文本"工具 ，在"快餐"两字的下面书写出"时尚、营养、美味"字样广告语，填充和标题名英文一样的绿色，然后双击广告语，文字会变成旋转的模式，选择上面的中间的点将文字向右倾斜，如图15-9所示。

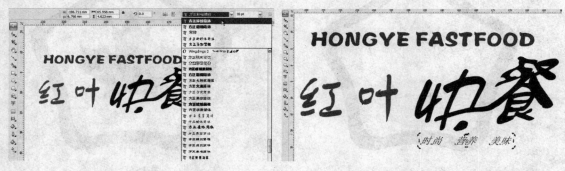

图15-8   图15-9

步骤05 在工具栏中选择"基本形状"工具 ，在属性栏中的"完美形状" 中添加一个心形，然后旋转90°，并填充和广告语一样的绿色，然后选中心形，单击右键向右拖曳复制一个心形，然后按 Ctrl+D 键再连续复制一个，如图15-10所示。

HONGYE FASTFOOD

红叶 快餐

时尚　营养　美味 ▶ ▶ ▶

图15-10

步骤 06 在工具栏中选择"表格"工具 ▦，绘制一个多行多列的表格，然后将绘制好的"红叶快餐"4 个字和这 4 个字的大写英文复制多个，在复制几个表格，将复制的字体换颜色，作为 VI 手册的标准字，如图 15-11 所示。

图 15-11

15.1.3　专用色设计

步骤 01 在工具栏中选择"矩形"工具 ▢，绘制一个变长 2.72mm 的正方形，然后再绘制一个长 56mm、宽 2.72mm 的矩形，如图 15-12 所示。

步骤 02 将 2 个矩形轮廓群组并向下复制 3 个同样的矩形，选中所有矩形组，在属性工具栏中选择"对齐和分部"工具 ▤，在弹出的对话框中的对齐中勾选左对齐点确定，然后在分部中勾选间距点确定，将矩形左对齐，如图 15-13 所示。

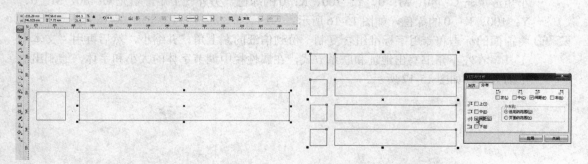

图 15-12　　　　　　　　　　　　　　　　　图 15-13

步骤 03 在工具栏中选择"填充"工具 ◈ 中的"均匀填充"工具 ■，将前 2 个矩形组填充 C：0、M：100、Y：100、K：0 的红色，第三个矩形组填充 C：88、M：0、Y：100、K：0 的绿色，第四个矩形组填充 C：0、M：0、Y：0、K：100 的黑色，然后再用"文本"工具 字，书写出说填充颜色的 CMYK 色值，绘制出 VI 标准色的效果，如图 15-14 所示。

步骤 04 将前面绘制好的标志和标准字的组合，组合出不同的排列方式，如图 15-15 所示。

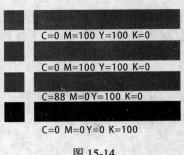

C=0 M=100 Y=100 K=0

C=0 M=100 Y=100 K=0

C=88 M=0 Y=100 K=0

C=0 M=0 Y=0 K=100

图 15-14

图 15-15

15.2　VI 手册——应用要素设计

15.2.1　信签类办公用品

最终效果图如下：

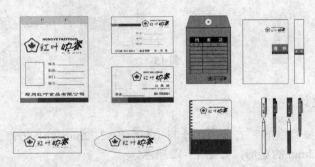

步骤 01 在工具栏中选择"矩形"工具，先绘制一个大矩形作为信纸的轮廓，接着在底部绘制两个小矩形，然后在"填充"工具中的"均匀填充"工具中，将大的矩形填充白色，小矩形填充 C：40、M：0、Y：100、K：0 的绿色，另外一个矩形填充 C：80、M：0、Y：100、K：0 的绿色，如图 15-16 所示。

步骤 02 将前面的标志和专用字标准组合复制一份到信纸的左上角，并缩小，然后再用"文本"工具在左下角书写出地址和联系方式，在属性栏中调节字体的大小和字体，绘制出信纸的效果，如图 15-17 所示。

图 15-16

图 15-17

步骤 **03** 在工具栏中选择"矩形"工具 ▢，绘制一个矩形作为信纸的轮廓，并填充白色，然后再绘制一个小矩形，并将轮廓粗细改为 0.2mm，颜色换为红色，然后向右侧复制五个，作邮编格，如图 15-18 所示。

步骤 **04** 用"矩形"工具 ▢，绘制信封的粘贴处轮廓，然后单击鼠标右键将矩形转换为曲线，再用"形状"工具 ▸，将两个顶点向内拖动，在"调色盘"中填充白色，如图 15-19 所示。

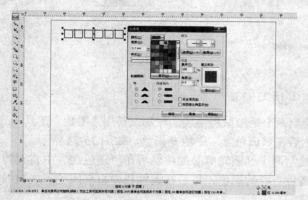

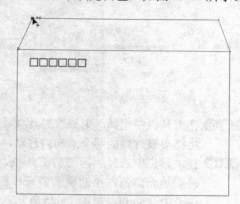

图 15-18   图 15-19

步骤 **05** 然后再将绘制好的标志和专用字标准组合复制两份，一个移动到信封的右下角，另一个复制到信封粘贴口上，把粘贴口上的标准组合旋转 180°，如图 15-20 所示。

步骤 **06** 再用"文本"工具 字，书写处地址、联系方式和邮政编码，然后在属性栏中调节文字的大小和字体，绘制出信封的效果，如图 15-21 所示。

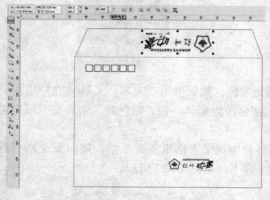

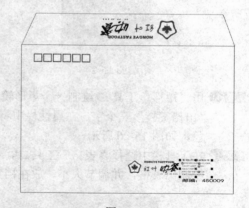

图 15-20   图 15-21

步骤 **07** 用绘制信封的方法在绘制另一个窄点的信封，如图 15-22 所示。

图 15-22

步骤 **08** 重复步骤 **01**～步骤 **07**，用同样的方法绘制出其他信封和信签，如图 15-23 所示。

图 15-23

步骤 **09** 在工具栏中选择"矩形"工具，绘制两个矩形做档案袋的轮廓，再用"形状"工具，将档案袋封口的两个点向内移动，然后在"调色盘"中填充褐色，如图 15-24 所示。

步骤 **10** 在工具栏中选择"椭圆"工具，绘制两个椭圆轮廓叠加，然后在"调色盘"中将大的椭圆填充白色，小的椭圆填充和档案袋一样的褐色，然后在属性栏中将椭圆轮廓线粗细调节为 0.3mm，如图 15-25 所示。

图 15-24

图 15-25

步骤 **11** 用"矩形"工具绘制一个矩形轮廓填充黑色，然后再用"文本"工具在矩形内书写"出档案袋"三个字，在属性栏中将文字字体改为黑体，在"调色盘"中将文字填充为白色，如图 15-26 所示。

步骤 **12** 在工具栏中选择"表格"工具，在属性栏中调节表格纵向为 2 格，竖向为 8 格，然后绘制出表格，并调节大小，放在档案袋名称下，如图 15-27 所示。

图 15-26

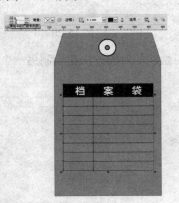

图 15-27

步骤⑬ 用 "文本" 工具[字]，在表格的第一行书写出 "项目材料" 4 个字，放在表格的第一栏中。然后将标志和专用字标准组合复制一份到档案袋的右下角，然后在 "调色盘" 中将标准组合填充黑色，如图 15-28 所示。

步骤⑭ 参考前面步骤，用同样的方法绘制工作证、胸牌和记事本，从而绘制出其他办公用品，如图 15-29 所示。

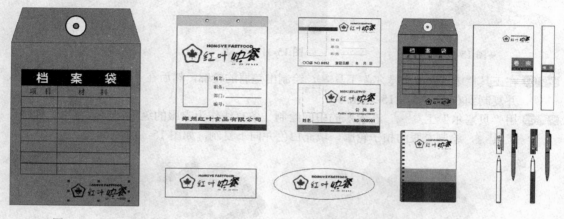

图 15-28   图 15-29

15.2.2 服装类应用

最终效果图如下：

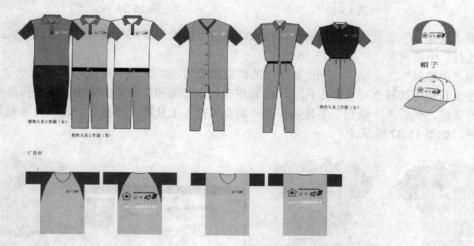

步骤① 在工具栏中选择 "贝塞尔" 工具[图]，绘制出工作服的上衣轮廓，然后用 "填充" 工具[图]中的 "均匀填充" 工具[图]，将轮廓内填充 C：20、M：0、Y：80、K：0 的绿色，如图 15-30 所示。

步骤② 在工具栏中选择 "多边形" 工具[图]，在属性栏调节多边形边数为 3，然后绘制一个领口轮廓，在 "调色盘" 中填充白色，再用 "贝塞尔" 工具[图]，绘制一条直线来衬托出领口的效果，如图 15-31 所示。

步骤③ 在工具栏中选择 "贝塞尔" 工具[图]，绘制领子和袖子的轮廓，然后在 "调色盘" 中填充酒绿色，如图 15-32 所示。

图 15-30　　　　　　　　　　图 15-31　　　　　　　　　　图 15-32

步骤 04 在工具栏中选择"贝塞尔"工具 ，绘制出垫肩的轮廓，然后在"调色盘"中填充白色，并复制到右边，如图 15-33 所示。

步骤 05 用"贝塞尔"工具 ，在衣服的中间绘制一条直线作为衣服的缝隙，然后再用"椭圆"工具 ，绘制衣服的扣子轮廓，填充白色并向下复制，如图 15-34 所示。

图 15-33　　　　　　　　　　　　　　图 15-34

步骤 06 用"贝塞尔"工具 ，绘制裤子的轮廓，并用"形状"工具 调节外轮廓。然后在"调色盘"中填充灰色，如图 15-35 所示。

步骤 07 用"贝塞尔"工具 ，绘制出裤子上的口袋和褶皱，如图 15-36 所示。

步骤 08 在工具栏中选择"矩形"工具 ，绘制皮带、皮带圈和皮带铲的轮廓，皮带和皮带圈填充黑色，然后再"填充"工具 中的"渐变填充"工具 ，将皮带铲轮廓内填充灰色渐变，如图 15-37 所示。

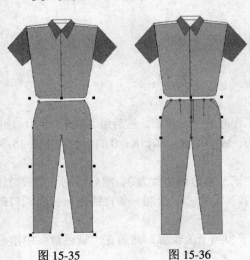

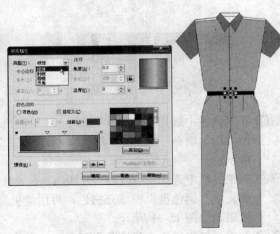

图 15-35　　　　　　　　图 15-36　　　　　　　　　　　　图 15-37

步骤 09 将标志和专用字的标准组合复制到衣服的右边，并缩小，然后在"调色盘"中将标注组合填充白色，绘制出服装的效果，如图 15-38 所示。

步骤 10 参考**步骤 01**～**步骤 09**，用绘制男士服装的方法绘制女士服装、广告衫和帽子，最终绘制出整个企业装的效果，如图 15-39 所示。

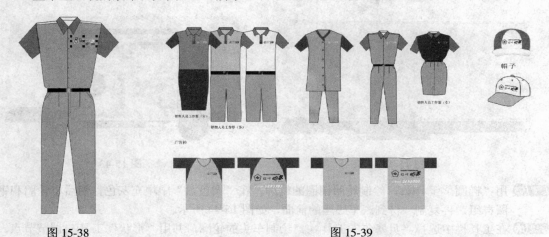

图 15-38   图 15-39

15.2.3 汽车类应用

最终效果图如下：

步骤 01 在工具栏中选择"贝塞尔"工具，绘制卡车的车厢轮廓，并用"形状"工具调节节点，然后在"调色盘"中填充灰色，如图 15-40 所示。

步骤 02 将绘制出的车厢轮廓，复制一个并缩小，放在大车厢内部，并用"形状"工具调节节点，如图 15-41 所示。

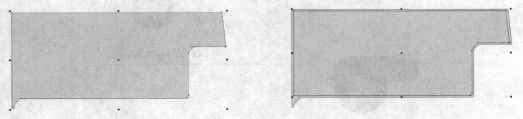

图 15-40   图 15-41

步骤 03 在工具栏中选择"贝塞尔"工具，绘制汽车底座的轮廓，并用"形状"工具调节节点，然后在"调色盘"中填充深灰色，如图 15-42 所示。

步骤 04 在工具栏中选择"椭圆"工具，绘制车轮胎的轮廓，然后再用"填充"工具中的"渐变填充"工具，将轮廓内填充黑色渐变，如图 15-43 所示。

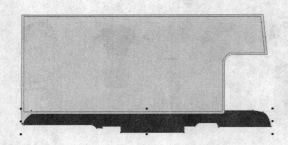

图 15-42

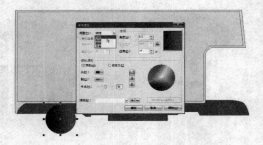

图 15-43

步骤 05 用"椭圆"工具，绘制轮胎钢圈的轮廓，在"调色盘"中填充灰色，然后将轮胎和钢圈群组，再复制一份到汽车底座的前面，如图 15-44 所示。

步骤 06 在工具栏中选择"贝塞尔"工具，绘制车头的轮廓，并用"形状"工具调节节点，然后在"调色盘"中填充白色，如图 15-45 所示。

图 15-44

图 15-45

步骤 07 继续使用"贝塞尔"工具，绘制车窗的轮廓，并用"形状"工具调节节点，然后用"填充"中的"渐变填充"工具，将轮廓内填充黑色渐变，如图 15-46 所示。

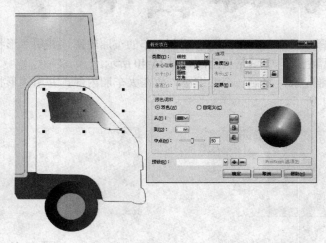

图 15-46

步骤 08　在工具栏中选择"贝塞尔"工具 ，绘制车头的透视效果、车门把手和车的镜子轮廓，如图 15-47 所示。

步骤 09　在工具栏中选择"矩形"工具 ，在左车门上绘制两个矩形横条轮廓，然后在"调色盘"中填充绿色，如图 15-48 所示。

图 15-47

图 15-48

步骤 10　在工具栏中选择"贝塞尔"工具 ，并用"形状"工具 调节节点，绘制车厢上的彩色的轮廓，然后在"调色盘"中填充绿色，如图 15-49 所示。

步骤 11　在工具栏中选择"椭圆"工具 ，绘制车厢树的效果轮廓，在"调色盘"中填充绿色，如图 15-50 所示。

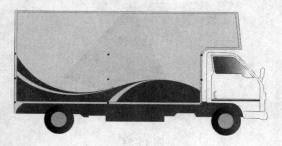

图 15-49

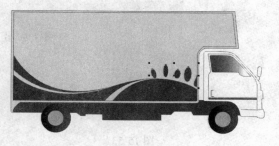

图 15-50

步骤 12　将标志和专用字标准组合复制两个，一个复制到车厢箱体位置并放大，另外一个复制到车头位置并缩小，如图 15-51 所示。

步骤 13　用绘制卡车的方法绘制其他车的效果，如图 15-52 所示。

图 15-51

图 15-52

15.2.4 户外用品应用

最终效果图如下：

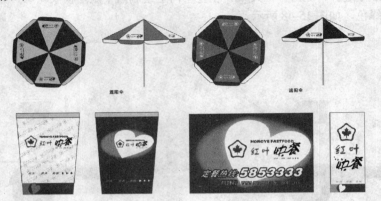

步骤 01 在工具栏中选择"贝塞尔"工具 ，绘制一个三角形轮廓，作为太阳伞顶的其中一块，然后在"调色盘"中填充嫩绿色，如图 15-53 所示。

步骤 02 选择排列菜单下变换中的旋转，在弹出的旋转面板中，调节角度为 30°，相对中心在底部，然后单击"应用到再制"按钮，将三角形旋转复制，并将颜色在"调色盘"中换为深绿色，如图 15-54 所示。

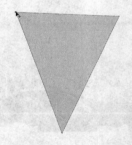

图 15-53

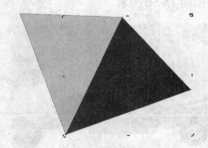

图 15-54

步骤 03 重复**步骤 02**，用同样的方法，将旋转出来的两个三角形环形复制，绘制出伞顶的效果，如图 15-55 所示。

步骤 04 在工具栏中选择"贝塞尔"工具 ，绘制太阳伞的遮光布轮廓，然后在"调色盘"中填充深绿色，如图 15-56 所示。

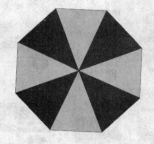

图 15-55

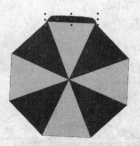

图 15-56

步骤 05 用旋转伞顶的方法旋转遮光布，如图 15-57 所示。

步骤 06 将标识和专用字的标准组合复制四个到伞顶，然后将上面一个旋转 180°，左边的旋转 270°，右边的旋转 90°，如图 15-58 所示。

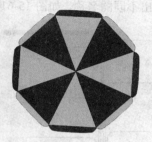

图 15-57

图 15-58

步骤 07 用绘制遮阳伞的方法绘制其他遮阳伞的效果，绘制出企业户外品效果，如图 15-59 所示。

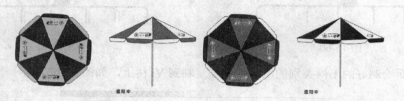

图 15-59

15.2.5 企业 VI 树制作

最终效果图如下：

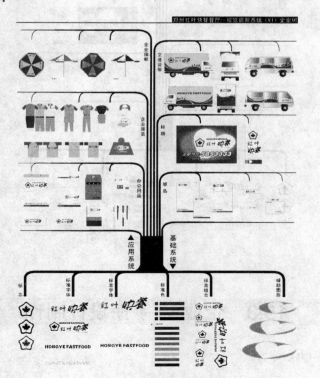

步骤 01 在工具栏中选择"贝塞尔"工具 ，绘制 VI 树的结构，然后将线改变粗细，如图 15-60 所示。

步骤 02 在工具栏中选择"文本"工具 ，在 VI 树不同区域书写出不同的名称，如图 15-61 所示。

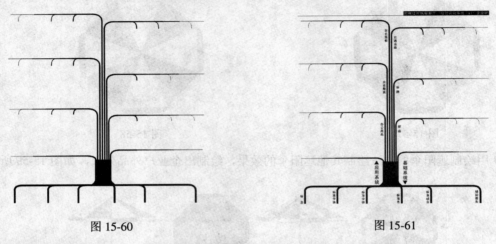

| 图 15-60 | 图 15-61 |

步骤 03 将前面绘制好的不同类别的图形，分别复制到 VI 树上，如图 15-62 所示。

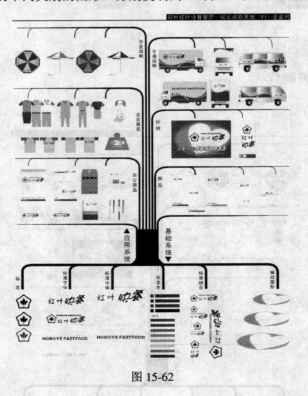

图 15-62

15.3　企业 VI 手册设计制作

VI 手册效果图如下：

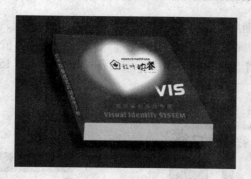

步骤 **01** 在工具栏中选择"矩形"工具▢，绘制出背景并填充绿色，再用"椭圆"工具◯和"基本形状"工具▨绘制椭圆和心形，填充颜色用"交互式阴影"工具▣做出阴影效果。将已经做好的标志和专用字复制到心型上，然后再用"文本"工具字，书写出封面上的文字，在属性栏中调节文字的字体和文字的大小，这样设计出 VI 手册的封面，如图 15-63 所示。

步骤 **02** 再增加一个页面，用"矩形"工具▢绘制基本版面，在"调色板"中填充白色，将前面绘制好的标志复制过来并调节大小，放在右上角，然后再用"文本"工具，书写目录文字，如图 15-64 所示。

图 15-63

图 15-64

步骤 **03** 增加页面，将前一页的版式复制过来，然后将主要内容删除，将标志、中文文字、红色专用色复制到页面，并摆放在页面中间，如图 15-65 所示。

步骤 **04** 增加一个页面，然后将前面版式复制一份过来，用"表格"工具▦，绘制字网格，然后将标志复制更换黑色，拆分标志将分别放置在绘制好的网格纸上，如图 15-66 所示。

图 15-65

图 15-66

步骤**05** 增加一个页面将前面版面在复制一份过来，将主要内容删除，然后将绘制好的专用字、专用色复制到页面，在用"文本"工具**字**，书写出颜色的色值，如图 15-67 所示。

步骤**06** 增加一个页面，制作出标志和专用字排列的各种组合，如图 15-68 所示。

图 15-67

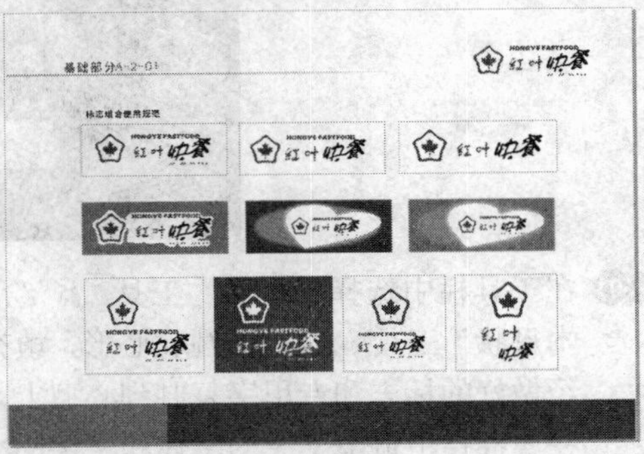

图 15-68

步骤**07** 增加页面复制前一个版式删除主要内容，然后再用"文本"工具**字**，书写应用部分目录的文字，如图 15-69 所示。

步骤**08** 增加页面，复制前一页的版式并删除主要内容，然后将绘制好的办公类名片、信封、便签复制到页面，如图 15-70 所示。

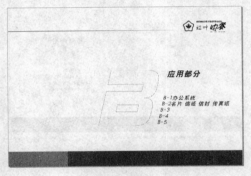

图 15-69

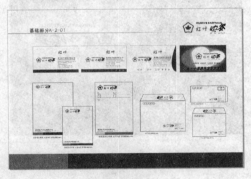

图 15-70

步骤**09** 增加页面，复制前一页的版式并删除主要内容，然后再用"矩形"工具**口**、"贝塞尔"工具**、**和"文本"工具**字**，绘制出各种手提袋，如图 15-71 所示。

步骤**10** 增加页面，复制前一页的版式并删除主要内容，然后再用"矩形"工具**口**、"贝塞尔"工具**、**和"文本"工具**字**，绘制出各种办公用品，如图 15-72 所示。

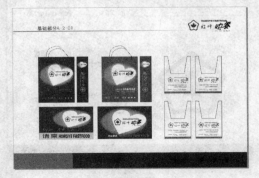

图 15-71

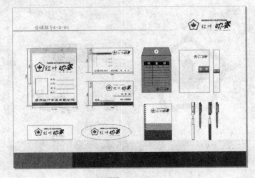

图 15-72

步骤 ⑪ 增加页面，复制前一页的版式并删除主要内容，将绘制好的各种办公服装复制到页面，并摆放整齐，如图 15-73 所示。

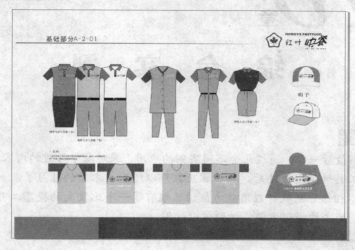

图 15-73

步骤 ⑫ 在工具栏目中选择"矩形"工具□，分别绘制出 VI 手册的侧面和正面，并将正面倾斜，绘制完整的 VI 手册，并为 VI 手册增加阴影和背景，如图 15-74 所示。

图 15-74

第 **16** 章

综合实例

📖 本章导读

本章作为本书最后一章，通过几个不同实例的应用，来对所学习过的内容加以复习和巩固，在熟练掌握基本工具的使用方法后，按步骤应该可以绘制出本章的练习了，如果认真学习并练习了本书的内容，相信你的软件应用能力应该已经有了一个比较大的提高，可以在工作学习中进一步使用软件，为工作提供方便，做到学以致用。

📖 知识要点

学习应用软件最重要的就是，理解和熟练运用各种基本工具，并能综合应用并解决实际的问题。本章通过几个其他的案例，来复习和巩固基本操作，同时也进一步提高软件的设计创意能力。在绘制窗外练习时，注意插入符号的用法；在绘制手枪练习时，注意理解手枪的结构；在绘制工笔国画时，注意画出国画的意味。

16.1　窗　　外

最终效果图如下：

16.1.1 墙面的绘制

步骤 01 在工具栏中选择"矩形"工具 ▭，绘制出墙面轮廓，在"调色板"中设颜色为10%的黑，如图16-1所示。

步骤 02 在工具栏中选择"矩形"工具 ▭ 绘制矩形，作为屋檐的轮廓，如图16-2所示。

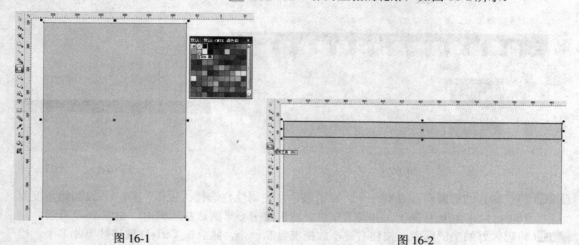

图16-1   图16-2

步骤 03 在工具栏中选择"椭圆"工具 ◯，绘制出大小两个椭圆，并沿着矩形底部依次水平复制，如图16-3所示。

步骤 04 将大圆群组之后，选中大圆组和矩形，然后在属性栏中选择"修剪"工具 ▣，将大圆修剪掉，如图16-4所示。

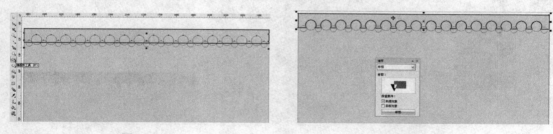

图16-3   图16-4

步骤 05 将小圆群组之后，选中小圆组和矩形，然后在属性栏中选择"焊接"工具 ▣，将小圆焊接起来，如图16-5所示。

步骤 06 完成之后，选中图形，在"调色板"中填充颜色为深绿，在属性栏中将轮廓加粗到0.706mm，在"调色板"中设轮廓色为浅蓝绿，如图16-6所示。

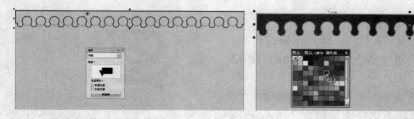

图16-5   图16-6

步骤 07 在工具栏中选择"椭圆"工具 ，绘制出一个椭圆，在"调色板"中填充为海洋绿，在属性栏中将轮廓加粗到 2.5mm，在"调色板"中填充轮廓色为浅绿，然后将椭圆放在屋檐内，如图 16-7 所示。

步骤 08 将已做好的椭圆选中，按住右键不放拖曳复制一个椭圆，然后按下 Ctrl+D 键连续复制多个，如图 16-8 所示。

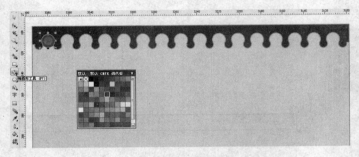

图 16-7

图 16-8

步骤 09 将已做好的椭圆向下复制一个，取消颜色，在属性栏选择"弧形" ，并设起始角度为 180°，结束角度为 360°，并调节宽度，然后将空心半圆放在屋檐内，如图 16-9 所示。

步骤 10 将已做好的半圆选中，按住右键不放拖曳复制一个，然后按 Ctrl+D 键连续复制多个。绘制出屋檐的瓦效果，如图 16-10 所示。

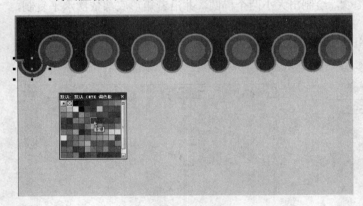

图 16-9

图 16-10

步骤 11 在工具栏中选择"矩形"工具 ，绘制出踢脚线轮廓，然后在"调色板"中填充颜色为暗绿，如图 16-11 所示。

16.1.2 窗户的绘制

步骤 01 在工具栏中选择"矩形"工具 ，绘制出窗口轮廓，然后在"调色板"中填充颜色为白色，如图 16-12 所示。

步骤 02 在工具栏中选择"贝塞尔"工具 ，绘制出窗帘的外轮廓，然后在属性栏中将轮廓加粗到 0.706mm，在"调色板"中填充轮廓色为浅黄，如图 16-13 所示。

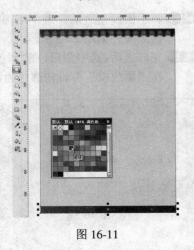

图 16-11

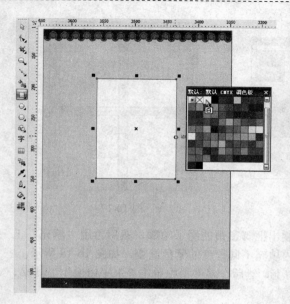

图 16-12

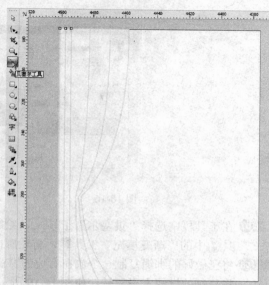

图 16-13

步骤 03 完成之后，在"调色板"中将其中三个轮廓内填充淡黄色，然后再用"填充"工具 中的"均匀填充"工具 ，填充 C：0、M：0、Y：10、K：0 的黄色，如图 16-14 所示。

步骤 04 将左边的窗帘选中，并群组，然后拖曳复制到右边，然后在属性栏中选择"水平镜像"工具 ，将窗帘水平反转，并摆放合适，如图 16-15 所示。

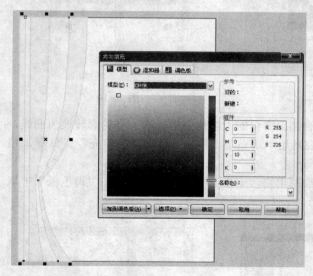

图 16-14

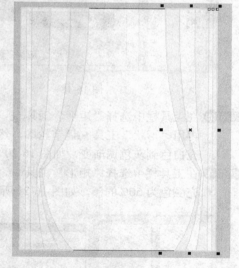

图 16-15

步骤 05 在工具栏中选择"矩形"工具 ，绘制出窗子顶部的轮廓，将轮廓转换为曲线，并使用"形状"工具 调节轮廓，然后在工具栏中选择"填充"工具 中的"渐变填充"工具 ，在轮廓内填充不同程度的褐色渐变，如图 16-16 所示。

步骤 06 选中绘制出的窗户顶部轮廓，然后拖曳向下复制，并在属性栏中旋转 90°，和水平方向的接好，然后按此方法依次复制，并调节接口处的形状，绘制出完整的窗户轮廓，如图 16-17 所示。

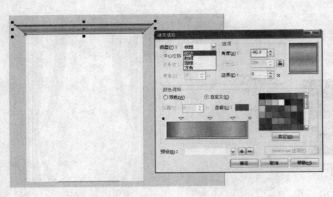

图 16-16　　　　　　　　　　　　　　　　图 16-17

步骤 07 在工具栏中选择"贝塞尔"工具，绘制出捆绑窗帘的绳子轮廓，然后再用"填充"工具中的"渐变填充"工具，将轮廓内填充不同程度的紫色渐变，如图 16-18 所示。

步骤 08 将已做好的绑绳复制一个放在右边的窗帘上，然后在属性栏中单击"水平镜像"工具，将复制的绑绳水平翻转，如图 16-19 所示。

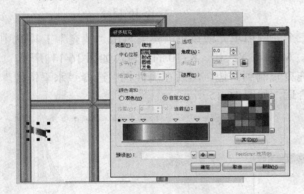

图 16-18　　　　　　　　　　　　　　　　图 16-19

步骤 09 在工具栏中选择"矩形"工具，绘制出窗台的上半部分的轮廓，将轮廓转换为曲线，再用"形状"工具调节轮廓，然后再用"填充"工具中的"渐变填充"工具，填充白色到灰色调渐变，如图 16-20 所示。

步骤 10 在工具栏中选择"矩形"工具，绘制出窗台下半部分的轮廓，然后在"调色板"中填充颜色为 50% 的黑，如图 16-21 所示。

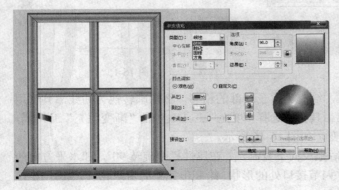

图 16-20　　　　　　　　　　　　　　　　图 16-21

16.1.3 砖块的绘制

步骤 **01** 在工具栏中选择"矩形"工具，绘制出砖块的轮廓，在调色板中分别设颜色为 C：0、M：100、Y：100、K：30；C：0、M：80、Y：100、K：20；C：0、M：100、Y：100、K：20 然后连续复制，分别叠加出砖墙的面，如图 16-22 所示。

步骤 **02** 在工具栏中选择"贝塞尔"工具，绘制出水泥的轮廓，在调色板中填充砖红色，取消轮廓，如图 16-23 所示。

图 16-22

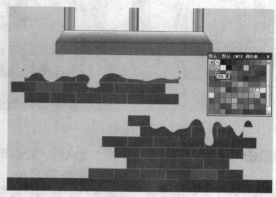

图 16-23

步骤 **03** 在工具栏中选择"贝塞尔"工具，绘制出两条直线，然后选择"文本"菜单中的"插入符号字符"命令，这样会弹出"插入字符"面板，设字体为"Webdings"，选中所要的蜘蛛和蜘蛛网插入到文件，摆放出蜘蛛倒吊的效果，如图 16-24 所示。

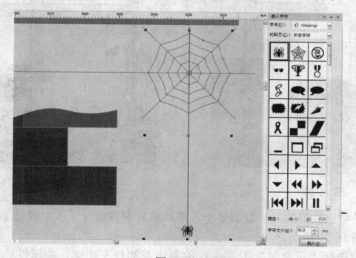

图 16-24

16.1.4 花盆的绘制

步骤 **01** 在工具栏中选择"椭圆"工具，绘制出阴影，首先绘制一个大圆，在"调色板"中填充 10%的黑，然后将大圆复制并缩小，在"调色板"中设为黑色，最后再用"交互式调和"工具，单击灰圆拖动到黑圆，拉出阴影效果，如图 16-25 所示。

步骤 02 在工具栏中选择"椭圆"工具 ⬭，先绘制一个大圆，然后将大圆向下复制并缩小，再用"交互式调和"工具 ，单击大圆拖动到小圆，然后在属性工具栏中调节偏移量为12，调和方式选择为"顺时针调和" ，绘制出彩色的花盆，如图16-26所示。

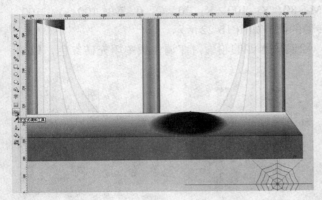

图 16-25

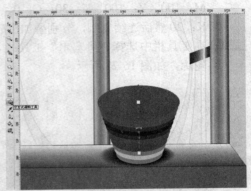

图 16-26

步骤 03 在工具栏中选择"椭圆"工具 ⬭，绘制出花盆中的土壤，然后在"调色板"中填充颜色为黑色，并取消轮廓，如图16-27所示。

步骤 04 在工具栏中选择"贝塞尔"工具 ，绘制出叶子的轮廓，首先绘制一个大叶子，在"调色板"中设颜色为草绿，然后将大叶子复制并缩小，再用"填充"工具 中的"均匀填充"工具，填充C：100、M：0、Y：100、K：30的绿色，然后再用"交互式调和"工具 ，单击大叶子拖动到小叶子，绘制出叶子的效果，如图16-28所示。

图 16-27

图 16-28

步骤 05 完成之后，将已做好的叶子复制多个，然后将其中有些叶子放大或缩小，摆放在花盆的上面，如图16-29所示。

步骤 06 在工具栏中选择"贝塞尔"工具 ，绘制出花的枝干轮廓，在属性栏中将轮廓加粗到0.706mm，然后再用"填充"工具 中的"均匀填充"工具 ，将轮廓内填充C：100、M：0、Y：100、K：30的绿色，轮廓线填充为C：100、M：0、Y：100、K：50的绿色，复制多个枝干缩小并旋转，放置在叶子的后面，如图16-30所示。

步骤 07 在工具栏中选择"基本形状"工具 ，在属性栏"完美形状"中单击爱心轮廓，在绘图区拖出一个心形轮廓，然后再用"填充"工具 中的"均匀填充"工具 ，填充C：15、M：10、Y：0、K：0的紫色，将心形复制并缩小，在"调色板"中填充为浅紫色，最后再用"交互式调和"工具 ，单击大爱心拖动到小小爱心，绘制出花瓣的效果，如图 16-31 所示。

步骤 **08** 选中绘制出的花瓣，然后选择"排列"菜单中"变换"下的"旋转"，在弹出的"变换"面板中，调节角度为 45°，选择中心点在底部，然后单击"应用到再制"按钮，环形复制花瓣形状，如图 16-32 所示。

图 16-29

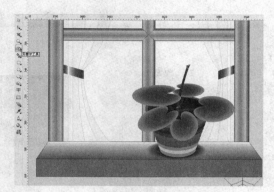

图 16-30

图 16-31

图 16-32

步骤 **09** 在工具栏中选择"多边形"工具 ，绘制出花蕊轮廓，然后在工具栏中选择"填充"工具 的"渐变填充"工具 ，在弹出的"渐变填充"面板中，设类型为"射线"，颜色调和选择"自定义"，并编辑渐变，填充出花心的轮廓，如图 16-33 所示。

图 16-33

步骤 ⑩ 在工具栏中选择"椭圆"工具 ◎，绘制出花芯轮廓，在"调色板"中设颜色为深黄，然后在属性栏中将轮廓加粗到 0.176mm，设轮廓色为橘红，如图 16-34 所示。

步骤 ⑪ 选中花蕊，然后选择"排列"菜单中"变换"下的"旋转"，在弹出的"变换"面板中，调节角度为 45°，选择中心点在底部，然后单击"应用到再制"按钮，环形复制花瓣形状，如图 16-35 所示。

图 16-34   图 16-35

步骤 ⑫ 将绘制完成的花选中并群组，然后连续复制，并调节大小，绘制出一簇花的效果，如图 16-36 所示。

步骤 ⑬ 在工具栏中选择"贝塞尔"工具 ，绘制出小草轮廓，并连续复制，绘制出一组草，然后在"调色板"中分别填充不同绿色，然后将草连续复制两个并调节大小，摆放在相应的位置，绘制出最终效果图，如图 16-37 所示。

图 16-36

图 16-37

16.2 手 枪 的 绘 制

最终效果图如下：

16.2.1 枪轮廓的绘制

步骤 01 在工具栏中选择"贝塞尔"工具 ![icon]，
用折线勾勒出枪的大致轮廓，如图
16-38 所示。

步骤 02 在工具栏中选择"形状"工具 ![icon]，调
节枪的轮廓，然后在"调色板"中填充
50%的黑色，如图 16-39 所示。

步骤 03 在工具栏中选择"贝塞尔"工具 ![icon]，
绘制出手枪扳机口的矩形轮廓，然后选
中矩形轮廓和枪外形轮廓，在属性栏中
选择"修剪"命令 ![icon]，修剪出扳机口，
如图 16-40 所示。

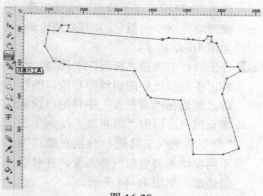

图 16-38

图 16-39

图 16-40

16.2.2 侧面和正面的绘制

步骤 01 在工具栏中选择"贝塞尔"工具，绘制出手枪的厚度轮廓，然后在"调色板"中填充不同程度灰色，并且取消轮廓，如图 16-41 所示。

步骤 02 在工具栏中选择"贝塞尔"工具，绘制出手枪暗面的轮廓，并且用"形状"工具调节外形，然后在"调色板"中填充 80%的黑色，并且取消轮廓，如图 16-42 所示。

图 16-41

图 16-42

步骤 03 在工具栏中选择"贝塞尔"工具，绘制出手枪扳机的轮廓，然后在"调色板"中将扳机正面填充 80%的黑色，侧面填充 90%的黑色，并且取消轮廓，如图 16-43 所示。

步骤 04 在工具栏中选择"椭圆"工具，绘制出手枪扳机处的螺丝帽和枪口的轮廓，然后在"调色板"中将枪口轮廓填充黑色，再用"填充"工具中的"渐变填充"工具，分别在螺丝帽不同面填充黑色射线型渐变，并且取消轮廓，如图 16-44 所示。

图 16-43

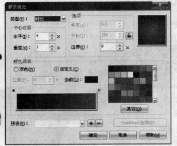

图 16-44

步骤 05 在工具栏中选择"贝塞尔"工具，绘制出枪口、枪身上的高光和枪尾部的凸棱的轮廓，然后在"调色板"中将高光填充 40%的黑色，凸棱填充黑色，并且取消轮廓，如图 16-45 所示。

步骤 06 在工具栏中选择"贝塞尔"工具 ，绘制出手枪把子上的突起轮廓，然后在"调色板"中将大的轮廓填充 70% 的黑色、小轮廓填充 90% 的黑色，并且取消轮廓，如图 16-46 所示。

步骤 07 在工具栏中选择"贝塞尔"工具 ，绘制枪管上的凸棱高光轮廓，然后在"调色板"中填充 40% 的黑色，并且取消轮廓，如图 16-47 所示。

图 16-45

图 16-46

图 16-47

16.2.3 后期效果调整

步骤 01 框选整个手枪，将手枪群组，在工具栏中选择"交互式阴影"工具 ，在属性栏中调节预设列表中选择"平面坐下"、阴影透明度为 50%、阴影羽化为 15%、透明度操作为"乘"、阴影颜色为"黑色"，然后将手枪拉出阴影，如图 16-48 所示。

步骤 02 在工具栏中选择"矩形"工具 ，绘制背景的轮廓，在"调色板"中填充 10% 的黑色，然后再选择"文件"菜单栏中的"导出"命令，将绘制好的手枪导出，在弹出的导出对话框中调节导出参数，导出最终效果图如图 16-49 所示。

图 16-48

图 16-49

16.3　工　笔　国　画

最终效果图如下：

16.3.1　枝叶的绘制

步骤01 在工具栏中选择"贝塞尔"工具，绘制出枝干部分轮廓，然后再用"形状"工具调节轮廓，如图 16-50 所示。

步骤02 然后在工具栏中选择"填充"工具中的"均匀填充"工具，将下面的枝干填充颜色 C：61、M：43、Y：54、K：3 的绿色，中间的枝干 C：92、M：81、Y：45、K：11 的蓝色，上面的枝干填充为 C：44、M：27、Y：49、K：0 的绿色，如图 16-51 所示。

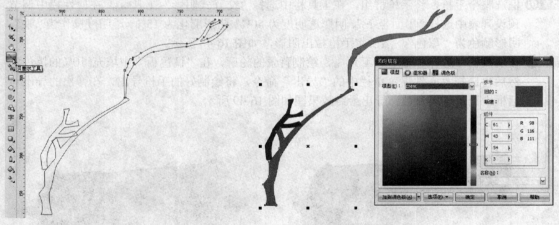

图 16-50　　　　　　　　　　　　　　　　　图 16-51

步骤03 在工具栏中选择"贝塞尔"工具，绘制叶子轮廓，然后再用"填充"工具中的"渐变填充"工具，给叶子填充深绿色到绿色的渐变，在属性栏中调节轮廓线的宽度和颜色，如图 16-52 所示。

步骤04 在工具栏中选择"贝塞尔"工具，绘制曲线作为树叶的筋，在属性栏中将轮廓设置为1.0mm，然后在"排列"菜单中选择"将轮廓转换为对象"命令，将轮廓转换为图形，如图 16-53 所示。

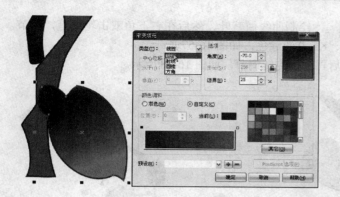

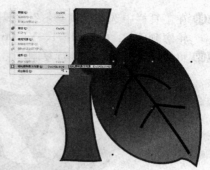

图 16-52　　　　　　　　　　　　　　　　　　图 16-53

步骤 05 在工具栏中选择"形状"工具，调节茎叶轮廓，如图 16-54 所示。

步骤 06 一片叶子绘制完成，然后将绘制好的叶子复制多个，摆放在枝干上，并旋转叶子的方向，调节叶子的大小，如图 16-55 所示。

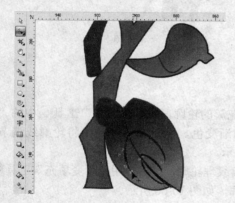

图 16-54　　　　　　　　　　　　　　　　　　图 16-55

步骤 07 在工具栏中选择"贝塞尔"工具，绘制叶子轮廓，然后在"调色板"中将叶子填充淡绿色，然后在右下角选择轮廓笔，在填充的对话框中将轮廓线宽度调节为 1.0mm，轮廓线颜色为 C：90、M：51、Y：82、K：18 的绿色，如图 16-56 所示。

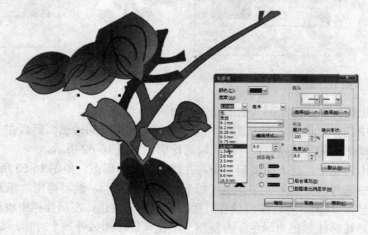

图 16-56

步骤 08 在工具栏中选择"贝塞尔"工具 ，绘制曲线做茎叶，然后在右下角双击轮廓笔，调节轮廓颜色 C：65、M：1、Y：96、K：0 的绿色，如图 16-57 所示。

步骤 09 将绘制完成的叶子进行复制，然后再进行旋转调节，如图 16-58 所示。

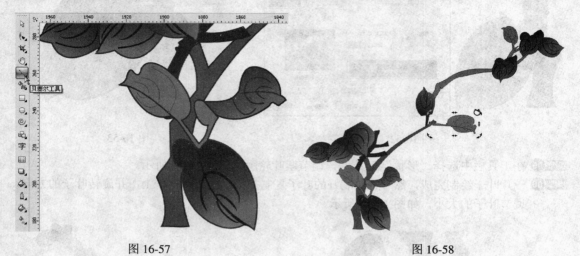

图 16-57   图 16-58

16.3.2 花的绘制

步骤 01 在工具栏中选择"贝塞尔"工具 ，绘制出花瓣的轮廓，再用"填充"工具 中的"渐变填充"工具 ，给花瓣填充绿色到白色的渐变色，然后在属性栏中将轮廓线调节为 1.0mm，轮廓线颜色为淡蓝色，如图 16-59 所示。

步骤 02 在工具栏中选择"贝塞尔"工具 ，绘制花瓣纹理轮廓，然后再用"渐变填充"工具 ，将轮廓内填充绿色到白色的渐变，并取消轮廓，如图 16-60 所示。

图 16-59   图 16-60

步骤 03 使用绘制上图的方法，绘制其他的花瓣，如图 16-61 所示。

步骤 04 在工具栏中选择"贝塞尔"工具 ，绘制出花心和花蕊的轮廓，然后在"调色板"中将花心填充绿色、花蕊填充红色，并且取消轮廓，如图 16-62 所示。

步骤 05 选中绘制出的花朵，在下面复制一个，并调节花瓣的形态，如图 16-63 所示。

步骤 06 在工具栏中选择"贝塞尔"工具 ，绘制出花苞的轮廓，然后再用"填充"工具 中的"渐变填充"工具 ，将轮廓内填充红色到绿色的渐变色，在属性栏中将轮廓线粗细调节为 1.0mm，轮廓线颜色为绿色，再复制一个花苞旋转和另外一个对称，如图 16-64 所示。

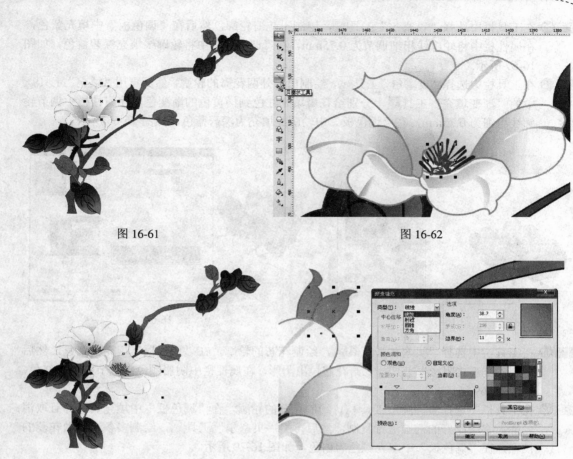

图 16-61   图 16-62

图 16-63   图 16-64

步骤 **07** 在工具栏中选择"贝塞尔"工具，绘制一个花苞叶子上刺的轮廓，然后在"调色板"中填充绿色，其他的连续复制，并在"调色板"中更换颜色，如图 16-65 所示。

步骤 **08** 在工具栏中选择"贝塞尔"工具，绘制花苞的轮廓，然后再用"填充"工具中的"渐变填充"工具，填充绿色到白色的渐变色，在属性栏中将轮廓线粗细调节为 1.0mm、轮廓线颜色填充为绿色，将绘制完成花苞复制一个向左移动，如图 16-66 所示。

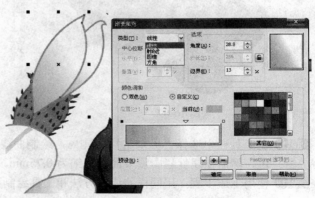

图 16-65   图 16-66

步骤 **09** 在工具栏中选择"贝塞尔"工具 ![]，绘制出花瓣轮廓，然后在"调色板"中填充紫色，在属性栏中将轮廓线粗细调节为 0.75mm，在"调色板"中将轮廓线填充深碧蓝色，如图 16-67 所示。

步骤 **10** 在工具栏中选择"贝塞尔"工具 ![]，绘制出另外两花瓣的轮廓，然后再用"填充"工具 ![] 中的"渐变填充"工具 ![]，分别给花瓣填充红色到橘黄色的渐变色，在属性栏中调节轮廓线粗细为 0.75mm，在"调色板"中轮廓线填充为深碧蓝色，如图 16-68 所示。

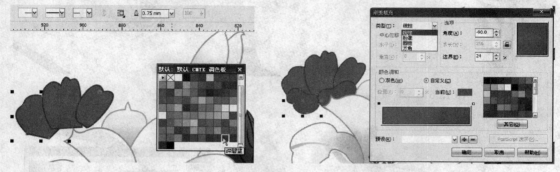

图 16-67   图 16-68

步骤 **11** 在工具栏中选择"贝塞尔"工具 ![]，绘制花芯的轮廓，在"调色板"填充为红色，然后再用"交互式阴影"工具 ![]，给花芯拉出阴影，在属性栏中阴影颜色中调节颜色为红色，如图 16-69 所示。

步骤 **12** 在工具栏中选择"椭圆"工具 ![]，绘制花蕊的轮廓，在"调色板"中填充黄色并且取消轮廓，将绘制好的椭圆进行复制，然后再用"贝塞尔"工具 ![]，绘制多条直线做花蕊的枝干，在"调色板"中填充颜色为白色，如图 16-70 所示。

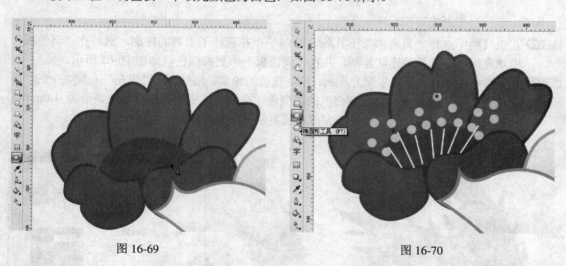

图 16-69   图 16-70

步骤 **13** 在工具栏中选择"贝塞尔"工具 ![]，绘制曲线作为花朵的枝干，在"调色板"中填充褐色，然后在属性栏中调节曲线粗细为 0.75mm，如图 16-71 所示。

步骤 **14** 使用上述步骤，用同样的绘制方法和工具绘制其他花朵，如图 16-72 所示。

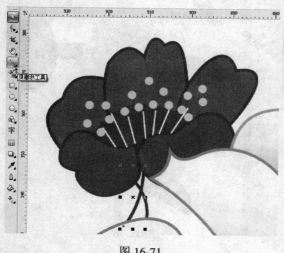

图 16-71

图 16-72

16.3.3 鸟的绘制

步骤 01 在工具栏中选择"贝塞尔"工具 ，绘制出小鸟身体的轮廓，然后在"调色板"中填充为白色。将轮廓线填充为 10% 的黑色，如图 16-73 所示。

步骤 02 在工具栏中选择"贝塞尔"工具 ，绘制羽毛的轮廓，在"调色板"中填充为深黄色，然后再用"交互式阴影"工具 ，给羽毛拉出阴影，在属性栏中填充阴影颜色为淡黄色，如图 16-74 所示。

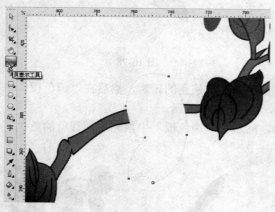

图 16-73

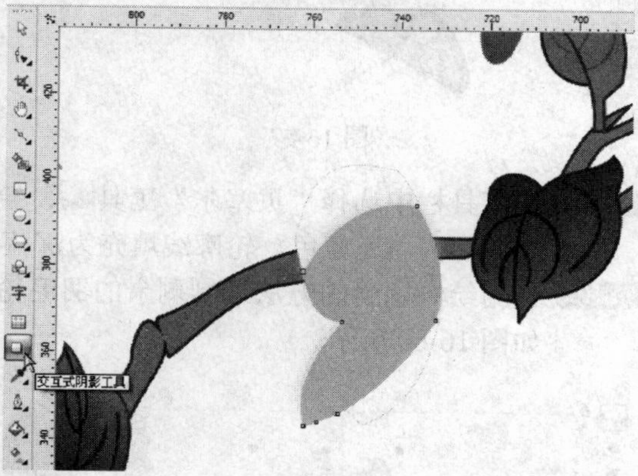

图 16-74

步骤 03 在工具栏中选择"贝塞尔"工具 ，绘制嘴巴轮廓，在"调色板"中填充紫色，轮廓线填充黑色，然后在属性栏中将轮廓线粗细调节为 0.75mm，如图 16-75 所示。

步骤 04 在工具栏中选择"贝塞尔"工具 ，绘制出小鸟嘴尖的轮廓，然后在调色板中填充为红色，并且取消轮廓，如图 16-76 所示。

步骤 05 在工具栏中选择"椭圆"工具 ，绘制三个椭圆叠加作为鸟的眼睛轮廓，然后在"调色板"中分别填充紫色，黑色和白色。作为鸟的眼睛，如图 16-77 所示。

步骤 06 在工具栏中选择"贝塞尔"工具 ，绘制出曲线作为翅膀根部的羽毛，然后在属性栏中将轮廓设置为 0.75mm，在"调色板"中填充轮廓线为深紫色，如图 16-78 所示。

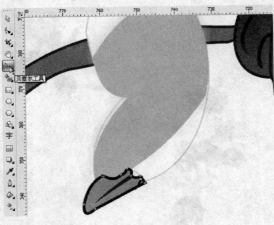

图 16-75

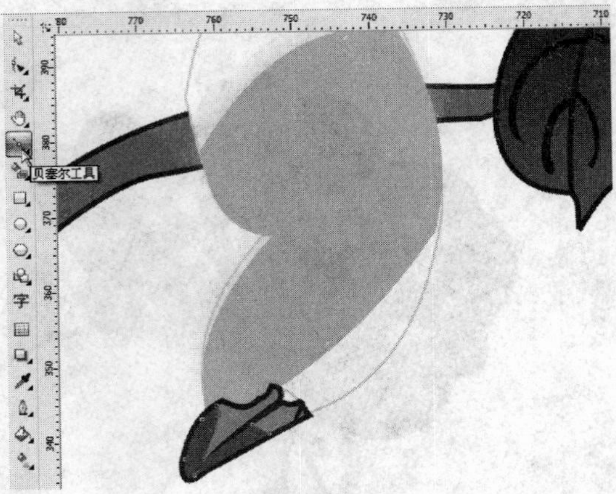

图 16-76

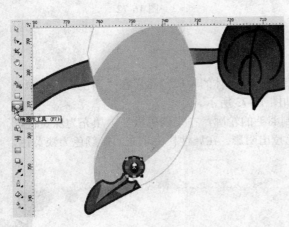

图 16-77

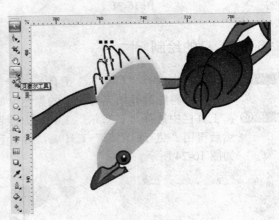

图 16-78

步骤 07 在工具栏中选择"贝塞尔"工具 ，绘制出小鸟左边翅膀的轮廓，然后在"调色板"中将轮廓内填充蓝色，轮廓线填充为深蓝色，如图 16-79 所示。

步骤 08 使用绘制翅膀的方法绘制剩余的羽毛轮廓，然后在"调色板"中填充不同程度的蓝色，如图 16-80 所示。

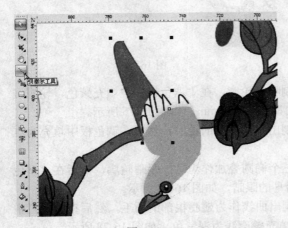

图 16-79

图 16-80

步骤 09 在工具栏选择"贝塞尔"工具 ，绘制出小鸟背部的轮廓，然后在"调色板"中填充为黄色，并且取消轮廓，如图 16-81 所示。

步骤 10 在工具栏中选择"贝塞尔"工具 ，绘制线条作为小鸟身体上的纹路，然后在"调色板"中将线条填充深黄色，如图 16-82 所示。

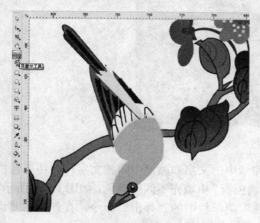

图 16-81

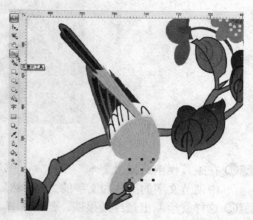

图 16-82

16.3.4 后期效果的调整

步骤 01 在工具栏中选择"贝塞尔"工具 ，绘制枝干上的疤痕轮廓，然后在"调色板"中填充颜色为不同程度的蓝色，并且取消轮廓，如图 16-83 所示。

步骤 02 在工具栏中选择"矩形"工具 ，绘制背景的轮廓，然后再用"填充"工具 中的"均匀填充"工具 ，填充 C：11、M：14、Y：45、K：0 的黄色，并且取消轮廓，如图 16-84 所示。

图 16-83

图 16-84

步骤 03 再用"矩形"工具 ，在花的左上绘制一个矩形轮廓，在属性栏中调节小矩形的圆角均为 15°，然后再用"贝塞尔"工具 ，在花的右下绘制一个不规则矩形轮廓，在属性栏中调节轮廓线粗细为 1.5mm，在"调色板"中将圆角矩形填充红色取消轮廓，再将不规则矩形轮廓线填充红色，如图 16-85 所示。

图 16-85

步骤 04 在工具栏中选择"文本"工具 字，书写出印章中的文字和画面中落款文字，并在属性栏中调节文字的字体和文字的大小，然后在"调色板"中填充不同的颜色，如图 16-86 所示。

步骤 05 这样就绘制出最终效果图，然后选择"文件"菜单栏中的"导出"命令，在弹出的对话框中选择存放的位置、文件大小输出最终效果，如图 16-87 所示。

图 16-86

图 16-87

16.4 小 福 娃

最终效果图如下：

16.4.1 月亮的绘制

步骤 01 在工具栏中选择"椭圆"工具 ◎ , 绘制两个相交的椭圆, 然后选中两个椭圆, 在属性栏中选择"修剪"工具 🖫 , 修剪出月牙的形状, 如图 16-88 所示。

步骤 02 在工具栏中选择"矩形"工具 🔲 , 绘制和月牙相交的矩形, 并复制三个, 然后选中所有图形, 在属性工具栏中选择"焊接"工具 🖫 , 将图形焊接在一起, 并用"填充工具"工具 ◇ 中的"渐变填充"工具 ■ , 填充黄色到橘红的渐变, 如图 16-89 所示。

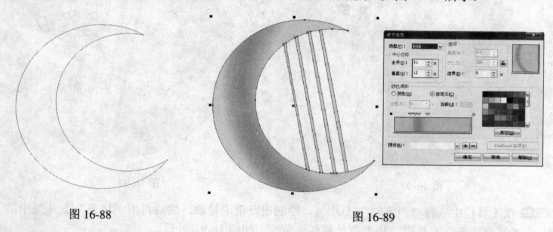

图 16-88   图 16-89

16.4.2 头部的绘制

步骤 01 在工具栏中选择"贝塞尔"工具 ✎ , 绘制出人物脸部的轮廓, 然后再用"填充"工具 ◇ 中的"渐变填充"工具 ■ , 填充出肉色放射状渐变, 如图 16-90 所示。

步骤 02 在工具栏中选择"贝塞尔"工具 ✎ , 绘制出眼眶轮廓, 然后在"调色板"中填充颜色为黑色, 再用"椭圆"工具 ◎ , 绘制眼珠的轮廓, 眼珠填充黑色, 高光填充白色, 如图 16-91 所示。

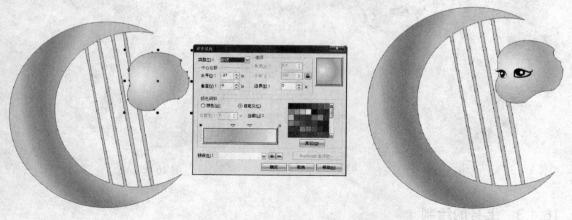

图 16-90   图 16-91

步骤 03 在工具栏中选择"贝塞尔"工具 ✎ , 绘制出眉毛和鼻子和嘴巴的轮廓, 然后将眉毛和鼻子填充为黑色, 将嘴巴填充红色, 舌头填充粉色, 如图 16-92 所示。

步骤 **04** 在工具栏中选择"贝塞尔"工具 ![],绘制出耳朵的轮廓,然后在"调色板"中填充颜色为黑色,如图 16-93 所示。

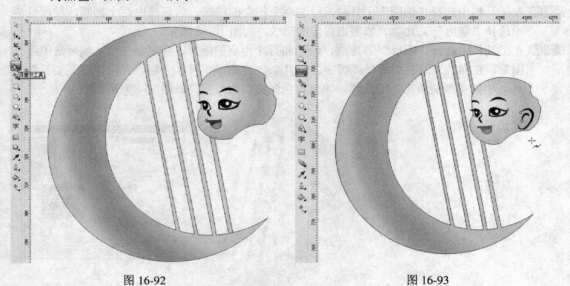

图 16-92   图 16-93

步骤 **05** 在工具栏中选择"贝塞尔"工具 ![],绘制出发带的轮廓,然后再用"填充"工具 ![]中的"渐变填充"工具 ![],填充黄色到红色渐变,如图 16-94 所示。

步骤 **06** 在工具栏中选择"贝塞尔"工具 ![],绘制出头发的轮廓,然后在"调色板"中填充黑色,如图 16-95 所示。

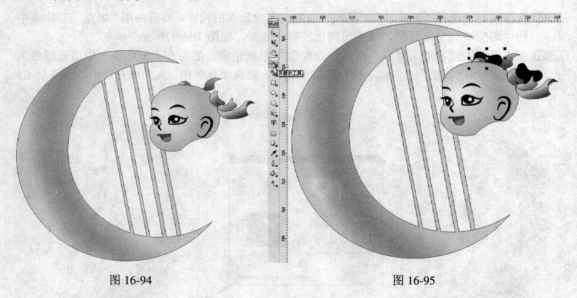

图 16-94   图 16-95

16.4.3 上身的绘制

步骤 **01** 在工具栏中选择"贝塞尔"工具 ![],绘制出左边手的轮廓,然后再用"填充"工具 ![]中的"渐变填充"工具 ![],填充肉色到橘黄色的渐变,如图 16-96 所示。

步骤 **02** 在工具栏中选择"贝塞尔"工具 ，绘制出右手和手镯的轮廓，然后再用"填充"工具 中的"渐变填充"工具 ，将右手填充橘黄色到肉色的渐变，将手镯填充黄色，如图 16-97 所示。

图 16-96

图 16-97

步骤 **03** 在工具栏中选择"贝塞尔"工具 ，在胳膊下绘制出衣服的轮廓，然后分别填充绿色的线性渐变、黄色射线型渐变和橘红色渐变，如图 16-98 所示。

图 16-98

步骤 **04** 在工具栏中选择"贝塞尔"工具 ，绘制曲线作为衣服上花效果，在属性栏中将轮廓加粗到 0.2mm，在"调色板"中填充颜色为黑色，如图 16-99 所示。

步骤 **05** 在工具栏中选择"贝塞尔"工具 ，绘制出腰带的轮廓，然后填充褐色到橘黄色的渐变，接着绘制出腰带扣子的轮廓，然后在"调色板"中填充颜色为黄色，在工具栏中选择"贝塞尔"工具 ，绘制出腰带后面的丝带，然后填充黄色到橘黄色的渐变，如图 16-100 所示。

图 16-99

图 16-100

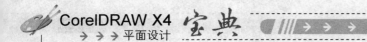
16.4.4 下身的绘制

步骤 01 在工具栏中选择"贝塞尔"工具，绘制出左边裤腿的轮廓，然后填充黄色到橘黄色的射线型渐变，如图 16-101 所示。

图 16-101

步骤 02 重复**步骤 01**，用同样的方法绘制出右腿，如图 16-102 所示。

图 16-102

步骤 03 在工具栏中选择"贝塞尔"工具，绘制出左脚和鞋子的轮廓，并分别填充肉色、绿色和黄色渐变，如图 16-103 所示。

步骤 04 选中绘制好的左脚，复制到右脚并旋转，重复上述步骤，绘制出最终效果图，如图 16-104 所示。

图 16-103

图 16-104